So einfach ist Mathematik – Mathematische Modellierung

Dirk Langemann · Cordula Reisch

So einfach ist Mathematik – Mathematische Modellierung

Dirk Langemann
Institut für Partielle Differentialgleichungen
Technische Universität Braunschweig
Braunschweig, Niedersachsen, Deutschland

Cordula Reisch
Institut für Partielle Differentialgleichungen
Technische Universität Braunschweig
Braunschweig, Niedersachsen, Deutschland

ISBN 978-3-662-69855-6   ISBN 978-3-662-69856-3 (eBook)
https://doi.org/10.1007/978-3-662-69856-3

Die Deutsche Nationalbibliothek verzeichnet diese Publikation in der Deutschen Nationalbibliografie; detaillierte bibliografische Daten sind im Internet über https://portal.dnb.de abrufbar.

© Der/die Herausgeber bzw. der/die Autor(en), exklusiv lizenziert an Springer-Verlag GmbH, DE, ein Teil von Springer Nature 2025

Das Werk einschließlich aller seiner Teile ist urheberrechtlich geschützt. Jede Verwertung, die nicht ausdrücklich vom Urheberrechtsgesetz zugelassen ist, bedarf der vorherigen Zustimmung des Verlags. Das gilt insbesondere für Vervielfältigungen, Bearbeitungen, Übersetzungen, Mikroverfilmungen und die Einspeicherung und Verarbeitung in elektronischen Systemen.
Die Wiedergabe von allgemein beschreibenden Bezeichnungen, Marken, Unternehmensnamen etc. in diesem Werk bedeutet nicht, dass diese frei durch jede Person benutzt werden dürfen. Die Berechtigung zur Benutzung unterliegt, auch ohne gesonderten Hinweis hierzu, den Regeln des Markenrechts. Die Rechte des/der jeweiligen Zeicheninhaber*in sind zu beachten.
Der Verlag, die Autor*innen und die Herausgeber*innen gehen davon aus, dass die Angaben und Informationen in diesem Werk zum Zeitpunkt der Veröffentlichung vollständig und korrekt sind. Weder der Verlag noch die Autor*innen oder die Herausgeber*innen übernehmen, ausdrücklich oder implizit, Gewähr für den Inhalt des Werkes, etwaige Fehler oder Äußerungen. Der Verlag bleibt im Hinblick auf geografische Zuordnungen und Gebietsbezeichnungen in veröffentlichten Karten und Institutionsadressen neutral.

Planung/Lektorat: Andreas Ruedinger
Springer Spektrum ist ein Imprint der eingetragenen Gesellschaft Springer-Verlag GmbH, DE und ist ein Teil von Springer Nature.
Die Anschrift der Gesellschaft ist: Heidelberger Platz 3, 14197 Berlin, Germany

Wenn Sie dieses Produkt entsorgen, geben Sie das Papier bitte zum Recycling.

Vorwort

Schön, dass Sie da sind. Willkommen.

Sie halten ein Buch über Mathematische Modellierung in den Händen. Wir erlauben uns, das M in der Mathematischen Modellierung groß zu schreiben, weil wir in erster Linie Mathematik machen und Mathematik benutzen, um Anwendungen aus den Ingenieurwissenschaften, der Chemie, der Ökologie oder der Wirtschaft zu beschreiben und damit die Anwendungen in ihrem Wirkmechanismus verständlich zu machen.

Tatsächlich werden reale Vorgänge durch eine mathematische Beschreibung verständlicher. Denken Sie zum Beispiel an zufällige Ereignisse. Eine Münze kann auf die Seite mit der Zahl fallen, muss aber nicht. Beim Würfeln kann eine Sechs herauskommen, muss aber nicht. Ihre Sitznachbarin im Zug kann eine Bundesministerin sein, muss aber nicht. Indem die Wahrscheinlichkeiten der Ereignisse in Zahlen ausgedrückt werden, werden die Ereignisse beschreibbar und in gewissem Sinne vorhersagbar. Unter hundert Münzwürfen erwarten Sie etwa zur Hälfte die Zahlseite, aber nur etwa ein Sechstel der Würfelversuche wird eine Sechs ergeben. Dagegen ist es sehr unwahrscheinlich, dass Sie bei hundert Zugfahrten tatsächlich einmal neben einer Ministerin sitzen.

Die Lkw-Maut auf deutschen Fernstraßen erhöht zweifellos die Endverbraucherpreise für Produkte, die transportiert werden. Aber erst die Quantifizierung, also die Formulierung durch Zahlen, gibt uns eine Vorstellung davon, wie bedeutend dieser Einfluss ist. Überlegen Sie, wie viel teurer Ihr Einkauf davon wird, dass ein Sattelschlepper mit maximal 28 Tonnen Zuladung im Jahr 2023 bis zu 52 Cent pro Kilometer Maut bezahlen muss. Plötzlich gibt es eine Grundlage für Diskussionen über die Lkw-Maut. Das Beispiel zeigt, dass die quantitative Beschreibung reale Phänomene verständlicher macht. Dies gilt selbst dann, wenn die Mathematik deutlich komplizierter als in diesem Beispiel wird, weil die Phänomene schwieriger fassbar sind. Aber in diesem Buch über Mathematische Modellierung fangen wir bei den mathematisch einfach zu beschreibenden Phänomenen an.

Das Buch richtet sich an Studierende aller Fachrichtungen, in denen Phänomene der realen Welt mit mathematischen Methoden beschrieben werden. Wir werden sehen, dass zumindest naturwissenschaftlicher und ingenieurwissenschaftlicher Erkenntnisgewinn immer darin besteht, Beobachtungen zu quantifizieren, zu beschreiben und damit vorhersagbar zu machen. Deshalb glauben wir, dass dieses Buch auch für Mathematikerinnen und Informatiker interessant ist, die darüber nachdenken, wie sie Vorgänge der Realität mathematisieren und welche Überlegungen sie dabei benutzen, selbst wenn diese in vielen Fällen nur implizit oder kaum benannt werden. Schließlich hoffen wir darauf, dass sich Lehramtsstudierende, Lehrerinnen und Lehrer ebenfalls für die Mathematische Modellbildung interessieren und ihren Schülerinnen und Schülern den Blick dafür öffnen, wie die Natur- und Ingenieurwissenschaften arbeiten und wie die Schülerinnen und Schüler dies selbst ausprobieren können.

Wir wollen genau hinschauen, was wir – also jemand Einzelnes oder wir als Gemeinschaft derer, die neugierig die Welt um uns herum erforschen – was wir also tun, wenn wir ein mathematisches Modell erstellen. Ein Modell ist wie in der Alltagssprache etwas, was in kleinerer oder vereinfachter Form eine größere und kompliziertere Sache darstellt. Ein Spielzeugauto ist ein Modell eines richtigen Fahrzeugs. An Modellen von Häusern oder Stadtteilen erkunden wir, wie sich die späteren Bauwerke in die bestehende Architektur einfügen. Und ein mathematisches Modell ist ein Modell, das aus Mathematik besteht, also aus Gleichungen. Häufig sind dies Differentialgleichungen oder deren Lösungen, weil diese zeitabhängige Vorgänge beschreiben.

Das Buch beginnt mit einer kleinen Auswahl bekannter mathematischer Modelle, nämlich dem Federschwinger oder Einmassenschwinger als Prototyp eines jeden Systems, das schwingen kann, einem Räuber-Beute-System als Modell aus der Populationsdynamik und einem mikroökonomischen Modell. Alle Modellansätze werden wir erklären, kritisch hinterfragen und gegen denkbare Varianten der Modelle abwägen. Dies bereitet uns auf das Erstellen neuer Modelle vor, was wir in Kap. 3 besprechen. Im Kap. 4 lehnen wir uns weit zurück und reden über das Modellieren. Wir versuchen zu ergründen, was wir beim Modellieren oder genauer beim Mathematischen Modellieren tun. Wir erstellen eine Theorie über das Modellieren, die wir als Modell des Modellierens ansehen. Vor dem Hintergrund dieser Theorie besprechen wir in den weiter folgenden Kapiteln die bereits eingeführten und weitere Modelle, diskutieren Werkzeuge und mathematische Methoden. Wir schließen das Buch mit Gedanken zu aktuellen Modellierungsansätzen aus den Data Sciences und dem Maschinellen Lernen. Im Kap. 5 finden Sie eine Auswahl von Zusammenhängen aus den gewöhnlichen Differentialgleichungen, aus den dynamischen Systemen und aus verwandten Gebieten, die wir bei unseren Überlegungen verwenden.

Dabei bleiben wir dem Prinzip der schon erschienenen *So einfach ist Mathematik*-Bände treu. Wir stellen Verbindungen zu alltäglichen Beobachtungen her, und die Veranschaulichung der mathematischen Formulierungen ergänzt unser Bestreben, Beobachtungen aus der Realität unter Verwendung theoretischer Kenntnisse und Annahmen in Mathematik zu übersetzen. Wir werden dem Verständnis der Begriffe und der auftauchenden Größen sowie den Anfängen der besprochenen Themen viel Raum geben, denn nur eine belastbare Vorstellung ermöglicht es Ihnen, mathematische Modelle selbst zu entwerfen und zu analysieren. Die Mathematische Modellierung übersetzt reale Phänomene in mathematische Beschreibungen und macht sie dadurch verständlich. Umgekehrt ist es gar nicht möglich, Modellierung zu betreiben, ohne einen starken Bezug zu den Anwendungen und Beobachtungen zu haben. Diese Brücke zwischen Anwendungen und Mathematik wollen wir in beide Richtungen bauen und begehen.

Idealerweise bringen Sie Vorkenntnisse über gewöhnliche Differentialgleichungen mit. Die wichtigste Erkenntnis ist dabei, dass die Differentialgleichung $y' = f(t, y)$ mit der Funktion f einen momentanen Zusammenhang zwischen einem Zustand y und der Zustandsänderung y' herstellt und dass sich aus diesem momentanen Zusammenhang der zeitabhängige Vorgang $y = y(t)$ ergibt. Aber keine Sorge, wir werden diesen sehr angewandten Blick auf Differentialgleichungen verstärken. Wir empfehlen *So einfach ist Mathematik – Gewöhnliche Differentialgleichungen für Anwender*, und notfalls stehen in den Abschn. 5.1.1 und 5.1.2 kleine Erinnerungen.

An vielen Stellen werden wir Sie auffordern, kleine Überlegungen und Herleitungen selbst zu suchen, Skizzen zu erstellen oder Problemlösungen auf verwandte Fragestellungen zu übertragen. Nehmen Sie diese Angebote an, denn Mathematik erlernt man, indem man selbst Mathematik betreibt. Zu guter Letzt möchten wir Sie anregen, über Mathematik zu sprechen, mathematische Zusammenhänge zu formulieren und sich mit anderen darüber auszutauschen. Sie werden erleben, wie sich Ihr Verständnis der Mathematik und ihrer Anwendungen entwickelt.

Und jetzt viel Spaß mit der Beschreibung von Phänomenen aus der Realität oder dem, was wir dafür halten, mit mathematischen Methoden, kurz gesagt, mit der Mathematischen Modellierung. Galileo Galilei formulierte, dass das Buch der Natur in der Sprache der Mathematik geschrieben sei. So weit werden wir nicht gehen. Sehen Sie selbst, warum. Seien Sie gespannt.

Cordula Reisch und Dirk Langemann

Tab. 1 Namenstabelle ausgewählter griechischen Buchstaben. Sie brauchen die Namen, um über mathematische Zusammenhänge zu sprechen

alpha	α	zeta	ζ	mü	μ	tau	τ
beta	β	eta	η	nü	ν	phi	φ, Φ
gamma	γ, Γ	theta	ϑ, Θ	xi	ξ, Ξ	chi	χ
delta	δ, Δ	kappa	κ	rho	ϱ	psi	ψ, Ψ
epsilon	ε	lambda	λ, Λ	sigma	σ, Σ	o-mega	ω, Ω

Inhaltsverzeichnis

1 Kleine Auswahl berühmter Modelle 1
  1.1 Beispiel aus der Mechanik 1
      1.1.1 Federschwinger. 2
      1.1.2 Größere Feder-Masse-Systeme. 12
      1.1.3 Rückblick auf die ersten Modelle. 17
  1.2 Beispiel aus der Populationsdynamik. 18
      1.2.1 Lotka-Volterra-Gleichungen und ein Ökosystem 18
      1.2.2 Ein Grundmodell und viele Varianten 25
      1.2.3 Logistisches Wachstum 33
      1.2.4 Rückblick auf sehr ungewisses Wissen 35
  1.3 Beispiel aus der Mikroökonomie 37
      1.3.1 Das Monopol im Strandkiosk. 38
      1.3.2 Rückblick auf fast nicht vorhandenes Wissen 46
      1.3.3 Blick nach vorn. 50
  1.4 Ganz andere Modelle 51
      1.4.1 Statische Modelle 51
      1.4.2 Datenmodelle 56
      1.4.3 Ärztliche Diagnosen 57

2 Fragen zu Modellen. 59
  2.1 Was tun wir beim Modellieren? 60
  2.2 Ist alles ein Modell? 62
  2.3 Ist alles ein Modell für alles? 63
  2.4 Gibt es falsche Modelle? 64
      2.4.1 Falsifikation von Modellen. 65
      2.4.2 Ockhams Rasiermesser. 66
      2.4.3 Wie steht es mit richtigen Modellen? 68
  2.5 Hat jede Modellierung ein Ziel? 69
  2.6 Ist Modellierung erlernbar? 71
  2.7 Ist Modellierung Mathematik? 72

3 Wir bauen ein Modell 75
  3.1 Zwei perfekt konkurrierende Strandkioske 76
  3.2 Zwei etwas realistischere Strandkioske 81
  3.3 Modellierungsaufgaben für Sie 85

	3.3.1	Mensch ärger Dich nicht.	86
	3.3.2	Kind auf der Schaukel	87
	3.3.3	Kiste auf dem Schlitten	88
	3.3.4	Schnelle Fahrt	91
	3.3.5	Trampelpfade	92
	3.3.6	Partnervermittlung	93
3.4	Typische Fehler.	94
	3.4.1	Das übermächtige Modellierungsziel	94
	3.4.2	Das große Modell von fast allem	95
	3.4.3	Das anspruchsvolle Modell	97

4 Theorie des Modellierens 99
    4.1 Erkenntnistheoretische und naturwissenschaftliche Fragen 100
        4.1.1 Existenz einer Realität 102
        4.1.2 Beschreibbarkeit der Realität 103
        4.1.3 Gemeinsame Strukturen und Gesetzmäßigkeiten 104
        4.1.4 Kausalität 105
        4.1.5 Determinismus in geeigneten Begriffen 109
        4.1.6 Quantifizierbarkeit 112
        4.1.7 Zeitliche Induktivität 113
        4.1.8 Realität, konstruierte Realität und Modelle 114
    4.2 Ein Modell des Modellierens 116
        4.2.1 System und Modell 116
        4.2.2 Auswahl von Komponenten und Mechanismen 136
        4.2.3 Begriffsbildung 143
        4.2.4 Messungen, Beobachtungen und Experimente 146
        4.2.5 Beobachteter Zufall 149
        4.2.6 Gültigkeitsbereiche von Modellen 150
        4.2.7 Kausalität und Korrelation 151
        4.2.8 Modellierungsansätze 152
    4.3 Zweiter Rückblick auf die Modelle 154
        4.3.1 Federschwinger 154
        4.3.2 Populationsdynamik 154
        4.3.3 Mikroökonomische Modelle 155

5 Werkzeuge zur Modellanalyse 157
    5.1 Differentialgleichungen und dynamische Systeme 157
        5.1.1 Gewöhnliche Differentialgleichungen 157
        5.1.2 Dynamische Systeme 163
        5.1.3 Partielle Differentialgleichungen 168
    5.2 Modellfamilien 171
        5.2.1 Modellverfeinerungen und Teilmodelle 171
        5.2.2 Konkurrierende Modelle 173
    5.3 Parameteridentifikation 175

	5.4	Stochastische Einflüsse...	179
		5.4.1 Logistische Iteration mit zufälligen Einflüssen..........	179
		5.4.2 Zufällige Einflüsse in dynamischen Systemen...........	181
6	**Schöne neue Welt**..		185
	6.1	Maschinelles Lernen, künstliche Intelligenz, Data Science – alles eins?...	185
		6.1.1 Grundidee und Funktionsweise........................	188
		6.1.2 Maschinelles Lernen aus Sicht der Modellierung........	196
	6.2	Liegt alles Wissen in den Daten?.............................	197
	6.3	Perspektiven..	198
Stichwortverzeichnis..			201

Kleine Auswahl berühmter Modelle

Inhaltsverzeichnis

1.1 Beispiel aus der Mechanik 1
1.2 Beispiel aus der Populationsdynamik 18
1.3 Beispiel aus der Mikroökonomie 37
1.4 Ganz andere Modelle 51

Diese Kapitel beschäftigt sich mit bekannten, ja berühmten, Modellen aus unterschiedlichen Wissensgebieten. Die hier vorgestellten Modelle haben ihren etablierten Status gemeinsam. Über diese Modelle kann man fast so wenig streiten wie über die Fallgesetze.

Wir stellen die etablierten Modelle vor, diskutieren markante Eigenschaften und fragen uns, wie wir die Modelle modifizieren, anpassen oder erweitern können. Wir lernen also einerseits sehr grundlegende Modelle kennen und beginnen andererseits, über Modelle und über die Modellierung nachzudenken.

1.1 Beispiel aus der Mechanik

Die mathematische Modellierung besteht zum wichtigsten Teil daraus, Vorgänge aus der Wirklichkeit, die wir beobachten, in mathematische Gleichungen zu übersetzen. Sie wird dann spannend und interessant, wenn wir noch nicht wissen, welche Gleichungen geeignet sein werden, die Vorgänge nachzubilden und so Erklärungen für die Beobachtungen anzubieten.

Deshalb fordern physikalische Anwendungen, bei denen die mathematischen Gleichungen zu ihrer Modellierung schon herüberwinken, wenn wir die physikalischen Vorgänge in Worte fassen oder die Versuchsanordnungen skizzieren, unsere Phantasie kaum heraus, denn die Gleichungen liegen sehr nahe. Auf der anderen Seite brauchen wir einige Beispiele für Modelle, um ein Gefühl dafür zu entwi-

© Der/die Autor(en), exklusiv lizenziert an Springer-Verlag GmbH, DE, ein Teil von Springer Nature 2025
D. Langemann und C. Reisch, *So einfach ist Mathematik – Mathematische Modellierung*,
https://doi.org/10.1007/978-3-662-69856-3_1

ckeln, wie Modelle aussehen, wie sie erstellt werden und was man mit ihnen machen kann. Deshalb wählen wir mit dem Federschwinger, der auch Einmassenschwinger genannt wird, eine sehr einfache mechanische Anwendung.

Die enge Verbindung von Mathematik und Physik kommt daher, dass beide Wissenschaften wie Geschwister groß geworden sind. Eine physikalische Erklärung ist mit einer mathematischen Formulierung der Phänomene fast gleichzusetzen. Wir werden in den späteren Abschnitten sehen, dass die Verbindung der Mathematik zu anderen Naturwissenschaften nicht ganz so eng ist.

1.1.1 Federschwinger

Der Federschwinger, den Sie im linken Bild von Abb. 1.1 sehen, ist eine Versuchsanordnung, bei der eine Masse über eine Feder und einen Dämpfer mit einer festen Wand verbunden ist. Die Masse kann sich, wie immer dieses in einem realen Versuchsaufbau umgesetzt wird, beispielsweise mittels einer Schiene, nur in einer Richtung vor und zurück bewegen. Bei diesen Bewegungen wird die Feder verlängert oder verkürzt, also gespannt, und die Feder bringt eine Gegenkraft zur Auslenkung auf. Der Dämpfer dagegen bremst die jeweilige Bewegung und entzieht ihr Energie. Zusätzlich wirkt auf die Masse eine zeitabhängige äußere Kraft.

Der Versuchsaufbau eines Federschwingers, seine Beschreibung in Worten oder die Skizze des Versuchsaufbaus in Abb. 1.1 sind bereits Modelle für ein schwingendes System aus der Wirklichkeit. Unter dem Radkasten eines Autos erkennen Sie typischerweise eine sichtbare Feder und einen meistens silbern glänzenden Stoßdämpfer. Natürlich ist das Rad noch über die Achse und eventuell die Lenkung und den Antrieb mit dem Fahrzeug verbunden, aber seine Bewegung im Verhältnis zum Auto wird unter anderem durch die Feder und den Stoßdämpfer bestimmt.

Auch eine Fachwerkträgerbrücke aus Stahl, jede andere Brücke oder eine Membran im Trampolin setzen einer Auslenkung aus der Gleichgewichtslage ganz ähnlich zur Feder eine rücktreibende Kraft entgegen. Die Bewegung in der Luft und die Reibung innerhalb des sich verformenden Materials wirken wie ein Dämpfer. Die äußere

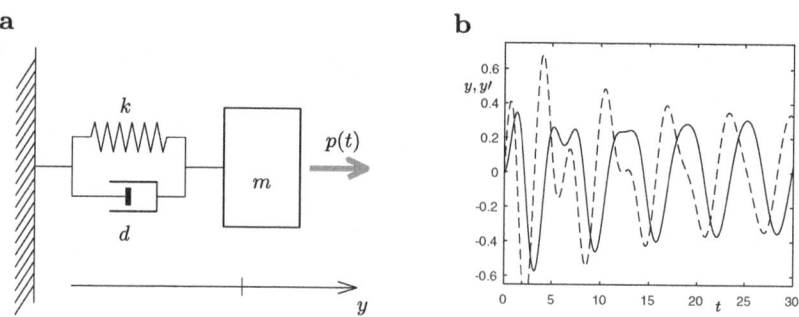

Abb. 1.1 a Versuchsaufbau des Federschwingers. **b** Auslenkung $y(t)$ (durchgezogen) und Geschwindigkeit $y'(t)$ (gestrichelt) des gedämpften Federschwingers mit $m = 1, d = 0.2, k = 4$ und periodischer Anregung $p = \cos \alpha t, \alpha = 1$ sowie $y(0) = 0, y'(0) = 0$

Kraft auf die Brücke oder das Trampolin können Sie sein, wenn Sie auf der Brücke oder auf dem Trampolin hüpfen. Suchen Sie sich eine Brücke, bei der Sie spüren, wie sich die Brücke von Ihnen in Schwingungen versetzen lässt.

Der Federschwinger ist ein einfacher mechanischer Aufbau, der schwingen kann. Wir können ihn aufzeichnen, als Experiment aufbauen oder uns nur vorstellen. Wir betrachten den Federschwinger als Prototyp jedes schwingenden mechanischen Systems oder – anders ausgedrückt – als einfaches Modell schwingender Systeme. Jetzt machen wir uns daran, Gleichungen für den Federschwinger aufzustellen, deren Lösungen sich, abgesehen von Rechenfehlern und Messungenauigkeiten, so verhalten sollen wie die Bewegung des mechanischen Versuchsaufbaus.

Für die Übersetzung des Versuchsaufbaus in mathematische Gleichungen brauchen wir Begriffe der Mechanik, und wir haben mit der äußeren Kraft und der Energie schon zwei wichtige Begriffe verwendet, die in unsere Alltagssprache eingegangen sind. Achten Sie darauf, an wie vielen Stellen wir existierende physikalische Konzepte und Theorien verwenden werden, und stellen Sie sich vor, Sie müssten alle diese Konzepte einer Zuhörerschaft erklären, für die die Konzepte und Theorien neu sind.

Konstitutive Gleichungen

Also ans Werk: Der Federschwinger befindet sich in Ruhe, wenn die Feder entspannt ist. Diese Ruhelage legen wir als $y = 0$ fest, und mit $y = y(t) \in \mathbb{R}$ bezeichnen wir die Position der Masse zum Zeitpunkt t. Diese Position oder Auslenkung aus der Ruhelage ist eine zeitabhängige skalare Größe, weil wir vorausgesetzt haben, dass sich der Federschwinger nur in einer Richtung hin und her bewegt. Zählen Sie bitte die physikalischen Konzepte aus diesem kurzen Absatz.

Wird die Feder ausgelenkt, so übt sie eine rücktreibende Kraft F_k aus, die wir die Federkraft nennen. Wir wissen, dass die Federkraft rücktreibend ist, weil die Feder sich nicht von allein weiter verlängert, wenn wir sie auseinander ziehen. Als einfachsten Zusammenhang unterstellt man häufig einen linearen Zusammenhang zwischen der Auslenkung und der Federkraft, also

$$F_k = -ky \text{ mit } k > 0, \tag{1.1}$$

wobei der Proportionalitätsfaktor k Federkonstante genannt wird. Technische Federn sind so konstruiert, dass sie für genügend kleine Auslenkungen ein annähernd lineares Materialverhalten zeigen, aber für etwas größere Auslenkungen ist fast jeder nichtlineare Zusammenhang denkbar, solange F_k und y unterschiedliche Vorzeichen haben. Für noch größere Auslenkungen verlässt die Feder den Bereich elastischen Verhaltens, und sie verformt sich plastisch, also bleibend. Das ist Ihnen sicher schon einmal begegnet, wenn Sie einen Kugelschreiber auseinander gebaut haben und mit der Feder gespielt haben. Beim Zusammendrücken der Feder sind dem elastischen Verhalten ebenfalls Grenzen gesetzt, z. B. wenn die Windungen der Federn aufeinanderliegen.

Wir sehen, dass der lineare Zusammenhang in Gl. 1.1, der manchmal etwas großspurig Hookesches Gesetz genannt wird, eine eingeschränkte Gültigkeit hat und keineswegs gesetzmäßig ist. Noch viel spektakulärer ist, dass wir den Begriff der Kraft verwendet haben, als wäre klar, was eine Kraft ist. Denken Sie darüber nach. Versuchen Sie, den Begriff der Kraft einer gedachten Person zu erklären, die ihn noch nicht kennt. Es ist erstaunlich schwierig. Wir stellen fest, dass wir uns bereits durch die Wahl der Begriffe aus Gl. 1.1 tief in die Gedankenwelt der Physik begeben haben.

Ganz ähnlich beschreiben wir den Dämpfer durch die Dämpfungskraft F_d, die der Geschwindigkeit y', mit der sich die Masse bewegt, entgegen wirkt. Unter der erneuten Annahme oder Unterstellung eines linearen Zusammenhangs gilt

$$F_d = -dy' \quad \text{mit} \quad d > 0, \tag{1.2}$$

und d heißt Dämpfungskonstante, Dämpfungsparameter oder einfach Dämpfung. Wieder kennen wir nur das Vorzeichen von d mit Sicherheit, denn ein Bauteil, das ohne künstliche Zufuhr von Energie, eine kleine Geschwindigkeit weiter vergrößern würde, widerspricht unserer Erfahrung und unserem Grundverständnis von Physik. Ein solches Bauteil würden wir antupsen, und dann würde es von allein immer schneller. Hoffentlich sind Sie auch ohne tiefere physikalische Begründung davon überzeugt, dass es so ein Bauteil nicht gibt.

Bis hierhin haben wir die Linearität der Zusammenhänge in Gl. 1.1 und 1.2 damit begründet, dass es die einfachst denkbaren Zusammenhänge sind, die innerhalb einer Gültigkeit für reale Bauteile in guter Näherung zutreffen. Die linearen Abhängigkeiten sind Idealisierungen realer Zusammenhänge. Alternativ könnten wir uns von der Wirklichkeit lösen und argumentieren, dass wir in Abb. 1.1 eine rein theoretische oder hypothetische mechanische Anordnung skizziert haben, die aus idealen Bauteilen mit den linearen Charakteristika in Gl. 1.1 und 1.2 zusammengesetzt ist und die kein reales Vorbild braucht. Dieses philosophisch klingende Problem besteht in der Frage, ob wir eine beobachtbare Realität idealisiert haben oder ob wir uns vielmehr innerhalb einer idealen Theorie bewegen, für deren Funktionieren keine Realität gebraucht wird, auch wenn eine Verbindung wünschenswert wäre. Achten Sie im weiteren Verlauf, ob und wo diese Frage bedeutsam wird.

Zusammen mit der äußeren Kraft $p(t)$, die zusätzlich zur Federkraft und zur Dämpfungskraft am Körper mit der Masse m angreift, ist nun die gesamte eingeprägte Kraft in Abhängigkeit vom Ort y, von der Geschwindigkeit y' und von der Zeit t durch

$$F(t, y, y') = -ky - dy' + p(t) \tag{1.3}$$

zusammengefasst. Gl. 1.3 gibt an, wie die auf den Körper der Masse m wirkende Kraft vom mechanischen Zustand (y, y') aus Ort und Geschwindigkeit des schwingenden Körpers und von der Zeit abhängt. Der mechanische Zustand enthält dabei alle Koordinaten, durch die das Bewegungsverhalten des Versuchsaufbaus zum Zeitpunkt t beschrieben ist, und dieses ist durch die Auslenkung y und die Geschwindigkeit y' vollständig festgelegt.

Gl. 1.3 und im Speziellen die beiden Gl. 1.1 und 1.2 stellen eine Verbindung zwischen dem mechanischen Zustand und der wirkenden Kraft her. Sie setzen den

1.1 Beispiel aus der Mechanik

mechanischen Zustand und die wirkende Kraft in einen Zusammenhang. Deshalb heißen sie konstitutive Gleichungen, so wie sich ein Parlament in seiner ersten Sitzung konstituiert, also als Parlament aus den einzelnen gewählten Personen zusammensetzt. Je nach Charakteristika der auftretenden Bauteile ändern sich die konstitutiven Gleichungen. Sie sind Teil unserer Modellierung des Versuchsaufbaus durch Gleichungen, und für andere Bauteile im Versuchsaufbau erwarten wir natürlicherweise andere konstitutive Gleichungen. Die beiden Parameter k und d in den konstitutiven Gleichungen, die sich mit anderen Bauteilen ändern würden, unterstreichen dies.

Zweites Newtonsches Gesetz
Jetzt besprechen wir einen Zusammenhang zwischen dem mechanischen Zustand und der Kraft, der von gänzlich anderer Natur ist. 1687 formulierte Isaac Newton (1642–1726) in seinem Werk *Mathematische Prinzipien der Naturphilosophie* die heute als Newtonsche Axiome bezeichneten Grundprinzipien der Bewegungslehre. Das markanteste Axiom ist das zweite Newtonsche Gesetz, das als „Kraft gleich Masse mal Beschleunigung" oder

$$\mathbf{F} = m\mathbf{a} \tag{1.4}$$

mit der vektoriellen Kraft $\mathbf{F} \in \mathbb{R}^d$, der trägen Masse m und der vektoriellen Beschleunigung $\mathbf{a} \in \mathbb{R}^d$ zu den bekanntesten Formeln gehört, die auch Menschen fern der Physik aufsagen können.

Die Dimension d des zugrundeliegenden Raumes ist für die Bewegung einer Punktmasse realistischerweise $d = 3$, bei einer auf die Ebene eingeschränkten Bewegung $d = 2$ und wie im Falle unseres Federschwingers, der nur in eine Richtung beweglich ist, $d = 1$. Allgemeiner wie beispielsweise in Abschn. 1.1.2 ist d die Anzahl der Freiheitsgrade, also die Anzahl der Richtungen, in die sich ein mechanisches System bewegen kann, oder die Anzahl der Ortskoordinaten, die zur Beschreibung seiner Lage mindestens gebraucht werden.

In Fall des Federschwingers ist die Beschleunigung $a = y''(t) \in \mathbb{R}$ die zweite Ableitung des durch die skalare Größe $y(t)$ beschriebenen Ortes, und das zweite Newtonsche Gesetz wird zu

$$F = my''(t) \in \mathbb{R}^1 \tag{1.5}$$

mit der Summe F aller auf den Körper der Masse m einwirkenden Kräfte. Gl. 1.5 verbindet den Begriff der Kraft wie Gl. 1.3 mit dem mechanischen Zustand, wenn auch über die Beschleunigung, also die zweite Ableitung des Ortes. Dennoch ist, wie wir gleich ausführen werden, das zweite Newtonsche Gesetz von grundsätzlich anderer Natur als die konstitutiven Gleichungen in Gl. 1.3.

Das zweite Newtonsche Gesetz in Gl. 1.4 ist anders als die konstitutiven Gleichungen nicht die Beschreibung eines bestimmten Bauteils, das durch ein anderes ersetzt werden könnte. Es ist vielmehr Dreh- und Angelpunkt der gesamten Mechanik und unveränderlich. Das zweite Newtonsche Gesetz können wir eingebettet in die anderen Newtonschen Axiome als gemeinsame Definition der Trägheitskraft $\mathbf{F}$ und der trägen Masse m interpretieren. Wir spüren dies, wenn wir versuchen, die Begriffe in Gl. 1.4 zu erklären. Einerseits ist die träge Masse m der Proportionalitätsfaktor zwischen der Beschleunigung **a** und der notwendigen Kraft **F**, die den Körper der Masse m mit **a** beschleunigt. Andererseits ist die Kraft **F** diejenige, die benötigt wird, um den Körper mit der Masse m mit **a** zu beschleunigen. Sie merken, dass wir uns ein wenig im Kreis drehen. Das zweite Newtonsche Gesetz beschreibt ausdrücklich nicht das Ergebnis experimenteller Untersuchungen, auch wenn wir, im Glauben daran, wir wüssten, was die Kraft **F** ist, und vor allem, was die träge Masse m ist, Versuchsanordnungen aufbauen können, deren Messergebnisse die Gültigkeit von Gl. 1.4 unterstützen. Innerhalb der klassischen Mechanik bleibt das Äquivalenzprinzip zwischen der trägen Masse in Gl. 1.4, die angibt, wie sehr sich der Körper einer Beschleunigung widersetzt, und der schweren Masse, mit der Körper von der Erde angezogen werden, ungeklärt und wird als gegeben angenommen. Erst in der Relativitätstheorie wird eine theoretische Grundlegung des Äquivalenzprinzips angeboten. Auch dort und fern aller menschlichen Überprüfbarkeit bleibt das zweite Newtonsche Gesetz Dreh- und Angelpunkt der Theorie, selbst wenn die Masse eines Körpers in der Relativitätstheorie mit der Geschwindigkeit des Körpers zunimmt. Aber niemand – absolut niemand – würde auf die Idee kommen, Gl. 1.4 zu verändern. Sie enthält ein Gesetz.

Bewegungsgleichung des Federschwingers
Mit dem zweiten Newtonschen Gesetz in der eindimensionalen Form in Gl. 1.5 und den konstitutiven Gleichungen für die Feder und den Dämpfer in Gl. 1.3 haben wir zwei Verbindungen des mechanischen Zustands mit der Gesamtkraft F auf den Körper der Masse m im Federschwinger. Die Kombination beider Zusammenhänge liefert die Bewegungsgleichung

$$my'' + dy' + ky = p(t) \quad \text{mit} \quad y(0) = y_0, \ y'(0) = v_0 \tag{1.6}$$

des Federschwingers oder Einmassenschwingers mit der Masse m, der Federkonstanten k, der Dämpfungskonstanten d und der äußeren Kraft $p(t)$. Die zeitabhängige Auslenkung $y(t)$ hat die Anfangswerte $y(0) = y_0$ für die Auslenkung des Körpers aus der Gleichgewichtslage und $y'(0) = v_0$ für seine Geschwindigkeit. Den Anfangszeitpunkt haben wir ohne Beschränkung der Allgemeinheit auf $t = 0$ gesetzt. Sollte es einen Grund geben, bei einem anderen Zeitpunkt t_{ini} zu beginnen, so können wir die Zeitachse durch $t_{\text{ini}} + t$ beschreiben, und zum Anfangszeitpunkt gilt wieder $t = 0$.

Wir merken an, dass Gl. 1.6 besonders in der Form $my'' = -ky - dy' + p(t)$ eine Addition der Beschreibungen von Mechanismen enthält, deren Intensität jeweils durch einen Parameter ausgedrückt wird. Hier sind dies die Federkraft $F_k = -ky$ mit der Federkonstanten k als Parameter und die Dämpfung $F_d = -dy'$ mit der Dämpfungskonstanten d. Wir werden feststellen, dass Modellgleichungen häufig diese Form haben, und dies in Abschn. 4.2.2 von einem allgemeineren Gesichtspunkt aus diskutieren.

Damit ist die mathematische Modellierung des Federschwingers abgeschlossen. Jetzt beginnt die mathematische oder rechnerische Analyse von Gl. 1.6. Bei der Interpretation der Lösungen ist der Bezug zum mechanischen System des Federschwin-

1.1 Beispiel aus der Mechanik

gers hilfreich. Noch interessanter wird dieser Bezug, wenn umgekehrt Ergebnisse aus der Untersuchung der Differentialgleichung in Gl. 1.6 zum Verständnis des Verhaltens des mechanischen Systems Federschwinger herangezogen werden.

Mathematische Analyse der Bewegungsgleichungen
Typischerweise folgt auf die eigentliche Modellierung die mathematische Analyse der Modellgleichungen. Deshalb rechnen wir für den Federschwinger einige Eigenschaften von Gl. 1.6 vor. Dazu brauchen wir ein paar Grundlagen über gewöhnliche Differentialgleichungen, die Sie gegebenenfalls mithilfe von Abschn. 5.1.1 auffrischen können.

Zuerst stellen wir fest, dass Gl. 1.6 mit der Masse, der Federkonstante und der Dämpfung drei Parameter hat, wovon sich mindestens einer bei Division durch die Masse in

$$y''(t) + \frac{d}{m}y'(t) + \frac{k}{m}y(t) = \frac{p(t)}{m} \tag{1.7}$$

als redundant erweist, wenn wir die durch m geteilten Größen als neue Parameter einführen. Die neuen Parameter haben dann die durch die Masseneinheit geteilten Einheiten der alten Parameter. Wir können ebenso gut die Masse auf $m = 1$ skalieren, ohne dass die Vielfalt der Lösungen eingeschränkt wird. Wenn wir allerdings die Masse $m = 1$ in Gl. 1.6 einfach weglassen, müssen wir im Geiste die Einheiten der anderen Größen ebenfalls durch die Masseneinheit dividieren. Auf der einen Seite vereinfacht sich durch die Skalierung die Bewegungsgleichung. Auf der anderen Seite wird die Interpretation schwieriger, weil wir in die vorigen Einheiten zurückrechnen müssen.

Noch radikaler erleben wir den Effekt der Skalierung, wenn wir die Zeit skalieren und als neue Zeitskala $\tau = \omega_0 t$ mit dem Umrechnungsfaktor ω_0 einführen. Laut Kettenregel rechnen wir den Differentialoperator

$$\frac{d}{dt} = \frac{d\tau}{dt}\frac{d}{d\tau} = \omega_0 \frac{d}{d\tau}$$

um. Diese Umrechnung wird meist als schwierig empfunden. Wir verdeutlichen uns, dass eine Umrechnung einer Minuten-Skala t in eine Sekunden-Skala τ den Faktor $\omega_0 = 60$ erfordert. Eine Geschwindigkeit, die in Metern pro Minute angeben wird, hat dann einen 60fach höheren Zahlenwert als dieselbe Geschwindigkeit in Metern pro Sekunde, und für dieses Beispiel stimmt die Umrechnung des Differentialoperators. Bedenken Sie, dass die Umrechnung einheitenbehaftet 60 s/min lautet, was wieder 1 ist, so dass τ und t dieselbe Zeitskala in unterschiedlichen Zahlenwerten ausdrücken.

Wenn wir bereit sind, die physikalische Schreibweise zu akzeptieren, dass die Auslenkung in Abhängigkeit von t und von τ mit demselben Symbol y ausgedrückt wird, obwohl die Schreibweise $y(t) = y(\tau)$ durch die unterschiedlichen Zahlenwerte von t und τ mathematisch fragwürdig ist, so geht Gl. 1.7 in

$$\omega_0^2 \frac{d^2 y}{d\tau^2} + \omega_0 \frac{d}{m}\frac{dy}{d\tau} + \frac{k}{m}y = \frac{p(t)}{m}$$

und nach Division durch den geschickt gewählten Faktor ω_0 mit $\omega_0^2 = k/m$ in

$$\ddot{y} + \tilde{d}\dot{y} + y = \tilde{p}(\tau) \quad \text{mit} \quad \tilde{d} = \frac{d}{\sqrt{mk}} \quad \text{und} \quad \tilde{p} = \frac{p}{k} \tag{1.8}$$

über. In Gl. 1.8 haben wir die Ableitungen bezüglich der Zeit τ zur Unterscheidung mit einem Punkt statt eines Strichs geschrieben. Wir sehen, dass die drei Parameter m, d und k aus Gl. 1.6 zu einem Parameter $\tilde{d}$ verschmolzen sind.

Die Version in Gl. 1.8 ist für die qualitative Analyse des Systemverhaltens des Federschwingers einfacher als Gl. 1.6, weil alle Terme durch die kleinere Anzahl von Einflussgrößen schlanker und besser lesbar sind. Das ist ein Grund, warum in der Mathematik oft skalierte Gleichungen untersucht werden. Wenn es dagegen um eher praktische Fragen wie den Einfluss einzelner Parameter auf das Verhalten des realen Systems, hier unseres Federschwingers, geht, dann würde man vermutlich Gl. 1.6 in den gewohnten Größen und Einheiten bevorzugen, nicht zuletzt wegen der immer wieder verwirrenden Skalierung der Zeit. In Abschn. 1.2.2 werden wir dasselbe Wechselspiel für Modellgleichungen zu einer populationsdynamischen Anwendung diskutieren. Hier bleiben wir für die mathematische Analyse bei Gl. 1.6.

Die homogene Differentialgleichung $my'' + dy' + ky = 0$ führt mit dem $e^{\lambda t}$-Ansatz auf das charakteristische Polynom $m\lambda^2 + d\lambda + k = 0$ und die Nullstellen

$$\lambda_{1,2} = -\frac{d}{2m} \pm \sqrt{D} \quad \text{mit} \quad D = \frac{d^2}{4m^2} - \frac{k}{m}.$$

Für $\lambda_1 \neq \lambda_2$ lautet die allgemeine Lösung der homogenen Differentialgleichung mit $p = 0$ in Gl. 1.6 also

$$y_h(t) = c_1 e^{\lambda_1 t} + c_2 e^{\lambda_2 t} \quad \text{mit} \quad c_1, c_2 \in \mathbb{C},$$

wobei für realistische Auslenkungen nur reelle Lösungen $y_h(t) \in \mathbb{R}$ relevant sind. Die Lösungen klingen bei nichtverschwindender Dämpfung $d > 0$ für $t \to \infty$ gegen null ab, weil λ_1 und λ_2 entweder beide reell und negativ sind oder als konjugiert komplexe Zahlen gleiche negative Realteile haben. Diese Beobachtung passt zu unserer physikalischen Vorstellung, dass ein gedämpftes mechanisches System ohne äußere Anregung Energie verliert und gegen den Ruhezustand minimaler Energie strebt.

Für einen schwach gedämpften Federschwinger mit $D < 0$, bei dem die Feder im Vergleich zum Dämpfer relativ stark ist, notieren wir die Lösung auch in der Form

$$y_h(t) = e^{-\frac{d}{2m}t} \left[(c_1 + c_2) \cos \omega t + i(c_1 - c_2) \sin \omega t \right] \quad \text{mit} \quad \omega = \sqrt{-D}.$$

Mit konjugiert komplexen c_1 und $c_2 = \bar{c}_1$ werden die Vorfaktoren reell, und $y_h(t)$ beschreibt für $d > 0$ eine gedämpfte Schwingung mit der Grundfrequenz $\omega < \omega_0$. Der gedämpfte Federschwinger schwingt also mit größer werdender Dämpfung immer langsamer.

1.1 Beispiel aus der Mechanik

Die inhomogene Differentialgleichung in Gl. 1.6 lösen Sie für eine frequenzreine Anregung $p(t) = \cos \alpha t$ mit der Anregungsfrequenz α mittels Variation der Konstanten, wobei Sie möglichst lange mit den Nullstellen λ_1 und λ_2 des charakteristischen Polynoms rechnen und erst ganz zum Schluss wieder zu den Parametern m, d und k zurückkehren. Sie erhalten die Systemantwort in Abhängigkeit von der Anregungsfrequenz α. Wenn sich mehrere Anregungsfrequenzen überlagern, so antwortet das lineare System mit der Überlagerung der jeweiligen Systemantworten auf die einzelnen Frequenzen in der Anregung.

Typischerweise wissen wir bei der mathematischen Analyse der Modellgleichungen schon einiges über die Modellgleichungen, weil wir solche Modelle bevorzugen, die auf Gleichungen führen, die wir verstehen und die wir interpretieren können. Aus diesem Verständnis der Modellierung nutzen wir hier das Wissen, dass das schwingende System in der Anregungsfrequenz antwortet, und suchen eine partikuläre Lösung

$$y_p(t) = A \cos \alpha t + B \sin \alpha t \tag{1.9}$$

vom Typ der rechten Seite $p(t) = \cos \alpha t$. Das Einsetzen in Gl. 1.6 und der Koeffizientenvergleich vor den beiden linear unabhängigen Funktionen $\cos \alpha t$ und $\sin \alpha t$ liefern

$$\cos \alpha t: \quad -\alpha^2 m A + \alpha d B + k A = 1,$$
$$\sin \alpha t: \quad -\alpha^2 m B - \alpha d A + k B = 0$$

oder in Matrixform

$$\begin{pmatrix} k - \alpha^2 m & \alpha d \\ -\alpha d & k - \alpha^2 m \end{pmatrix} \begin{pmatrix} A \\ B \end{pmatrix} = \begin{pmatrix} 1 \\ 0 \end{pmatrix}.$$

Wir lösen dieses lineare Gleichungssystem und erhalten die Koeffizienten in Gl. 1.9 als

$$A = \frac{k - \alpha^2 m}{(k - \alpha^2 m)^2 + \alpha^2 d^2} \quad \text{und} \quad B = \frac{\alpha d}{(k - \alpha^2 m)^2 + \alpha^2 d^2}.$$

Schließlich rechnen wir die Systemantwort y_p in Gl. 1.9 in die Form

$$y_p(t) = I \cos(\alpha t - \varphi) \tag{1.10}$$

mit der Phasenverschiebung $\varphi = \varphi(\alpha)$ und der Amplitude $I = I(\alpha)$, die beide von der Anregungsfrequenz α abhängen, um. In Gl. 1.10 lesen wir die praktisch relevanten Eigenschaften Amplitude und Phasenverschiebung schneller ab als aus Gl. 1.9.

Aus dem Additionstheorem erhalten wir $y_p = I \cos \varphi \cos \alpha t + I \sin \varphi \sin \alpha t$, und nach neuerlichem Koeffizientenvergleich mit Gl. 1.9 entsteht $A = I \cos \varphi$ und $B = I \sin \varphi$ und damit

$$I = \sqrt{A^2 + B^2} = \frac{1}{\sqrt{(k - \alpha^2 m)^2 + \alpha^2 d^2}} \quad \text{und} \quad \tan \varphi = \frac{B}{A} = \frac{\alpha d}{k - \alpha^2 m}. \tag{1.11}$$

Damit haben wir die partikuläre Lösung für eine harmonische, also frequenzreine, Anregung mit der Anregungsfrequenz α vollständig im Griff. Da wir andere periodische Anregungen als Fourier-Reihe harmonischer Anregungen schreiben können und da wir mit sehr ähnlichen Ansätzen auch partikuläre Lösungen für andere Anregungen berechnen können, begnügen wir uns mit diesem kleinen beispielhaften Stück der mathematischen Analyse der Modellgleichung in Gl. 1.6. Je nachdem, was Sie über den Federschwinger wissen wollen, würden Sie die Lösungen weiter analysieren, z. B. hinsichtlich des Einflusses der einzelnen Parameter.

Als Übung für Sie schlagen wir vor, dass Sie die Überlegungen für die skalierte Gleichung in Gl. 1.8 durchführen. Wenn Sie nun den Einfluss der ursprünglichen Parameter auf das Lösungsverhalten studieren wollen, erweist sich die Skalierung der Zeitachse, in die die Eigenfrequenz ω_0 des ungedämpften Federschwingers und damit die Parameter m und k eingegangen sind, als etwas störend. Einfacher wird es, wenn Sie die Lösungen in die ursprünglichen Skalen zurücktransformieren, was gleichzeitig eine gute Probe für Ihre Berechnungen ist. Wir stellen fest, dass die mathematisch einfachsten Formulierungen nicht immer die sind, mit der sich Anwenderinnen und Anwender am wohlsten fühlen, weil sie typischerweise in den bekannten Begriffen denken. Hier sind das die Masse m, die Dämpfung d, die Federkonstante k aus Gl. 1.6 und eben nicht die skalierte Dämpfung $\tilde{d}$ aus Gl. 1.8.

Aus Gl. 1.11 lesen wir zwei Beobachtungen ab. Als Erstes betrachten wir eine konstante Anregung mit $\alpha = 0$. Dies entspricht einer konstanten anliegenden Kraft $p = 1$. Als Intensität der Systemantwort erhalten wir $I = 1/k$, und die konstante partikuläre Lösung ist ebenfalls $y_p = 1/k$. Es gibt noch viele andere partikuläre Lösungen, weil man jede beliebige Lösung der homogenen Gleichung zu dieser konstanten partikulären Lösung addieren kann und wieder eine partikuläre Lösung erhält. Aber die konstante Lösung ist die einfachste von ihnen. Abb. 1.2 zeigt die Lösung von Gl. 1.6 mit konstanter Anregung $p = 1$ in Abhängigkeit von der Zeit und im Phasendiagramm.

Wir werfen einen kurzen Blick auf die Einheiten und stellen zu unserem Erschrecken fest, dass die partikuläre Lösung y_p, die eine Auslenkung beschreibt, die inverse Einheit der Federkonstanten zu haben scheint. Dabei haben wir jedoch übersehen, dass die äußere Anregung $p = 1$ die Einheit Newton hat und dass folglich die 1 im Zähler auch die Einheit Newton hat. Wir haben sie nur nicht mitgeschrieben. Damit hat die partikuläre Lösung tatsächlich die Einheit Meter, und die Einheiten passen wieder.

Die zweite Beobachtung, die wir ansprechen wollen, betrifft das Phänomen der Resonanz. Bei einem ungedämpften Federschwinger werden die Nenner in Gl. 1.11 für die Anregungsfrequenz $\alpha = \omega_0$ null. Es gibt keine Amplitude $I(\omega_0) \in \mathbb{R}$, weil es keine periodische Systemantwort gibt.

Der ungedämpfte Federschwinger ohne Anregung hat die Modellgleichung $my'' + ky = 0$, und er schwingt, wenn er einmal in Bewegung gesetzt wird, auf ewig mit der Lösung $y_h = c_1 \cos \omega_0 t + c_2 \sin \omega_0 t$ für die jeweiligen $c_1, c_2 \in \mathbb{R}$, die durch die Anfangsbedingungen bestimmt sind. Die Frequenz ω_0 ist diesem ungedämpften

1.1 Beispiel aus der Mechanik

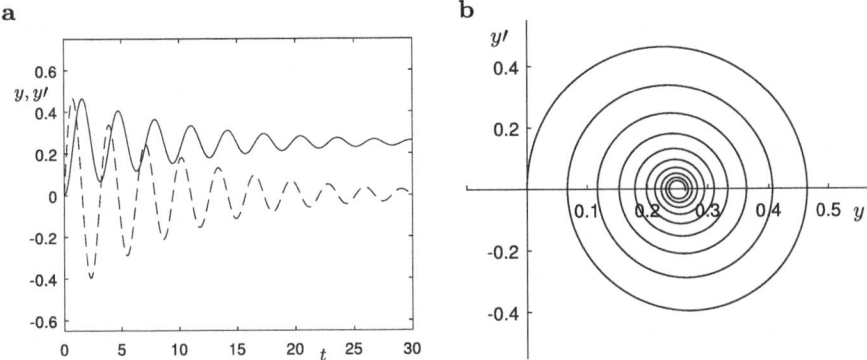

Abb. 1.2 a Auslenkung $y(t)$ (durchgezogen) und Geschwindigkeit $y'(t)$ (gestrichelt) eines gedämpften Federschwingers mit $m = 1$, $d = 0.2$, $k = 4$ und konstanter Anregung $p = 1$. **b** Phasendiagramm $(y(t), y'(t))^T = (x(t), v(t))^T$

Federschwinger eigen. Aus der Umstellung von $my'' + ky = 0$ zu

$$\frac{d^2}{dt^2} y_h(t) = -\frac{k}{m} y_h(t),$$

worin Sie die Definition des Eigenwerts einer Matrix wiedererkennen, hat das Eigenwertproblem seinen Namen. Hier ist $-\omega_0^2$ ein Eigenwert zum linearen Differentialoperator, der y_h in y_h'' überführt. Entspricht die Anregungsfrequenz α genau der Eigenfrequenz ω_0, so wird der Oszillation des ungedämpften Federschwingers immer mehr Energie zugeführt, und die Auslenkungen werden immer stärker. Dieses Phänomen heißt Resonanz. Bei realistischen Systemen mit einer kleinen Dämpfung spricht man auch von Resonanz, wenn die Systemantwort eine große Amplitude hat. Als Kind haben Sie das Phänomen der Resonanz beim Schaukeln genutzt, als Sie Ihre Beine genau mit der Frequenz α bewegt haben, die die Schaukel mit der Eigenfrequenz ω_0 am besten in Bewegung setzen konnte.

Abb. 1.3 zeigt eine typische Lösung eines Federschwingers mit schwacher Dämpfung. In der transienten Anfangsphase sammelt die Lösung mehr und mehr Energie aus der Anregung p, und nach einer Weile gleichen sich die Energiezufuhr und die Dissipation wegen der Dämpfung aus. Deshalb sehen Sie für etwas größere Zeiten eine gute Näherung der Systemantwort.

Die rechte Abbildung von Abb. 1.3 zeigt die Amplitude der Systemantwort in Abhängigkeit von der Resonanzfrequenz.

Nach diesem Ausflug in die Analyse der Systemgleichungen, die in einer Vorlesung über Differentialgleichungen oder über Technische Mechanik üblicherweise viel ausführlicher präsentiert wird, wenden wir uns im nächsten Abschnitt wieder stärker der Modellierung zu.

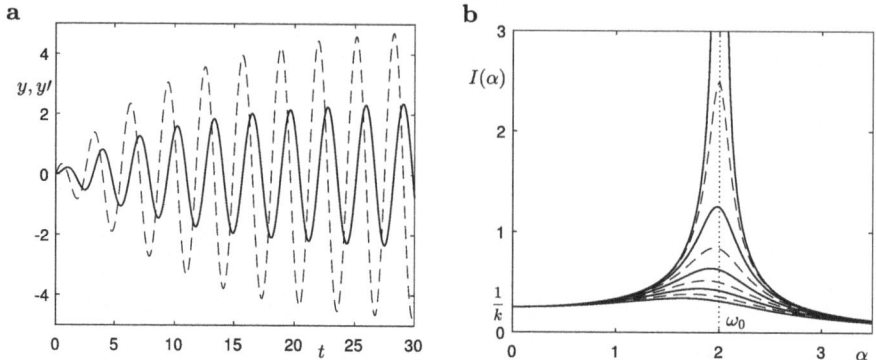

Abb. 1.3 a Auslenkung $y(t)$ (durchgezogen) und Geschwindigkeit $y'(t)$ (gestrichelt) eines schwach gedämpften Federschwingers mit $m = 1$, $d = 0.2$, $k = 4$ und einer periodischen Anregung $\alpha = 2$ nahe der Eigenfrequenz ω_0. b Amplitude $I(\alpha)$ in Abhängigkeit von der Anregungsfrequenz α für unterschiedliche Dämpfungen, obere Linie $d = 0$ (durchgezogen), dann darunter $d = 0.2$ (gestrichelt), $d = 0.4$ (durchgezogen) usw.

1.1.2 Größere Feder-Masse-Systeme

Auf dieselbe Weise wie beim Einmassenschwinger im vorigen Abschnitt stellen wir die Modellgleichungen für größere Feder-Masse-Systeme auf. Dies sind mechanische Systeme, die durch Punktmassen modelliert werden, welche durch Federn und Dämpfer miteinander verbunden sind. Die Modellierung besteht schon darin, das mechanische System durch ein Feder-Masse-System zu beschreiben. Die Erstellung der Modellgleichungen folgt wieder dem zweiten Newtonschen Gesetz. Steht das Feder-Masse-System fest, so sind die Modellgleichungen zwangsläufig.

Abb. 1.4 zeigt einen Zweimassenschwinger. Die erste Masse m_1 ist durch eine Feder der Federkonstanten k_1 und einen Dämpfer mit der Dämpfung d_1 mit einer festen Wand verbunden. Die zweite Masse m_2 ist mit einer Feder mit k_2 und einem Dämpfer mit d_2 mit der ersten Masse verbunden. Auf die zweite Masse wirkt eine äußere Anregung $p = p(t)$.

Der Zweimassen- und noch viel mehr der Mehrmassenschwinger können als Modelle für ein eindimensionales elastisches Material, möglicherweise für ein Gummiband, interpretiert werden. Die kontinuierlich verteilte Masse des Gummibandes wird zu Punktmassen zusammengefasst, und das elastische Verhalten des Materials Gummi wird in Längsrichtung durch die Federn und Dämpfer zwischen

Abb. 1.4 Zweimassenschwinger als Beispiel für größere Feder-Masse-Systeme

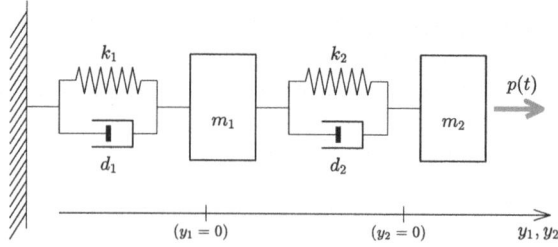

1.1 Beispiel aus der Mechanik

den Punktmassen modelliert. Das Gummiband wird dann durch ein Feder-Masse-System in Form einer langen Kette modelliert.

Wenn man sich zusätzlich auf die Kennlinien der Federn und Dämpfer und damit auf die konstitutiven Gleichungen, also den Zusammenhang zwischen ihrer Auslenkung bzw. Geschwindigkeit und den daraus resultierenden Kräften, festlegt, so liefert die Anwendung des zweiten Newtonschen Gesetzes zwangsläufig die Bewegungsgleichungen des Feder-Masse-Systems.

In unserem Zweimassenschwinger wählen wir die einfachsten Kennlinien, nämlich lineare konstitutive Gleichungen. Außerdem beschreiben wir die Position der beiden Massen durch die Auslenkungen $y_1 = y_1(t)$ und $y_2 = y_2(t)$ aus der Gleichgewichtslage bei entspannten Federn.

Die Auslenkungen $y_1 = 0$ und $y_2 = 0$ werden beide auf der horizontalen Achse in Abb. 1.4 eingetragen, aber sie beschreiben zwei unterschiedliche Positionen. Dies ist auf den ersten Blick etwas ungewohnt. Zur Übung empfehlen wir Ihnen, die entspannten Längen ℓ_1 und ℓ_2 der beiden Federn zu berücksichtigen und die Modellgleichungen für die Ortskoordinaten $\tilde{y}_1$ bzw. $\tilde{y}_2$ aufzustellen, bei denen die Gleichgewichtslage durch $\tilde{y}_1 = \ell_1$ und $\tilde{y}_2 = \ell_1 + \ell_2$ beschrieben wird. Zur Probe muss nach der Umrechnung in $y_1 = \tilde{y}_1 - \ell_1$ und $y_2 = \tilde{y}_2 - \ell_1 - \ell_2$ dieselbe Modellgleichung herauskommen.

Die Federkraft der ersten Feder ist wie in Gl. 1.1 durch $-k_1 y_1$ beschrieben, und wie in Gl. 1.2 ist die Kraft des ersten Dämpfers $-d_1 y_1'$. Wir denken kurz darüber nach, dass diese Feder und dieser Dämpfer auf die Wand ebenfalls eine Kraft ausüben. Doch die Wand ist starr, und die Kräfte richten an der Wand nichts aus.

Die Starrheit der Wand ist eine Idealisierung, denn es gibt keine reale Wand, an der beliebig große Kräfte wirkungslos bleiben. Die modellhafte Beschreibung des Gummibandes oder eines realen mechanischen Systems durch den Zweimassenschwinger enthält die idealisierte Wand, die nur für kleine Kräfte eine akzeptable Näherung einer real existierenden Aufhängung von Feder und Dämpfer sein kann.

Diese Überlegung führt uns dazu, dass die zweite Feder beim Zusammendrücken an beiden Enden, also auf beide Massen, eine Kraft ausübt. Die Längenänderung der zweiten Feder ist $y_2 - y_1 = \tilde{y}_2 - \ell_2 - \tilde{y}_1$. An dieser Stelle ist eine Plausibilitätsprüfung mit Blick auf das Vorzeichen angebracht. Wird nur die zweite Masse in Abb. 1.4 nach rechts bewegt, so wird y_2 vergrößert, während y_1 unverändert bleibt, und die Feder wird länger. Auf die zweite Masse wirkt die Kraft $-k_2(y_2 - y_1)$, die negativ ist und somit die zweite Masse wieder in Richtung kleinerer Auslenkungen zieht. Dasselbe passiert, wenn y_1 bei festem y_2 verkleinert wird. Auch dann wird die zweite Masse nach links gezogen. Umgekehrt wirken die Gegenkräfte auf der anderen Seite der Feder auf die erste Masse.

Ganz entsprechend kommen wir zu den Dämpfungskräften. Die Geschwindigkeit, mit der sich der Abstand der beiden Massen verändert, ist $y_2' - y_1'$, und die Dämpfungskraft auf die zweite Masse ist $-d_2(y_2' - y_1')$. Auch hier wirkt die Gegenkraft auf die erste Masse. Insgesamt entsteht das Differentialgleichungssystem

$$\begin{aligned} m_1 y_1'' &= -k_1 y_1 - d_1 y_1' + k_2(y_2 - y_1) + d_2(y_2' - y_1'), \\ m_2 y_2'' &= - k_2(y_2 - y_1) - d_2(y_2' - y_1') + p(t). \end{aligned} \quad (1.12)$$

Die Bewegungs- oder Modellgleichung des Zweimassenschwingers addiert auf ihrer rechten Seite fünf Einflüsse, nämlich die äußere Kraft und die Kräfte der vier Bauteile mit den Parametern k_1, k_2, d_1 und d_2, die die Stärke oder Intensität der Einflüsse enthalten. Achten Sie darauf, wie oft Ihnen Modellgleichungen mit dieser Form begegnen werden, vgl. Abschn. 4.2.2.

Bevor wir über die Modellgleichungen in Gl. 1.12 nachdenken, unternehmen wir wieder eine Plausibilitätsprüfung. Eine Auslenkung der ersten Masse nach rechts, also $y_1 > 0$, oder eine Bewegung nach rechts, also $y_1' > 0$ führen bei jeweils unveränderten sonstigen Größen zu $y_1'' < 0$. Die erste Masse wird also nach links beschleunigt bzw. gebremst, was hoffentlich zu Ihrer Anschauung passt. Analog passiert dies mit der zweiten Masse. Diese Überlegung unterstützt unser Zutrauen in die Bewegungsgleichungen in Gl. 1.12.

Die Differentialgleichung in Gl. 1.12 ist linear, und mit dem Vektor und den Matrizen

$$\mathbf{q} = \begin{pmatrix} y_1 \\ y_2 \end{pmatrix} \in \mathbb{R}^2, \quad M = \begin{pmatrix} m_1 & 0 \\ 0 & m_2 \end{pmatrix} \in \mathbb{R}^{2 \times 2}$$

sowie

$$K = \begin{pmatrix} k_1 + k_2 & -k_2 \\ -k_2 & k_2 \end{pmatrix} \in \mathbb{R}^{2 \times 2} \quad \text{und} \quad D = \begin{pmatrix} d_1 + d_2 & -d_2 \\ -d_2 & d_2 \end{pmatrix} \in \mathbb{R}^2$$

schreiben wir Gl. 1.12 als

$$M\mathbf{q}'' + D\mathbf{q}' + K\mathbf{q} = \begin{pmatrix} 0 \\ p(t) \end{pmatrix}, \qquad (1.13)$$

was wie das vektorwertige Pendant zu Gl. 1.6 aussieht. Das ist es auch, und die Positivität von d und k übersetzt sich in die positive Definitheit der Matrizen D und K. Das Auftauchen der gleichen Form sollte kein Beleg für die Richtigkeit von Gl. 1.13 sein. Die Realität ist nicht verpflichtet, uns neugierige Menschen mit schönen Gleichungen zu versorgen. In vielen physikalischen Anwendungen tut sie es, aber eher aus Kulanz. Physik und Mathematik haben sich über Jahrhunderte als Geschwisterwissenschaften entwickelt, sodass wir nie ganz sicher sein können, ob die Ebenmäßigkeit der physikalischen Gleichungen nicht doch aus der ausgeformten Theorie statt aus der Realität stammt.

Alles, was wir ab jetzt mit Gl. 1.12 oder 1.13 machen, gehört wieder zur Analyse der Modellgleichungen. Die Modellierung ist spätestens an dieser Stelle abgeschlossen.

Als einen denkbaren Ausschnitt der Analyse der Modellgleichungen suchen wir nach Lösungen des ungedämpften Zweimassenschwinger ohne äußere Anregung, die harmonische, also frequenzreine, Schwingungen sind. Sie lassen sich als Vielfache der Sinus- oder Kosinus-Funktion mit einer passenden Frequenz beschreiben. Das ungedämpfte mechanische System, was wieder eine Idealisierung ist, schwingt, nachdem es einmal angestoßen wurde, bis in alle Ewigkeit weiter und dies mit Frequenzen, die vom schwingenden System selbst bestimmt sind. Deshalb heißen die

1.1 Beispiel aus der Mechanik

zugehörigen Frequenzen Eigenfrequenzen und die Schwingungsformen Eigenmoden des mechanischen Systems. Wir suchen also Lösungen der Form

$$\mathbf{q}(t) = \mathbf{v}\cos\omega t \quad \text{von} \quad M\mathbf{q}'' = -K\mathbf{q}. \tag{1.14}$$

In Gl. 1.14 ist der Vektor der beiden Auslenkungen $\mathbf{q}(t)$ eine zeitabhängige vektorielle Größe, aber der Vektor $\mathbf{v} \in \mathbb{R}^2$ ist ein zeitlich unveränderlicher Vektor. Damit ist $\mathbf{q}'' = -\omega^2 \mathbf{v}\cos\omega t$, und nach dem Einsetzen in Gl. 1.14 und der Division durch $\cos\omega t$, was nicht für alle t null ist, entsteht das Eigenwertproblem

$$-\omega^2 \mathbf{v} = -M^{-1}K\mathbf{v}. \tag{1.15}$$

Der Ansatz einer harmonischen Schwingung in Gl. 1.14 liefert somit genau dann Lösungen der Bewegungsgleichung $M\mathbf{q}'' = -K\mathbf{q}$ des ungedämpften Zweimassenschwingers, wenn ω^2 ein Eigenwert der Matrix $M^{-1}K \in \mathbb{R}^{2\times 2}$ und $\mathbf{v} \in \mathbb{R}^2$ der zugehörige Eigenvektor ist.

Die Matrix $M^{-1}K$ hat ein vollständiges System von Eigenvektoren und zwei unterschiedliche positive Eigenwerte. Dies kann man bei unseren 2×2-Matrizen für alle Belegungen $m_1, m_2 > 0$ und $k_1, k_2 > 0$ technisch nachrechnen, oder man argumentiert allgemeiner, dass die Matrix

$$N^{-1}KN^{-1} \quad \text{mit} \quad N = \begin{pmatrix} \sqrt{m_1} & 0 \\ 0 & \sqrt{m_2} \end{pmatrix}$$

und der symmetrischen positiv definiten Matrix K ebenfalls eine symmetrische positiv definite Matrix ist, die ein vollständiges System von Eigenvektoren zu positiven reellen Eigenwerten hat. Aus $N^{-1}KN^{-1}\mathbf{w} = \omega^2 \mathbf{w}$ folgt nach Multiplikation von N^{-1} von links

$$M^{-1}KN^{-1}\mathbf{w} = N^{-1}N^{-1}KN^{-1}\mathbf{w} = \omega^2 N^{-1}\mathbf{w},$$

und $\mathbf{v} = N^{-1}\mathbf{w}$ sind die Eigenvektoren von $M^{-1}K$ zu den positiven Eigenwerten ω^2. Wir haben so viele Eigenschwingungen in Gl. 1.14 erhalten, wie der Vektor $\mathbf{q}$ Ortskoordinaten enthält. Zu jedem Freiheitsgrad des ungedämpften linearen mechanischen Systems gibt es eine Eigenschwingung, und diese sind voneinander linear unabhängig.

Bei der Betrachtung des Zweimassenschwingers haben wir eine etwas allgemeinere mathematische Analyse als in Abschn. 1.1.1 unternommen, und wir sind schnell auf recht anspruchsvoll aussehende mathematische Überlegungen gestoßen. Wir schließen diesen Abschnitt mit einem Zahlenbeispiel, dessen Eigenschwingungen in Abb. 1.5 gezeigt werden.

Beispiel 1.1
Wir betrachten den ungedämpften Zweimassenschwinger mit $m_1 = m_2 = 1$ und den Federkonstanten $k_1 = 3$ und $k_2 = 2$. Die Eigenvektoren und Eigenwerte von

$$M^{-1}K = \begin{pmatrix} 5 & -2 \\ -2 & 2 \end{pmatrix} \quad \text{sind} \quad \mathbf{v}_1 = \begin{pmatrix} 1 \\ 2 \end{pmatrix}, \mathbf{v}_2 = \begin{pmatrix} -2 \\ 1 \end{pmatrix}$$

sowie $\omega_1^2 = 1$ und $\omega_2^2 = 6$. Die Eigenschwingungen oder Eigenmoden dieses Zweimassenschwinger, vgl. Gl. 1.14, lauten somit

$$\mathbf{q}_1(t) = \begin{pmatrix} 1 \\ 2 \end{pmatrix} \cos t \quad \text{und} \quad \mathbf{q}_2(t) = \begin{pmatrix} -2 \\ 1 \end{pmatrix} \cos \sqrt{6}t. \tag{1.16}$$

Zwei weitere linear unabhängige Lösungen erhält man analog über den Ansatz $\mathbf{q}(t) = \mathbf{v} \sin \omega t$, sodass sich die allgemeine Lösung des Differentialgleichungssystems in Gl. 1.14 als Linearkombination dieser insgesamt vier linear unabhängigen harmonischen Schwingungen ergibt. Die Koeffizienten der Linearkombination bestimmen sich aus den Anfangswerten $\mathbf{q}(0) \in \mathbb{R}^2$ und $\mathbf{q}'(0) \in \mathbb{R}^2$, die passenderweise und erwartungsgemäß aus vier Zahlenwerten bestehen.

Abb. 1.5 zeigt links den ersten Eigenmodus $\mathbf{q}_1(t)$ aus Gl. 1.16 und rechts den zweiten Eigenmodus $\mathbf{q}_2(t)$. Es fällt auf, dass der erste Eigenmodus eine parallele Bewegung beider Massen enthält, wobei die zweite Masse mit größerer Amplitude schwingt. Im zweiten Eigenmodus bewegen sich die Massen gegenläufig und mit höherer Frequenz.

Versuchen Sie, die Bewegungen der Massen mit Ihren Händen in die Luft zu zeichnen. Es wird lustig. ∎

Wir werden auf das Beispiel 1.1 in Abschn. 4.2 und genauer in Beispiel 4.8 zurückkommen, wenn wir uns Gedanken darüber machen, wie wir Teile des Verhaltens eines Systems in einem kleineren Modell wiederfinden. Schon hier können Sie darüber nachdenken, ob der erste Eigenmodus $\mathbf{q}_1(t)$ so aussieht, dass man beide Massen zu einer gemeinsamen größeren Masse zusammenfassen kann, die als Vereinfachung gemeinsame Schwingung ausführt. Natürlich geht dabei die Bewegung der beiden Massen im Verhältnis zueinander verloren. Doch dazu kommen wir später.

Als Übung empfehlen wir weiter, dass Sie für ein größeres Feder-Masse-System Modellgleichungen erstellen, z. B. für drei oder mehr Massen, die in einer Kette angeordnet sind und an beiden Enden der Kette mit festen Wänden verbunden sind.

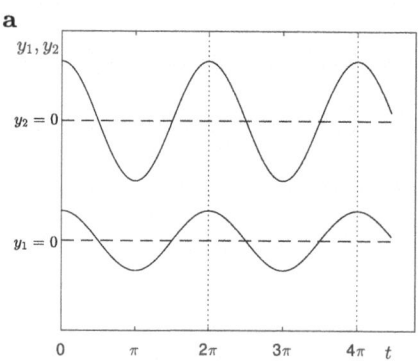
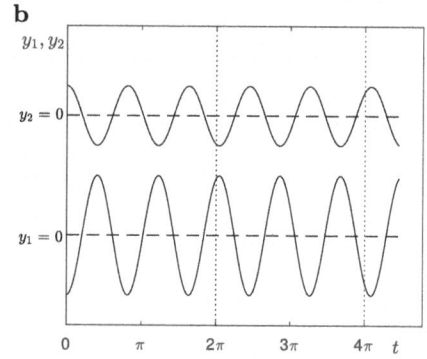

Abb. 1.5 Eigenschwingungen des ungedämpften Zweimassenschwingers mit Massen $m_1 = m_2 = 1$, Federkonstanten $k_1 = 3$ und $k_2 = 2$. Zwei Freiheitsgrade, zwei Eigenmoden. **a** Paralleler Eigenmodus mit $\omega_1 = 1$. **b** Gegenläufiger Eigenmodus mit $\omega_2 = \sqrt{6}$

Schauen Sie sich danach ein Netz von Federn kann, die wie das Netz eines Fußballtors angeordnet sind. Beim Versuch, Bewegungsgleichungen für ein solches Netz von Federn aufzustellen, fällt Ihnen auf, dass in den Knoten des Tornetzes Massepunkte liegen müssen. Falls nicht, fehlen dem zweiten Newtonschen Gesetz die Massen, die beschleunigt werden könnten, und man findet keine Differentialgleichungen. Wir formulieren, dass die Massen aus den Feder-Masse-Systemen nicht hinwegdenkbar sind. Dies drückt aus, dass man zwar einzelne Federn aus einem Feder-Masse-System weglassen kann, als ob sie jemand aus dem mechanischen System ausgebaut hätte, dass wir die Massen jedoch nicht abmontieren, d. h. zu null setzen können, ohne die Art des Systems und damit der Modellgleichungen sehr grundlegend zu verändern.

1.1.3 Rückblick auf die ersten Modelle

In den Abschn. 1.1.1 und 1.1.2 haben wir stellvertretend für andere mechanische Systeme den Federschwinger und den Zweimassenschwinger untersucht. Nachdem wir die mechanischen Systeme skizziert hatten und uns auf die linearen Kennlinien der Federn und Dämpfer festgelegt hatten, war unsere Modellierung abgeschlossen. Die Modellgleichungen ergaben sich zwangsläufig aus den getroffenen Festlegungen, und die danach folgende Untersuchung der Modellgleichungen verlangte uns nur die Entscheidung ab, was wir analysieren wollen.

Die mathematische Analyse der Modellgleichungen kann theoretisch jemand durchführen, der überhaupt nicht weiß, was die Gleichungen beschreiben. Selbst wenn dieser jemand die Ergebnisse seiner Analyse nicht in den Eigenschaften des mechanischen Systems wiederfindet, können die Ergebnisse dennoch in die physikalische Anwendung zurückübersetzt und ohne besonderen Aufwand experimentell bestätigt werden.

Alles passt perfekt. Die Mathematik ist wunderbar geeignet, um die physikalischen Systeme zu beschreiben, zu untersuchen und ggf. Vorhersagen über ihr Verhalten zu treffen. Die Gesetzmäßigkeiten sind zweifelsfrei, und die konstitutiven Gleichungen fast nicht diskutierbar. Die Modellgleichungen entstehen mit einer starken Zwangsläufigkeit aus einigen wenigen Entscheidungen über die zu modellierende physikalische Anwendung.

Die Perfektion, mit der Physik und Mathematik zusammenpassen, lässt die mathematische Modellierung als einen zwangsläufigen Beschreibungsprozess erscheinen, der erst an der Spitze der wissenschaftlichen Entwicklung interessant wird, nämlich dort, wo sich die mathematische Beschreibungssprache gerade entwickelt und noch nicht seit Jahrhunderten benutzt und getestet wurde.

Wir haben unsere Besprechung der Modellierung trotzdem mit physikalischen Anwendungen begonnen, um reale Vorgänge mit Gewissheit in eine mathematische Beschreibung zu übertragen. Wir werden im Folgenden sehen, dass die Gewissheit, welches die richtige mathematische Beschreibung realer Phänomene ist, schnell verschwindet, wenn wir uns von klassischen physikalischen Anwendungen entfernen.

1.2 Beispiel aus der Populationsdynamik

Mit den Lotka-Volterra-Gleichungen und einigen Varianten davon besprechen wir in diesem Abschnitt ein etabliertes Modell für die Populationsdynamik in einem kleinen Ökosystem. Wir sehen, dass die verwendeten Mechanismen weit weniger bekannt sind als im Abschn. 1.1.1 und dass wir stärker auf theoretische und abstrahierte Überlegungen zurückgreifen müssen.

1.2.1 Lotka-Volterra-Gleichungen und ein Ökosystem

In den letzten Jahren des Ersten Weltkrieges war der Fischfang in der Adria nur sehr eingeschränkt möglich, weil hier die Frontlinie der Kriegsgegner Italien und Österreich-Ungarn verlief. Als der Fischfang ab 1919 wieder aufgenommen wurde, machten die Fischer eine überraschende Beobachtung: Zu Anfang gab es einen ungewohnt hohen Anteil an Raubfischen und offenbar vergleichsweise wenig Fische, aber nachdem wieder viele Fische gefangen wurden, entspannte sich anscheinend die Fischpopulation. Der Anteil der Raubfische an den gefangenen Fischen wurde kleiner, und insgesamt fanden die Fischer wieder mehr Fische. Es sah also so aus, als hätte sich der Fischbestand durch den Fischfang vermehrt.

Diese Beobachtung stand im Gegensatz zur damals vorherrschenden Idee der Homöostase biologischer und medizinischer Systeme. Gemäß dieser Idee streben die Systeme nach einem unbeeinflussten Gleichgewicht, das Homöostase genannt wurde. Äußere Einflüsse verschieben die Gleichgewichte, wie die Platte einer Waage unter dem daraufliegenden Gewicht verschoben wird. Der Fischbestand in der Adria hätte sich während des Ersten Weltkriegs der natürlichen Homöostase nähern müssen und durch den wieder einsetzenden Fischfang unter Last geraten müssen. Die Beobachtung der Fischer stand im Gegensatz zu den Vorhersagen aus der Idee der Homöostase. Die Neugier der Wissenschaft war geweckt.

Alfred Lotka (1880–1949) und Vito Volterra (1860–1940) untersuchten die Beobachtung der Fischer und veröffentlichten unabhängig voneinander 1925 und 1926 ein mathematisches Modell, das eine Erklärung anbietet. Die unterschiedlichen Zeiten der Publikationen erklären sich daraus, dass die Begutachtung, der Druck und die Verbreitung von wissenschaftlichen Artikeln damals noch länger dauerten als heute. Die beiden Wissenschaftler kannten sich zumindest zu diesem Zeitpunkt nicht, und sie haben keineswegs voneinander abgeschrieben.

Bis zu dieser Zeit war es sehr ungewöhnlich, lebenswissenschaftliche Vorgänge mit mathematischen Mitteln zu beschreiben. Vorher gab es mit den Fibonacci-Zahlen, die sehr grob das Wachstum einer Kaninchen-Population modellieren, und den Mendelschen Gesetzen zur Vererbung von Eigenschaften auf die nachfolgende Generation nur vereinzelte Versuche, Mathematik und Biologie zusammenzubringen. Deshalb kann man die Lotka-Volterra-Gleichungen als Geburt der mathematischen Biologie oder der mathematischen Modellierung in den Lebenswissenschaften ansehen.

Das Lotka-Volterra-Modell unterscheidet eine zeitabhängige Beute-Population der Größe $u = u(t)$ und eine zeitabhängige Räuber-Population $v = v(t)$. Es

1.2 Beispiel aus der Populationsdynamik

beschreibt die Interaktion zwischen beiden Populationen in einem Ökosystem. Das Modell enthält als zentralen Mechanismus, dass die Räuber die Beute fressen, was natürlich den Räubern nützt und der Beute schadet.

Bevor wir Gleichungen erstellen, verdeutlichen wir uns, dass die Räuber-Population sehr viel kleiner als die Beute-Population ist. Schließlich frisst jeder Räuber viele Beute-Tiere, und die Beute-Population braucht Zeit zum Nachwachsen. Außerdem erinnern wir daran, dass der Mensch vorrangig Beute-Tiere kultiviert oder fängt. Einerseits gibt es mehr von ihnen, und andererseits ist der Verzehr von Tieren, die ihrerseits tierisches Eiweiß fressen, gefährlich, weshalb z. B. Schweinefleisch, bevor es in den Handel kommt, einer Trichinenuntersuchung unterzogen wird. Der größte Anteil der verzehrten Fische sind solche, die sich von Kleinstlebewesen, Pflanzen und nicht von anderen Fischen ernähren.

Das Lotka-Volterra-Modell berücksichtigt vier Mechanismen. Der erste Mechanismus beschreibt das Wachstum der Beute-Population in Abwesenheit der Räuber. Der zweite Mechanismus modelliert den Schaden, den die Räuber bei der Beute anrichten. Eng damit verwandt, aber nicht dasselbe, ist der Nutzen, den das Aufeinandertreffen von Räubern und Beute für die Räuber hat, weil diese mit einer bestimmten Wahrscheinlichkeit die Beutetiere, auf die sie treffen, fressen und sich von ihnen ernähren. Schließlich enthält der vierte Mechanismus das Zugrundegehen der Räuber-Population in Abwesenheit der Beute-Population.

Das einfachste Wachstumsmodell nimmt an, dass die Anzahl der Nachkommen proportional zur bestehenden Population ist, dass also die Beute-Population gemäß $u' = \alpha u$ mit der Wachstumsrate $\alpha > 0$ wächst. Implizit enthält diese Annahme, die zu exponentiellem Wachstum führt, dass unbeschränkte Ressourcen an Nahrung und Platz vorhanden sind. Wir merken noch an, dass echte Tiere als Ganzes geboren werden, sodass wir die Tiere zählen können. Mit einer akzeptablen Näherung beschreiben wir die Populationsgröße durch reellwertige Funktionen, die stetig von der Zeit abhängen. Diese Beschreibung ist durchaus diskussionswürdig, und wir empfehlen sie Ihnen zum Grübeln.

Beispiel 1.2
Die Fibonacci-Folge ist das früheste bekannte Beispiel einer mathematischen Modellierung einer lebenswissenschaftlichen Anwendung. Fibonacci (1170–1240) beschrieb das Wachstum einer Kaninchen-Population bei unbeschränktem Platz und unbeschränkter Nahrung durch Folgenglieder b_k, die die Anzahl der Kaninchen-Paare nach k Zeitintervallen bezeichnet. Er abstrahierte das Wachstum in folgenden Regeln: Zu Anfang ist ein frisch geborenes Kaninchen-Paar vorhanden, d. h. $b_0 = 1$. Nach zwei Zeitintervallen Jugend bekommt jedes Kaninchen-Paar in jedem Zeitintervall ein neues Kaninchenpaar. Damit ergibt sich b_{k+2} aus den Kaninchen, die vor einem Zeitintervall schon da waren und denen, die schon zwei Zeitintervalle alt sind und damit jetzt ein neues Kaninchen-Paar hervorgebracht haben. Es entsteht

$$b_{k+2} = b_{k+1} + b_k \text{ mit } b_1 = b_0 = 1 \text{ und } (b_k)_{k=0}^\infty = 1, 1, 2, 3, 5, 8, 13, 21, \ldots$$

Dieses Wachstumsmodell enthält zwar nur ganzzahlige Anzahlen von Kaninchen, aber darüber hinaus ist es nicht sehr realistisch. Beispielsweise sterben Kaninchen manchmal. Außerdem halten selbst Kaninchen sich nicht daran, in festen Zeiträumen eine genau bestimmte Anzahl kleine Kaninchen zu bekommen. So bewundernswert das über 800 Jahre alte Wachstumsmodell ist, so können wir der gleichen Rechtfertigung nach einer Funktion $y = y(t)$ suchen, die $y(k) \approx b_k$ erfüllt.

Wir suchen exponentiell wachsende Funktionen $y(t) = e^{\alpha t}$, die der Forderung $y(t+2) = y(t+1) + y(t)$ genügen. Nach der Division durch $e^{\alpha t}$ finden wir die Gleichung $e^{2\alpha} = e^{\alpha} + 1$ mit $\alpha = \ln \frac{1}{2}(1 + \sqrt{5})$. Mit dieser einen Funktion treffen wir nicht perfekt die Anfangsbedingungen, aber wir sehen, dass alle Funktionen $y(t) = ce^{\alpha t}$ mit beliebigen $c \in \mathbb{R}$ an den ganzzahligen Stellen $y(k)$ Werte liefern, die der Rekursion der Fibonacci-Folge genügen. Gleichzeitig sind diese Funktionen Lösungen der Differentialgleichung $y' = \alpha y$.

Für mehr Realismus müsste man vor allem für kleine Populationen den Zufall einbeziehen. Denken Sie darüber nach, wie Sie beschreiben könnten, dass die Kaninchen-Paare ab dem zweiten Zeitintervall z. B. mit 80 % Wahrscheinlichkeit ein neues Kaninchenpaar bekommen. Es wird schnell unübersichtlich. Fragen Sie sich, ob Sie dann mehr über die Vermehrung von Kaninchen wissen. ∎

Als Zweites diskutieren wir, welchen Schaden die Räuber-Population v an der Beute-Population u anrichtet, indem die Räuber die Beute fressen. Bei einer völlig zufälligen räumlichen Verteilung der Tiere ist die Aufeinandertreffenswahrscheinlichkeit von Räubern und Beute proportional zur Größe der Räuber-Population v und proportional zur Größe der Beute-Population u. Unterstellt man zusätzlich, dass ein Raubtier das Beutetier, das es getroffen hat, unabhängig von sonstigen Bedingungen mit einer bestimmten Wahrscheinlichkeit frisst, so kann der Schaden an der Beute-Population durch $\beta u v$ mit der Fressrate β ausgedrückt werden. Der Term $\beta u v$ erinnert an die Reaktionsgeschwindigkeit zweier chemischer Substanzen mit den Konzentrationen u und v, denn die Geschwindigkeit einer chemischen Reaktion in einer Lösung ist proportional zur Wahrscheinlichkeit, dass die Moleküle der beiden Substanzen sich begegnen.

Gleichzeitig scheint klar, dass doppelt so viele Räuber auch doppelt so viel Beute fressen, aber es ist sehr unwahrscheinlich, dass die gleiche Anzahl Räuber doppelt so viele Beutetiere frisst, wenn doppelt so viele vorhanden sind. Ähnlich ist es mit Gästen einer Party. Doppelt so viele Gäste werden im Mittel doppelt so viel essen und doppelt so viel trinken. Doch hoffentlich haben Sie keine Gäste, die die Verdopplung der auffindbaren Alkoholika damit honorieren, dass sie doppelt so viel trinken. Der Fressterm $\beta u v$ besticht also nicht durch besonderen Realismus, sondern durch seine Einfachheit.

Nach derselben Argumentation ist der Nutzen des Fressens für die Räuber $\gamma u v$ mit der Nutzensrate γ. Allerdings nützt das Fressen den Räubern bezüglich der Größe der Population weniger, als es der Beute-Population schadet. Schließlich nehmen wir an, dass die Räuber-Population exponentiell abstirbt, wenn die Beute ausbleibt.

1.2 Beispiel aus der Populationsdynamik

Mit diesen einfachsten Beschreibungen der vier Mechanismen im Lotka-Volterra-Modell entstehen die Lotka-Volterra-Gleichungen

$$\begin{aligned} u' &= \alpha u - \beta uv, \\ v' &= \gamma uv - \delta v \end{aligned} \quad \text{mit } \alpha, \beta, \gamma, \delta > 0. \tag{1.17}$$

Bei unseren Argumentationen haben wir ohne großes Nachdenken für die Raten von der Wachstumsrate α bis zur Sterberate δ angenommen, dass sie positiv sind. Dies war möglich, weil wir die Richtung der Mechanismen kennen, selbst wenn wir keine Zahlenwerte für die Raten haben. Der Wachstumsterm αu befördert die Beute-Population, und der Fressterm βuv schadet ihr. Jede Population hat in Gl. 1.17 einen Term, der die Population vergrößert, und einen Term, der sie verkleinert. Auch deshalb ist es nicht sinnvoll, beispielsweise der Räuber-Population einen exponentiellen Wachstumsterm hinzuzufügen. Wir würden diesen mit dem Sterbeterm verrechnen, sodass $-\delta v$ eher den Netto-Effekt aus Geburt und Sterben der Räuber enthält. Andererseits könnten wir argumentieren, dass der Nutzenterm γuv für die Vermehrung der Räuber zuständig ist. Sie können nur wachsen, wenn genügend Nahrung vorhanden ist.

Sie bemerken, dass selbst die seit etwa hundert Jahren etablierten Lotka-Volterra-Gleichungen in Gl. 1.17 Fragen aufwerfen, wie die Größen interpretiert werden können. Mathematische Modelle sind nicht von außen gegeben. Sie sind immer Gegenstand der Diskussion.

Jetzt ist die Modellierung des Räuber-Beute-Systems durch die Lotka-Volterra-Gleichungen fertig. Das Modell oder vielmehr die Modellgleichungen stehen in Gl. 1.17. Das Modell besteht strenggenommen aus den Modellgleichungen und ihrer Interpretation. Was jetzt kommt, ist Mathematik oder Rechnerei. Wir rechnen schnell. Falls Sie Unterstützung brauchen, schauen Sie in Abschn. 5.1.1 oder in *So einfach ist Mathematik – Gewöhnliche Differentialgleichungen für Anwender*. Im folgenden Abschn. 1.2.2 setzen wir die Modellierung fort und entwickeln Modellvarianten, aber hier – wir wiederholen uns – analysieren wir zunächst die Gl. 1.17.

Zuerst stellen wir fest, dass die Division der beiden Differentialgleichungen

$$\frac{u'(t)}{v'(t)} = \frac{\mathrm{d}u}{\mathrm{d}v} = \frac{\alpha u - \beta uv}{\gamma uv - \delta v}$$

auf die nichtexakte Differentialgleichung

$$(\gamma uv - \delta v)\,\mathrm{d}u - (\alpha u - \beta uv)\,\mathrm{d}v = 0$$

führt. Nach Multiplikation mit dem integrierenden Faktor $(uv)^{-1}$ erhalten wir die exakte Differentialgleichung

$$\left(\gamma - \frac{\delta}{u}\right)\mathrm{d}u + \left(\beta - \frac{\alpha}{v}\right)\mathrm{d}v = 0,$$

sodass die Trajektorien $(u(t), v(t))^T$ Höhenlinien des Potentials

$$\Phi(u,v) = \gamma u - \delta \ln u + \beta v - \alpha \ln v = c \tag{1.18}$$

sind. Sie verifizieren dies, indem Sie $\Phi(u(t), v(t))$ materiell nach der Zeit ableiten. Es entsteht

$$\frac{d}{dt}\Phi(u(t), v(t)) = \left(\gamma - \frac{\delta}{u}\right) u'(t) + \left(\beta - \frac{\alpha}{v}\right) v'(t) = 0.$$

Für kleine $u \to 0^+$ wird das Potential Φ ebenso wie für kleine $v \to 0^+$ unendlich groß. Ebenso wächst Φ für größer werdende u und v. Das Potential in Gl. 1.18 ist als Summe der konvexen Ausdrücke in u bzw. in v selbst konvex. Die Höhenlinien sind also konvexe geschlossene Kurven, vgl. Abb. 1.6.

An den geschlossenen Höhenlinien sehen wir, dass die Trajektorien für einen Zeitpunkt T, den wir auf diese Weise allerdings nicht ausrechnen, wieder bei den Anfangsbedingungen ankommen. Es gilt $(u(T), v(T))^T = (u(0), v(0))^T$, und die Lösungen von Gl. 1.17 sind periodisch. Die zeitabhängigen Populationen $(u(t), v(t))^T$ sind im rechten Bild von Abb. 1.6 dargestellt, und man findet sie in vielen Biologie-Büchern und populärwissenschaftlichen Veröffentlichungen.

Aber Vorsicht: Periodische Lösungen von Gl. 1.6 bedeuten nicht, dass ein wirkliches Räuber-Beute-System mit genau einer Räuber-Population und genau einer Beute-Population periodisch schwingen muss. Wir haben eben das Wort ‚verifizieren' verwendet, und in der Tat haben wir mathematisch verifiziert, dass die Lösungen von Gl. 1.17 Höhenlinien des Potentials Φ aus Gl. 1.18 sind. Diese innermathematische Verifikation hätten wir auch machen können, ohne zu wissen, was die Lotka-Volterra-Gleichungen modellieren. Sie macht allerdings keine Aussage über einen Wahrheitsgehalt oder über die Wirklichkeitsnähe der Gl. 1.17.

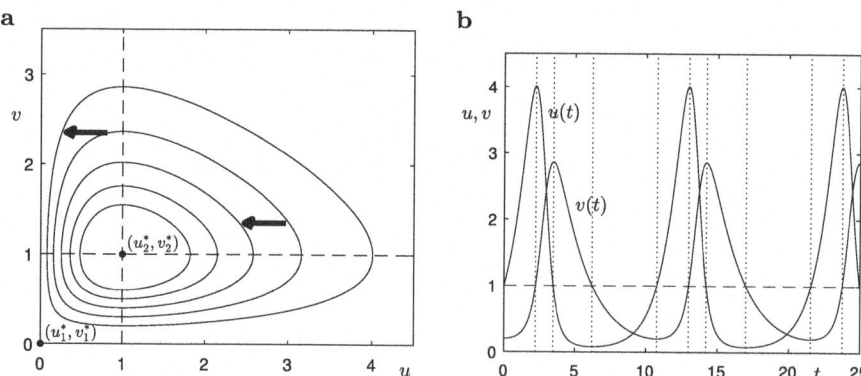

Abb. 1.6 a Phasendiagramm und ausgewählte Trajektorien $(u(t), v(t))^T$ mit $\alpha = \beta = 1$ und $\gamma = \delta = \frac{1}{2}$. Nullklinen $\mathcal{N}_u$ und $\mathcal{N}_v$ mit $u' = 0$ bzw. $v' = 0$ (gestrichelt). Fischfang in zwei unterschiedlichen Momenten des Zyklus (dicke Pfeile). **b** Periodische Lösung der Lotka-Volterra-Gleichungen, Passage der Nullklinen bei $u_2^* = v_2^* = 1$ (gestrichelt)

1.2 Beispiel aus der Populationsdynamik

Die Forschung hat sich schwergetan, ein Ökosystem ausfindig zu machen, dessen Populationen sich annähernd wie die Lösungen von Gl. 1.17 verhalten. Die vermutlich einzigen Messdaten mit größeren Tieren zu einem solchen Ökosystem verdanken wir der Hudson Bay Company, eines über 350-jährigen Handelsunternehmens in Kanada. In der zweiten Hälfte des 19ten Jahrhunderts bestand ein Geschäftsfeld der Hudson Bay Company im Pelzhandel. In den Jahren zwischen 1840 und 1930 wurden aus rein buchhalterischen und wirtschaftlichen Interessen die gehandelten Felle der Luchse und der Schneeschuhhasen dokumentiert. Tatsächlich folgen diese Daten bei gewisser Nachsicht den Trajektorien aus Abb. 1.6.

Die Hudson Bay Company hat keine Tierzählung gemacht. Vielmehr sind die Anzahlen der gehandelten Felle die besten Daten für die Größen der Populationen der Luchse und der Schneeschuhhasen, die man finden konnte. Man unterstellt also, dass die Trapper proportional zur jeweiligen Populationsgröße Luchse und Hasen fangen konnten. Die kanadische Tundra bietet ein genügend übersichtliches Ökosystem, um es durch die Räuber-Population der Luchse und die Beute-Population der Hasen, die sich vegetarisch ernähren und die zumindest im Sommer genügend Nahrung finden, gut zu abstrahieren.

Wir werfen einen Blick auf Abb. 1.6. Im linken Plot sind die Höhenlinien $(u(t), v(t))^T$ des Potentials $\Phi(u, v)$ im Phasenplot als Trajektorien eingezeichnet. Sie haben alle qualitativ denselben Verlauf, und die Beute-Population $u(t)$ ist immer bei demselben Wert v minimal oder maximal und genauso mit vertauschten Rollen. Für $v = \frac{\alpha}{\beta}$ gilt $u' = 0$ in Gl. 1.17. Dies können wir etwas systematischer untersuchen, indem wir die Mengen $\mathcal{N}_u$ und $\mathcal{N}_v$ notieren, für $u' = 0$ bzw. $v' = 0$ gilt. Dies sind wegen $u' = u(\alpha - \beta v)$ und $v' = v(\gamma u - \delta)$ gerade

$$\mathcal{N}_u = \left\{ u = 0 \text{ oder } v = \frac{\alpha}{\beta} \right\} \text{ und } \mathcal{N}_v = \left\{ v = 0 \text{ oder } u = \frac{\delta}{\gamma} \right\}.$$

Diese Mengen heißen in Anlehnung an die Isoklinen Nullklinen. Beide bestehen in diesem Fall aus zwei zueinander senkrechten Linien. Auf der Nullkline $\mathcal{N}_u$ gilt u', und die Trajektorien $(u(t), v(t))$ verlaufen dort parallel zur u-Achse.

Die stationären Punkte sind die Schnittmenge zwischen $\mathcal{N}_u$ und $\mathcal{N}_v$. Das sind in diesem Fall das leere Ökosystem $(u_1^*, v_1^*) = (0, 0)$ und die nicht-oszillierenden Populationen

$$(u_2^*, v_2^*) = \left(\frac{\alpha}{\beta}, \frac{\delta}{\gamma} \right)$$

im Gleichgewicht. In diesem Punkt hat Φ sein Minimum, und die Höhenlinie degeneriert zu einem Punkt.

Wir sehen leicht, dass ein Ökosystem, das sich im Gleichgewicht (u_2^*, v_2^*) befindet, durch eine kleine Störung auf eine Trajektorie gerät, die mit Oszillationen verbunden ist, wie wir sie im rechten Bild von Abb. 1.6 sehen. Dieser stationäre Punkt ist also nicht asymptotisch stabil, vgl. Abschn. 5.1.2, wohl aber stabil. Die Populationen haben im Lotka-Volterra-Modell in Gl. 1.17 eine Tendenz zu schwingen.

Der stationäre Punkt (u_1^*, v_1^*) des leeren oder toten Ökosystems ist nicht stabil, denn das Aussetzen einiger Beutetiere führt zu unbegrenztem exponentiellem

Wachstum der Beute-Population, solange keine Räuber vorhanden sind. Dies erinnert an die beiden Waschbärenpaare, die 1934 am Edersee ausgesetzt wurden und sich seitdem ungehindert vermehren.

Rechnen Sie die Stabilität der beiden stationären Punkte mittels der Eigenwerte der Jacobi-Matrix an diesen Punkten nach. Sie erkennen, dass die Eigenvektoren bei (u_1^*, v_1^*) zu den Richtungen passen, in die sich das System entwickelt, wenn nur Beutetiere ausgesetzt werden oder wenn nur Räuber ausgesetzt werden.

Schließlich zeigt Abb. 1.6 den Einfluss des Fischfangs in der Adria. Wir erinnern daran, dass ein Ökosystem eine viel größere Anzahl von Beutetieren haben muss, damit diese den Räubern als Nahrung dienen können. Da der Mensch viel mehr Fische verzehrt, die sich von Kleinsttieren und Plankton ernähren, als Raubfische und, nebenbei bemerkt, auch außerhalb des Wassers kaum Raubtiere verspeist, ist der Fischfang mit der Entnahme von Beutetieren aus dem Ökosystem assoziiert. In Abb. 1.6 sehen Sie zwei Pfeile nach links, die die Verminderung von u durch den Fischfang anzeigen. Je nachdem, an welcher Stelle der Trajektorie der Fischfang ansetzt, verschiebt er das Ökosystem auf eine Trajektorie, die größere Oszillationen durchführt, oder auf eine Trajektorien, die in kleineren Oszillationen um den Gleichgewichtspunkt (u_2^*, v_2^*) schwingt.

Vermutlich ist in den Jahren nach dem Ersten Weltkrieg den Adria-Fischern ungeplant die erste Variante gelungen. Sie haben zu einem Zeitpunkt Friedfische gefangen, zu dem es relativ viele Raubfische gab. Das Ökosystem war wahrscheinlich links oberhalb des Gleichgewichtszustands (u_2^*, v_2^*), d. h. $u < u_2^*$ und $v > v_2^*$. Durch die Verminderung $u \rightsquigarrow u - h$ mit der entnommenen Menge $h > 0$ wurde das Ökosystem auf eine weiter außen liegende Trajektorie verschoben, und nach einiger Zeit gab es insgesamt mehr Fische und anteilig mehr Beute-Fische.

Der Einfluss des Fischfangs auf das zukünftige Verhalten des Ökosystems ist also nicht leicht zu verstehen. Er kann ebenso zum Aufschwingen wie zum Abmildern der Oszillationen führen. Man könnte sagen, dass das Aufschwingen oder Abmildern der Schwingungen nicht nur von der einen Ursache des Fischfangs abhängt, sondern dass ein multikausaler Zusammenhang besteht.

Das Aufschwingen bringt die Populationen weiter aus der Balance. Einerseits ist dies ein sehr natürliches Verhalten von Populationen, andererseits sind zeitweise große Fischbestände mit Phasen sehr kleiner Populationen und der Gefahr des Aussterbens verbunden, die in der hiesigen Grundvariante des Lotka-Volterra-Modells allerdings nicht vorkommt.

Die Europäische Union reguliert den Fischfang in den zugehörigen Küstengewässern durch Fangquoten. Beispielsweise dürfen Dorsche 2024 in der westlichen Ostsee nicht einmal mehr durch Freizeitangler gefangen werden und erst recht nicht durch professionelle Fischerinnen und Fischer. Die restriktiven Fangmengen führen immer wieder zu politischen Auseinandersetzungen in den Küstenregionen, weil die multikausalen Abhängigkeiten, die schon in dem einfachen Lotka-Volterra-Modell in Gl. 1.17 erkennbar werden, schwerer kommunizierbar sind. Die häufig anzutreffende Argumentation, dass die Fischfangunternehmen viele Fische orten würden, die sie – aus ihrer Sicht überraschenderweise – nicht fangen dürften, übergeht die multikausalen Einflüsse auf die mittelfristige Entwicklung der Fisch-Populationen. Leider sind die populationsdynamischen Zusammenhänge komplizierter als eine typische politische Auseinandersetzung, und ein vielfältigerer Fischbestand wird zudem durch weitaus kompliziertere Differentialgleichungen als Gl. 1.17 modelliert. Sie folgen jedoch denselben Grundprinzipien.

1.2.2 Ein Grundmodell und viele Varianten

Zu den vielen Entscheidungen, die wir in Abschn. 1.2.1 auf dem Weg zu den Lotka-Volterra-Gleichungen in Gl. 1.17 getroffen haben und die alle darauf hinausliefen, die einfachst möglichen Mechanismen und damit die einfachst möglichen Terme in Gl. 1.17 auszuwählen, gehört die Entscheidung, dass die Beute in Abwesenheit der Räuber exponentiell wächst, dass also unbeschränkte Ressourcen an Nahrung und Raum für sie verfügbar sind.

Beim Versuch, das Lotka-Volterra-Modell der Populationsdynamik realistischer zu gestalten, könnten wir auf die Idee kommen, dass die Beute-Population auch in Abwesenheit der Räuber nur bis zu einer Kapazität K wächst. Wir könnten beispielsweise annehmen, dass die Wachstumsrate α nicht unabhängig von der Populationsgröße u ist, sondern mit wachsender Population abnimmt. Die einfachste Form eines solchen monoton fallenden Verhaltens von der Wachstumsrate in Abhängigkeit von u ist eine lineare Funktion, und es entsteht das Differentialgleichungssystems

$$u' = \alpha u \left(1 - \frac{u}{K}\right) - \beta u v,$$
$$v' = \gamma u v - \delta v \qquad \text{mit } \alpha, \beta, \gamma, \delta, K > 0. \qquad (1.19)$$

Den Wachstumsterm bezeichnet man als logistisches Wachstum. Hier haben wir ihn als eine einfache Variante der Idee einer Beute-Population mit beschränktem Wachstum eingeführt. Wir haben uns keine Gedanken gemacht, warum der Term genau so aussehen sollte, sondern wir haben die Beobachtung oder das Phänomen, dass die Beute-Population nicht unbeschränkt wächst in einen Term verwandelt, der dieses Verhalten zeigt. Tatsächlich liefert der Wachstumsterm in Gl. 1.19 für $u > K$ einen negativen Beitrag. Auf der aktuellen Betrachtungsebene würden wir Gl. 1.19 wegen der fehlenden Motivation der Terme ein phänomenologisches Modell nennen. Ein solches Modell ist so gestaltet, dass es das erwartete Verhalten zeigt, ohne dass dieses Verhalten durch tiefer liegende Zusammenhänge begründet oder motiviert wird. Ein phänomenologisches Modell liefert folglich keinen Erklärungsansatz für das verwendete Phänomen.

Im Falle des logistischen Wachstums gibt es aber sehr wohl Begründungen und Motivationen, die wir im folgenden Abschn. 1.2.3 ausführlicher besprechen. Zusammen mit diesen Begründungen würden wir das modifizierte Lotka-Volterra-Modell in Gl. 1.19 nicht mehr als phänomenologisch einstufen.

Bevor wir uns mit dem Verhalten des Gesamtsystems in Gl. 1.19 beschäftigen, betrachten wir die Anzahl der Parameter, die jetzt auf fünf gewachsen ist. Vielleicht hatten Sie bereits bei den klassischen Lotka-Volterra-Gleichungen das Gefühl, dass die vier Parameter α, β, γ und δ nicht vier voneinander unabhängige Einflüsse auf die Populationsdynamik ausdrücken, obwohl sie vier unterschiedliche biologische Begründungen haben. In der Tat können wir Ihnen berichten, dass die Analyse eines Differentialgleichungssystems und des Verhaltens der Lösungen mit wachsender Parameterzahl sehr aufwendig wird.

Deshalb werden die Modellgleichungen häufig skaliert. Das bedeutet, dass die Einheiten der beteiligten Größen so gewählt werden, dass möglichst wenige Parameter übrig bleiben. Wir führen die Technik der Skalierung an der Gl. 1.19 vor.

Zuerst messen wir die Größe der Beute-Population in Anteilen an der Kapazität K. Dann liefert $\tilde{u}$ mit $u = K\tilde{u}$ eine neue Maßeinheit, bei der $\tilde{u} = 1$ der Populationsgröße $u = K$ einer ausgefüllten Kapazität entspricht. In dieser Einheit geht Gl. 1.19 in

$$\tilde{u}' = \alpha \tilde{u}(1 - \tilde{u}) - \beta \tilde{u} v,$$
$$v' = \gamma K \tilde{u} v - \delta v$$

über, was man mit $\tilde{\gamma} = \gamma K$ als Differentialgleichungssystem

$$\tilde{u}' = \alpha \tilde{u}(1 - \tilde{u}) - \beta \tilde{u} v, \tag{1.20}$$
$$v' = \tilde{\gamma} \tilde{u} v - \delta v$$

mit den vier Parametern α, β, $\tilde{\gamma}$ und δ schreiben kann. Wir sagen, dass das System in Gl. 1.19 in der Kapazität K skaliert. Das Systemverhalten hängt also nicht von u direkt, sondern von dem Verhältnis $\tilde{u}$ zur Kapazität K ab. Beim Übergang von Gl. 1.19 zu 1.20 haben wir die Kapazität auf 1 skaliert, und beide Differentialgleichungssysteme zeigen bis auf die Skala, in der u bzw. $\tilde{u}$ gemessen werden, dasselbe Lösungsverhalten.

Als Nächstes skalieren wir die Zeit t durch eine andere Zeitskala $\hat{t}$, indem wir wieder die Kettenregel

$$\tilde{u}'(t) = \frac{d\tilde{u}}{dt} = \frac{d\hat{t}}{dt} \cdot \frac{d\tilde{u}}{d\hat{t}} = \alpha \frac{d\hat{u}}{d\hat{t}} = \alpha \hat{u}'(\hat{t})$$

mit $\hat{u}(\hat{t}) = \tilde{u}(t)$ verwenden, wobei der Ableitungsstrich an $\hat{u}$ eine Ableitung bezüglich $\hat{t}$ bezeichnet, wogegen der Ableitungsstrich an $\tilde{u}$ eine Ableitung bezüglich t beschreibt. Die neue Zeitskala erfüllt also $\hat{t} = \alpha t$. Verdeutlichen Sie sich die Ableitungen bezüglich unterschiedlicher Zeitskalen, indem Sie eine Geschwindigkeit aus der Einheit m/s in die Einheit m/min umrechnen. In diesem Fall ist $\alpha = 60$ bzw. $\alpha = 60$s/min. Überlegen Sie, welche der Geschwindigkeitsangaben $\tilde{u}'(t)$ und welche $\hat{u}'(\hat{t})$ ist.

Nach Division durch α lautet Gl. 1.20 in der neuen Zeitskala

$$\hat{u}' = \hat{u}(1 - \hat{u}) - \frac{\beta}{\alpha} \hat{u} \hat{v}, \tag{1.21}$$
$$\hat{v}' = \frac{\tilde{\gamma}}{\alpha} \hat{u} \hat{v} - \frac{\delta}{\alpha} \hat{v}.$$

Die Populationsgrößen werden nun mit einem Dach bezeichnet, weil sie von $\hat{t}$ abhängen. Wir hätten auch argumentieren können, dass wir die Zeitskala so wählen, dass

1.2 Beispiel aus der Populationsdynamik

der Wachstumsparameter α den Wert 1 annimmt. Wir wären ebenso bei Gl. 1.21 gelandet und hätten noch besser gesehen, dass wir nun mit drei Parametern auskommen.

Schließlich können wir die Größe der Räuber-Population so messen, dass der neue Zahlenwert $\frac{\beta}{\alpha}\hat{v}$ entspricht. In der ersten Gleichung des Systems in Gl. 1.21 finden wir diesen Term, und die zweite Gleichung schreiben wir als

$$\frac{\alpha}{\beta}\left(\frac{\beta}{\alpha}\hat{v}\right)' = \frac{\tilde{\gamma}}{\beta}\hat{u}\left(\frac{\beta}{\alpha}\hat{v}\right) - \frac{\delta}{\beta}\left(\frac{\beta}{\alpha}\hat{v}\right)$$

und nach der Division durch $\frac{\alpha}{\beta}$ als

$$\left(\frac{\beta}{\alpha}\hat{v}\right)' = \frac{\tilde{\gamma}}{\alpha}\hat{u}\left(\frac{\beta}{\alpha}\hat{v}\right) - \frac{\delta}{\alpha}\left(\frac{\beta}{\alpha}\hat{v}\right).$$

Da uns die Bezeichnungen ausgehen, verwenden wir für das skalierte System wieder die Größen u und v und erhalten

$$\begin{aligned} u' &= u(1-u) - uv, \\ v' &= auv - bv \end{aligned} \tag{1.22}$$

mit

$$a = \frac{\tilde{\gamma}}{\alpha} = \frac{\gamma K}{\alpha} \quad \text{und} \quad b = \frac{\delta}{\alpha}.$$

Natürlich sind die Größen u und v nicht dieselben wie in Gl. 1.19, aber bis auf die Skalierung der Größen u und v, in die die Parameter ebenfalls eingehen, vgl. das scheinbar fehlende β, zeigt auch dieses System mit nur noch zwei Parametern a und b dasselbe Systemverhalten. Durch die Skalierung ist also nichts verloren gegangen, und die Gleichungen werden übersichtlicher. Deshalb werden in mathematischen Untersuchungen gern skalierte Systeme verwendet.

Probieren Sie sich daran, das klassische Lotka-Volterra-Modell in Gl. 1.17 zu skalieren. Da drei Größen auftreten, nämlich u, v und die Zeit, bleibt von den vier Parametern nur einer übrig.

Die Analyse des skalierten Systems in Gl. 1.22 ist nun technisch weniger aufwendig. Beispielsweise die Nullklinen sind

$$\mathcal{N}_u = \{u = 0 \text{ oder } u + v = 1\} \quad \text{und} \quad \mathcal{N}_v = \{v = 0 \text{ oder } u = \kappa\}, \quad \kappa = \frac{b}{a}.$$

Beide Nullklinen sind wieder jeweils ein Paar von Geraden im $\mathbb{R}^2$, und für $\kappa < 1$ gibt es die drei Schnittpunkte

$$(u_1^*, v_1^*) = (0, 0), \quad (u_2^*, v_2^*) = (\kappa, 1 - \kappa) \quad \text{und} \quad (u_3^*, v_3^*) = (1, 0)$$

im ersten Quadranten, also mit nichtnegativen Populationsgrößen.

Das leere Biotop (u_1^*, v_1^*) und das Gleichgewicht (u_2^*, v_2^*) kennen wir als stationäre Punkte des klassischen Lotka-Volterra-Systems in Gl. 1.17, und das modifizierte System in Gl. 1.19 mit logistischem Wachstum hat diese beiden stationären Punkte geerbt. Das Beute-Paradies (u_3^*, v_3^*), bei dem die Beute-Population in Abwesenheit von Räubern die skalierte Kapazität 1 ausfüllt, ist neu hinzugekommen.

Die scheinbare Einschränkung $\kappa < 1$ bedeutet $b < a$, und die zweite Gleichung in Gl. 1.22 zeigt in der Form $v' = (au - b)v$, dass dies eine sinnvolle Bedingung und eher keine Einschränkung ist. Da eine Beute-Population $u > 1$ oberhalb der skalierten Kapazität 1 zu $u' < 0$ führt, wird die Beute-Population außer in einer kurzen Eingangsphase nicht größer als 1 sein, sodass nach der Eingangsphase $au \leq a$ gilt. Wäre nun $b \geq a$, so wäre $au - b \leq 0$, und v' wäre negativ. Die Räuber-Population würde also immer kleiner werden und gegen null streben. Die Räuber hätten keine mittelfristige Überlebenschance in einem solchen Modell. Bei der Modellierung der Interaktion der Räuber- und der Beute-Population ist die Bedingung $\kappa < 1$ folglich nicht hinwegdenkbar.

Bisher klingt alles nach einer vernünftigen Erweiterung des klassischen Lotka-Volterra-Modells. Ein Blick in Abb. 1.7 zeigt jedoch eine wichtige Änderung des qualitativen Lösungsverhaltens. Die periodischen Trajektorien des klassischen Lotka-Volterra-Systems aus Abb. 1.6 wurden in spiralförmige Bahnen verwandelt, die auf den Gleichgewichtspunkt (u_2^*, v_2^*) zustreben.

Die Jacobi-Matrix, vgl. Abschn. 5.1.2, der rechten Seite von Gl. 1.22 lautet allgemein und eingesetzt am Gleichgewichtspunkt $(u_2^*, v_2^*) = (\kappa, 1 - \kappa)$ nun

$$J = \begin{pmatrix} 1 - 2u - v & -u \\ av & au - b \end{pmatrix} \quad \text{und} \quad J(u_2^*, v_2^*) = \begin{pmatrix} -\kappa & -\kappa \\ a(1 - \kappa) & 0 \end{pmatrix}.$$

Sie hat wegen

$$\det(J(u_2^*, v_2^*) - \lambda I) = (-\kappa - \lambda)(-\lambda) + b(1 - \kappa) = \lambda^2 + \kappa\lambda + b(1 - \kappa)$$

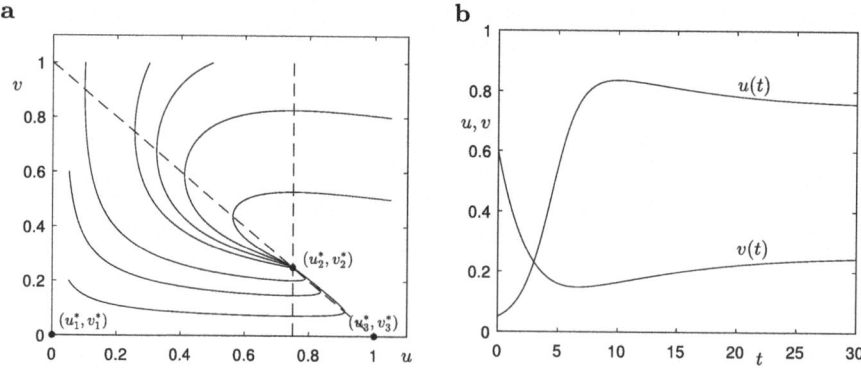

Abb. 1.7 a Trajektorien im Phasenraum zum modifizierten Lotka-Volterra-System in Gl. 1.22 mit logistischem Wachstum der Beute und $a = \frac{1}{2}, b = \frac{3}{8}$. **b** Typischer zeitlicher Verlauf $(u(t), v(t))^T$

1.2 Beispiel aus der Populationsdynamik

die Eigenwerte

$$\lambda_{1,2} = -\frac{\kappa}{2} \pm \sqrt{\frac{\kappa^2}{4} - b(1-\kappa)} \quad \text{mit} \quad \text{Re}\,\lambda_{1,2} < 0$$

wegen $b(1 - \kappa) > 0$. Aus $\kappa < 1$ folgt, dass die Diskriminante, also der Term unter der Wurzel, kleiner ist als das Quadrat von $\frac{\kappa}{2}$. Ist die Diskriminante nichtnegativ, so sind beide Eigenwerte reell und negativ, und ist sie negativ, so sind λ_1 und λ_2 zwei konjugiert komplexe Eigenwerte mit dem negativen Realteil $-\frac{\kappa}{2}$. Der Gleichgewichtspunkt (u_2^*, v_2^*) wird in diesem Modell asymptotisch stabil.

Die Einführung des logistischen Wachstums für die Beute-Population hat zu einer mathematisch interessanten Änderung des Systemverhaltens geführt. Diese Änderung hat auch für das Verständnis von Ökosystemen große Bedeutung. Während das klassische Lotka-Volterra-System in Gl. 1.17 auf äußere und oft menschliche Einflüsse mit einer Veränderung der Stärke der Oszillationen reagiert, aber immer periodisch bleibt, suggeriert das modifizierte System in Gl. 1.19, dass sich das Ökosystem mit den beiden Populationen beim Ausbleiben äußerer Einflüsse auf einen vorbestimmten, quasi natürlichen, Gleichgewichtspunkt zubewegt. Denken Sie über die möglichen Implikationen zum Artenschutz und zum Erhalt der Artenvielfalt nach. Angesichts von zwei unterschiedlichen Modellen, die beide vernünftig klingen, könnte ein erbitterter politischer Streit entstehen, welches geeignete Maßnahmen für den Artenschutz sind. Dieser Streit ist vielleicht noch schwieriger beizulegen als der zwischen den EU-Behörden, die den Fischfang regulieren, und den Fischerei-Unternehmen, weil sich diesmal beide Seiten auf vermeintlich wissenschaftliche Untersuchungen stützen können und nicht nur auf das vage Gefühl, dass es genug Fische gäbe.

Die Einführung des logistischen Wachstums in Gl. 1.19 ist nicht die einzige vernünftig erscheinende Modellerweiterung der Lotka-Volterra-Gleichungen. Eine andere interessante Ergänzung entsteht, wenn berücksichtigt wird, dass sehr kleine Populationen nicht überlebensfähig sind, beispielsweise weil sich die Tiere nicht mehr finden oder weil sie zu eng miteinander verwandt sind, um genügend viele lebensfähige Nachkommen zu bekommen. Dieser Effekt heißt Allee-Effekt, was englisch ausgesprochen wird und etwa wie Ellie-Effekt klingt. Er ist nach dem amerikanischen Zoologen Warder Clyde Allee (1885–1955) benannt. Meistens wird der Allee-Effekt phänomenologisch modelliert, indem der Wachstumsparameter α unterhalb eines Schwellwerts $u = \varepsilon$ als negativ angenommen wird. In den Abb. 1.6 und 1.7 gäbe es parallel zu den Achsen einen kleinen Bereich, in dem die Populationen nicht mehr wachsen, sondern kleiner werden, wodurch das Aussterben der jeweiligen Population beschrieben wird, was die bisherigen Modelle unrealistischerweise nicht enthalten. Denken Sie über mögliche mathematische Beschreibungen des Allee-Effekts nach, die außerhalb der ε-Streifen nahe der Achsen möglichst wenig verändern. Gegebenenfalls verwenden Sie eine Fallunterscheidung. Es reicht übrigens, den Allee-Effekt für die Beute einzuführen, weil die Räuber-Population ohne Beute ebenfalls nicht überlebt.

Über die Formulierung „es reicht" könnten wir ein wenig nachdenken. Sie bedeutet, dass der gewünschte Effekt, nämlich die Möglichkeit des Aussterbens der Populationen, erreicht wird. Mit dieser Beschreibung des Allee-Effekts wären in Abb. 1.6 periodische Lösungen, die sehr nahe an den Achsen vorbeikommen und zeitweise nur Bruchteile von Schneeschuhhasen für möglich halten, nicht mehr auffindbar. Die dadurch erreichte größere Nähe des Modellverhaltens zu realistischen Beobachtungen bedeutet jedoch nicht, dass das Modell realistischer ist und die Beobachtungen aus der Wirklichkeit besser beschreibt. Der Allee-Effekt ist ein typischer phänomenologischer Ansatz, der gewählt wurde, damit das Modell das Verhalten liefert, was wir erwarten. Er taugt leider nicht als Erklärungsansatz für dieses Verhalten.

Versuch eines noch realistischeren Modells
Eine andere unrealistische Stelle in den bisher besprochenen Modellierungen finden wir im Term uv, welcher mit den entsprechenden Parametern zugleich den Schaden für die Beute-Population wie den Nutzen für die Räuber-Population aus den Fressereignissen beschreibt. Der Term uv ist proportional zur Größe der Beute-Population u und zur Größe der Räuber-Population v, und als solches ist der Term einfach. Es ist jedoch nicht realistisch, dass dieselbe Anzahl der Räuber doppelt so vielen Beute-Tiere frisst, wenn doppelt so viele Beute-Tiere im Ökosystem leben. Schließlich essen doppelt so viele Gäste auf einer Party doppelt so viel, aber wenn das Bufett doppelt so voll ist, werden dieselben Gäste trotzdem nicht doppelt so viel essen, sondern nur etwas mehr. Mit dieser Argumentation könnte man die erste Gleichung im skalierten Lotka-Volterra-Modell mit logistischem Wachstum in Gl. 1.22 durch

$$u' = u(1-u) - \frac{\beta u v}{u + \eta} \quad \text{mit } \beta, \eta > 0 \qquad (1.23)$$

ersetzen. Jetzt ist der Schaden für die Beute weiter proportional zu v, aber nicht mehr proportional zu u. Vielmehr nähert sich der Schadensterm für sehr große u dem Term βv. Tatsächlich sollte der Schaden bei einer unbeschränkten Beute-Population proportional zu v sein. Wir sprechen von einem Verhalten mit Sättigung, und dies passt hier wunderbar, weil die Räuber satt werden. Bezüglich u verhält sich der Schadensterm für kleine u fast proportional zu u und lenkt dann auf eine Konstante zu.

Gl. 1.23 erscheint also sinnvoll, oder sagen wir lieber, zumindest begründbar. Es ist aber eine zutiefst phänomenologische Beschreibung, ohne dass man die Parameter β und η ernsthaft suchen wird. Als Nutzenterm für die Räuber könnte man einerseits denselben Term mit einem anderen Vorfaktor nehmen. Andererseits ist die Argumentation überzeugend, dass das einzelne Fressereignis zwar der Beute direkt schadet, aber die Räuber eher von der Gesamtheit der Beute-Population und der Möglichkeit, diese ganz nach ihrem Appetit verschlingen zu können, profitiert. Deshalb wird Gl. 1.23 beispielsweise durch

$$v' = \gamma v \left(1 - \frac{v}{u}\right) \qquad (1.24)$$

1.2 Beispiel aus der Populationsdynamik

ergänzt, bei der die Räuber-Population einem logistischen Wachstum folgt, dessen Kapazität sich an der Größe der Beute-Population orientiert. Das Modell in den Gl. 1.23 und 1.24 haben wir bereits in der skalierten Variante vorgestellt. Experimentieren Sie ein wenig mit dem System und seinen numerischen Lösungen herum. Steigern Sie beispielsweise langsam den Parameter β, und beginnen Sie mit sehr kleinen Werten. Für kleine β hat das System einen asymptotisch stabilen stationären Punkt. Für etwas größere β verliert der stationäre Gleichgewichtspunkt seine Stabilität, und das System schwingt, wobei der Parameter β die Trajektorie der Schwingung festlegt. Für noch größere β wird der stationäre Punkt wieder asymptotisch stabil. Das Lösungsverhalten des Systems aus den Gl. 1.23 und 1.24 ist also recht vielfältig und somit für mathematische Untersuchungen interessant. Man spricht davon, dass sich das Systemverhalten in Abhängigkeit von β verzweigt, also qualitativ ändert. An der Stelle, an der der stationäre Punkt seine Stabilität verliert, beobachtet man eine Bifurkation, d. h. eine Verzweigung oder Gabelung des qualitativen Systemverhaltens, vgl. Abschn. 5.1.2. Das mathematische Interesse und die technisch aufwendigen mathematischen Überlegungen sollten aber nicht die Frage verdrängen, ob das Modell beobachtbare Phänomene wiedergibt oder ob wir es vielleicht nur wegen seiner mathematischen Interessantheit untersuchen.

Das Paradoxon der Anreicherung

Eine ähnliche Frage taucht bei einem System auf, mit dem das Parádoxon der Anreicherung modelliert wird. Das Parádoxon wird übrigens auf dem zweiten a betont, und dieses betrifft die Hypothese, dass ein reichhaltiges Ressourcen-Angebot für die Beute-Population nicht dazu führt, dass die Beute gedeiht und wächst, sondern dazu, dass das Ökosystem zur Instabilität neigt.

Wir wollen den Einfluss des Ressourcen-Angebots, also der Kapazität K, untersuchen und starten deshalb bei Gl. 1.19, bevor die Kapazität zu 1 skaliert wurde. Zusätzlich unterteilen wir die Räuber-Population v durch $v = s + f$ in die suchenden Räuber s und die fressenden Räuber f, die gerade eine Beute gefunden haben. Hier werden zwei neue Mechanismen eingeführt. Zum einen werden aus suchenden Räubern fressende Räuber, wenn sie eine Beute gefunden haben. Zum anderen werden aus den fressenden Räubern nach und nach wieder suchende Räuber, wenn sie wieder hungrig werden. Wir erhalten das Differentialgleichungssystem

$$\begin{aligned} u' &= \alpha u \left(1 - \tfrac{u}{K}\right) - \beta us, \\ s' &= \varrho f - \beta us, \\ f' &= -\varrho f + \beta us \end{aligned} \quad (1.25)$$

mit dem neuen Parametern ϱ und dem uminterpretierten β.

Gl. 1.25 folgt derselben Argumentation wie das klassische Lotka-Volterra-Modell oder dasjenige mit logistischem Wachstum. Denken Sie über die Terme nach und darüber, wie die unterstellten Mechanismen durch die einfachst möglichen Terme modelliert wurden. Der Prozess des Entwickelns oder Erstellens der Modellgleichungen ist der Kernpunkt der Modellierung. Wir haben ihn in den vorigen Abschnitten vorgeführt, und jetzt sind Sie an der Reihe, Gl. 1.25, dieses System zu interpretieren.

Typischerweise folgt jetzt die kühne Argumentation, dass die Anzahl der suchenden Räuber konstant sei, weil immer ein etwa gleich großer Anteil der Räuber-Population frisst, dass also $s' = 0$ gilt. Diese Annahme ist verwirrend, weil in Gl. 1.25 eine Differentialgleichung für s steht, die die Zeitabhängigkeit von $s = s(t)$ auf sehr grundlegendem Niveau voraussetzt. Wenn wir uns trotzdem auf die Argumentation $s' = 0$ einlassen – und wir werden solchen vereinfachenden Annahmen häufiger begegnen, aber bitte immer mit äußerster Vorsicht – dann erhalten wir

$$s' = 0 = \varrho f - \beta u s = \varrho(v - s) - \beta u s \text{ bzw. } s = \frac{\varrho v}{\varrho + \beta u}.$$

Der Zusammenhang, dass die Anzahl s der suchenden Räuber mit der Größe der Beute-Population bei festem v sinkt, klingt vernünftig, und dies rechtfertigt nachträglich wenigstens teilweise die Argumentation, vor der wir eben gewarnt haben.

Das so herbei argumentierte s nutzen wir als Schadens- und Nutzenterm in Gl. 1.19 und erhalten das System

$$\begin{aligned} u' &= \alpha u \left(1 - \frac{u}{K}\right) - \beta u \cdot \frac{\varrho v}{\varrho + \beta u}, \\ v' &= \gamma u \cdot \frac{\varrho v}{\varrho + \beta u} - \delta v, \end{aligned} \quad (1.26)$$

in dem Sie wieder einen Sättigungsterm wie in Gl. 1.23 erkennen. Diesmal haben wir vorher eine Motivation für diesen Term geliefert.

Das Differentialgleichungssystem in Gl. 1.26 überlassen wir Ihrem mathematischen Interesse. Skalieren Sie es, und belassen Sie dabei die Kapazität im System, weil der Einfluss der Kapazität untersucht werden soll. Wenn K in der Skalierung versteckt wäre wie bei der obigen Entwicklung zur Gl. 1.22, würde die Untersuchung des Einflusses von K auf das Lösungsverhalten erschwert.

Bestimmen Sie außerdem die Nullklinen und die stationären Punkte. Sie finden wieder das tote Ökosystem $(u_1^*, v_1^*) = (0, 0)$ und das Beute-Paradies $(u_3^*, v_3^*) = (K, 0)$ sowie die Gleichgewichtslösung (u_2^*, v_2^*), deren Formelausdrücke in der skalierten Variante überschaubar bleiben.

Etwas aufwendiger, aber mit Hilfe von Formelmanipulationssystemen gut machbar, ist die Untersuchung der Jacobi-Matrix am Punkt (u_2^*, v_2^*) sowie die Bestimmung ihrer Eigenwerte.

Sie werden feststellen, dass mit wachsender Kapazität vor allem die Größe der Räuber-Population wächst und nur in geringem Maße die Größe der Beute-Population. Gleichzeitig beginnen die Lösungen von Gl. 1.26 um den Gleichgewichtspunkt zu oszillieren, wenn K wächst. Dies sieht man mit einem Computerprogramm, welches das Differentialgleichungssystem numerisch löst, wenn man die Kapazität langsam erhöht. Eine Weile läuft die Lösung dem sich langsam verändernden stationären Punkt hinterher, bevor die Lösung ab einem Schwellwert für K plötzlich zu oszillieren beginnt, erst mit kleiner Amplitude, dann immer stärker. Der stationäre Punkt wird mit steigendem K instabil.

Tatsächlich kann man beobachten, dass die scheinbare Wohltat, ein Ökosystem mit Nahrung für die Beute zu versorgen, zu stärkeren Oszillationen der Populationsgrößen, zu mehr Konkurrenzkampf und schließlich zu einer Konzentration auf die erfolgreichste Räuberart führt.

Zum Nachdenken eignet sich eine volkswirtschaftliche Interpretation, bei der der üblicherweise kleinere Bevölkerungsteil einer marktwirtschaftlich organisierten Gesellschaft, der über nennenswerten Besitz verfügt, als Räuber-Population interpretiert wird. Diese Gruppe setzt Kapital, Unternehmen und Immobilien ein, um mit den anderen Menschen Geld zu verdienen. Diese anderen Menschen, die ihr Einkommen im Wesentlichen aus Arbeit beziehen, haben im Mittel nicht soviel Besitz, dass sich nennenswertes zusätzliches Einkommen aus diesem ziehen lässt. Sie werden als Beute-Population interpretiert. Wie im Paradoxon der Anreicherung führen wirtschaftliche Unterstützungsmaßnahmen wie Sozialleistungen und Mindestlöhne leider häufig dazu, dass das niedrigst verfügbare Preisniveau ansteigt und dass der zusätzliche Gewinn beim kleineren Bevölkerungsteil der Besitzenden landet. Die Unterstützungsmaßnahmen haben übertragen auf das populationsdynamische Modell in Gl. 1.26 die Kapazität K erhöht, was auf den allerersten Blick der Beute u nutzen sollte, aber spätestens mittelfristig der Räuber-Population v zu Gute kam.

1.2.3 Logistisches Wachstum

Die Größe einer Population, die, wie wir im vorigen Abschnitt in einer Modellvariante für die Beutepopulation angenommen haben, bis zu einer Kapazitätsgrenze K wächst, wird häufig durch das logistische Wachstum modelliert. Das exponentielle Wachstum $y' = \alpha y$ mit der Wachstumsrate α wird durch einen wachstumsdämpfenden Faktor in Abhängigkeit von der Populationsgröße y so modifiziert, dass das Wachstum der Population durch die Kapazität K begrenzt wird. Die Differentialgleichung des logistischen Wachstums lautet

$$y' = \alpha y \left(1 - \frac{y}{K}\right) \quad \text{bzw.} \quad y' = y(1-y) \qquad (1.27)$$

in der skalierten Form, bei der die Populationsgröße in Relation zur Kapazität K gemessen wird und die Zeit so skaliert ist, dass $\alpha = 1$ gilt. Die skalierte Variante taucht als mathematisches Beispiel für eine nichtlineare Differentialgleichung auf, die man mit Trennung der Variablen oder als Bernoulli-Differentialgleichung lösen kann, vgl. Beispiel 5.2. Abb. 1.8 zeigt das Lösungsverhalten. Hier bevorzugen wir die erste Variante, bei der wir ohne größere Überlegungen eine zeitabhängige Wachstumsrate $\alpha = \alpha(t)$ und eine zeitabhängige Kapazität $K = K(t)$ einführen können, z. B. um unterschiedliche Jahreszeiten zu beschreiben. Die beiden Parameter α und K sind biologisch interpretierbare Größen.

Gleichzeitig fragen wir uns, wodurch die Kapazität eines Ökosystems bestimmt wird, und wir betrachten beschränkte Nahrungsressourcen oder einen beschränkten Platz als mögliche Gründe. Die Individuen konkurrieren um diese Ressourcen,

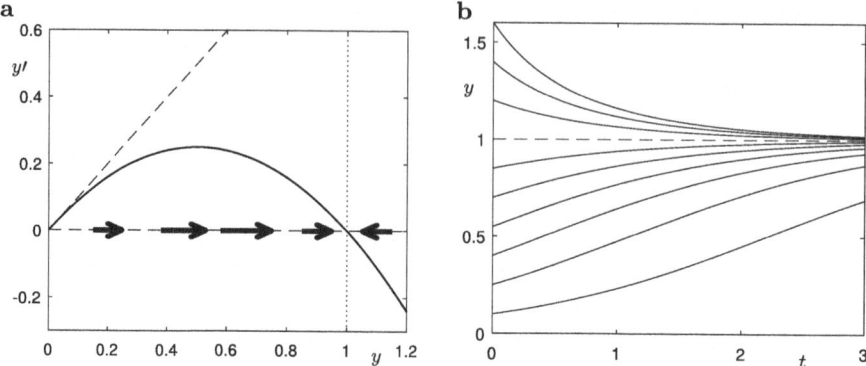

Abb. 1.8 a Phasendiagramm des logistischen Wachstums (durchgezogen) mit exponentiellem Wachstum zum Vergleich (gestrichelt). **b** Lösungsschar der logistischen Differentialgleichung in Gl. 1.27 für unterschiedliche Anfangswerte. Für $y(0) > 0$ gilt $y(t) \to K$

und mit der Populationsgröße y steigt die Wahrscheinlichkeit, dass sich zwei Individuen aus der Population treffen, proportional zu y^2. Diese Treffen stehen für den Wettbewerb. Sie verursachen Stress und schaden so der Population. Wir finden den quadratischen Term wieder, wenn wir Gl. 1.27 in der Form

$$y' = \alpha y - \frac{\alpha}{K} y^2 \quad \text{oder als} \quad y' = \alpha y - \eta y^2 \quad \text{mit} \quad \eta = \frac{\alpha}{K} \tag{1.28}$$

schreiben. Übrigens sind die Einheiten von α und η unterschiedlich. Die Einheit der Wachstumsrate α ist ‚pro Zeit', aber der Interaktionsschaden η hat wegen y^2 die Einheit ‚pro Zeit und Größe'. Der Term $-\eta y^2$ erinnert an den Schadensterm der Beute in den Lotka-Volterra-Gleichungen in Gl. 1.17, nur dass sich dieses Mal die Population selbst schadet.

Bemerkenswert ist, dass Gl. 1.28 die Zustandsänderung y' als Summe von zwei Mechanismen schreibt, nämlich als Summe des Wachstumsterms αy und des Interaktionsschadens $-\eta y^2$. Jeder Mechanismus hat seinen Parameter α bzw. η, und das Modell des logistischen Wachstums ist additiv zerlegt. Wir werden auf diese Form von Modellgleichungen in Kap. 4 zurückkommen. Sie finden sie auch in Gl. 1.6 für den Federschwinger. Achten Sie im Folgenden auf diese Form: Jeder Parameter steht für die Stärke oder die Ausprägung eines Mechanismus im jeweiligen Modell.

Eventuell möchten wir Gl. 1.28 um einen Sterbeterm $-\mu y$ erweitern, beispielsweise um den Einfluss äußerer toxischer Substanzen, die die Sterberate μ zu bestimmten Zeiten beeinflussen, zu untersuchen. So entsteht die modifizierte Differentialgleichung

$$y' = \alpha y - \eta y^2 - \mu y \quad \text{oder} \quad y' = (\alpha - \mu) y - \eta y^2, \tag{1.29}$$

die keine echte Änderung von Gl. 1.28 ist, weil die effektive Geburtenrate $\alpha - \mu$ nun als Differenz von α und der Sterberate μ geschrieben ist. Trotzdem kann es sinnvoll sein, Gl. 1.28 zu verwenden, um äußere Einflüsse auf die nunmehr drei Parameter

1.2 Beispiel aus der Populationsdynamik

zu untersuchen, die für drei unterschiedliche Mechanismen stehen. Es bleiben drei Mechanismen, auch wenn die Terme αy und $-\mu y$ mathematische vereinfacht und zusammengefasst werden können.

Interessanterweise begegnen wir schon bei dieser einfachen Differentialgleichung der Gefahr einer Begriffsverwirrung. Wir hatten nämlich $K = \alpha/\eta$ die Kapazität des Ökosystems genannt. Durch die Einführung des zusätzlichen Sterbeterms in Gl. 1.27 streben die Lösungen dieser Gleichung gegen $(\alpha - \mu)/\eta = K - \mu/\eta$, also gegen einen kleineren Wert als K. Wenn also K die Kapazität des Ökosystems ist, die sich aus dem Wachstum und der schädigenden internen Interaktion der Population ergibt, so finden wir nach Einführung des zusätzlichen Sterbeterms eine Sättigung bei $K_{\text{eff}} = K - \mu/\eta$, die wir mit ebenso gutem Recht als eine Kapazität ansehen können. Zur Unterscheidung empfiehlt sich ein anderes Wort, z. B. effektive Kapazität. Zum einen ist K die Kapazität, die wir in das Modell hineingesteckt haben, zum anderen bekommen wir K_{eff} als effektive Kapazität des erweiterten Modells. Seien wir mit den Begriffen vorsichtig und möglichst genau.

1.2.4 Rückblick auf sehr ungewisses Wissen

Wir haben in diesem Abschnitt vier Modelle zur Populationsdynamik vorgestellt. Wir geben ihnen Kurznamen, um einfacher über die Modelle zu reden.

Das klassische Lotka-Volterra-Modell in Gl. 1.17 kürzen wir mit LV ab. Die Lösungen $(u(t), v(t))$ sind Höhenlinien des Potentials $\Phi = \Phi(u, v)$ in Gl. 1.18. Sie sind periodisch und damit geschlossene Trajektorien im Phasendiagramm, s. Abb. 1.6.

Gl. 1.19 ergänzt LV um das logistische Wachstum der Beute-Population bis zur Kapazität K. Wir nennen das Modell hier LVL. Die Lösungen von LVL sind nicht periodisch, sondern Spiralen, die auf den Gleichgewichtspunkt (u_2^*, v_2^*) zustreben.

Ein modifizierter Schadensterm mit Sättigung führt in Gl. 1.23 und 1.24 auf ein Modell, das wir wegen der Modifikation mit LVM abkürzen und das auf ein kompliziertes Lösungsverhalten in Abhängigkeit von β führt.

Schließlich haben wir das Paradoxon der Anreicherung anhand des Modells LVP in Gl. 1.26 diskutiert, das die gesättigte Abhängigkeit von u sowohl im Schadensterm als auch im Wachstumsterm verwendet. Auch hier ist das Lösungsverhalten etwas komplizierter, wenn auch nicht so kompliziert wie beim Modell LVM.

Wir kennen jetzt die Modelle LV, LVL, LVM und LVP. Zusätzlich haben wir die Modelle, die den Allee-Effekt berücksichtigen und die Möglichkeit enthalten, dass die Populationen aussterben. Sicher glauben Sie, dass Sie noch andere vernünftig erscheinende Modelle erfinden können, die die vorgestellten Modelle um andere Mechanismen erweitern. Es taucht die Frage auf, welche Modelle wir verwenden sollten. Und wie die Seeräuber-Jenny aus der Dreigroschenoper antworten wir kurz: Alle!

Es gibt nicht das eine richtige Modell. Wenn für ein konkretes Ökosystem Messdaten, also quantifizierte Beobachtungen des Verhaltens des realen Systems, vorliegen, so versucht man, die Parameter in den Modellen so zu wählen, dass die Messdaten möglichst gut reproduziert werden, s. Parameteridentifikation in Abschn. 5.3. Wenn sich dabei herausstellt, dass ein Modell aus der betrachteten Auswahl am besten an die Messdaten angepasst werden kann, so kann man dieses Modell mit gutem Recht als am geeignetsten betrachten, um die Messdaten und damit das Verhalten des realen Systems, soweit wir es kennen, wiederzugeben.

Allerdings haben die Modelle unterschiedlich viele Parameter, und es scheint klar, dass ein Modell mit mehr Parametern ein abwechslungsreicheres Lösungsverhalten hat, das somit an eine größere Auswahl von Messdaten angepasst werden kann. Besonders deutlich wird dies, wenn ein kleines Modell durch zusätzliche Mechanismen zu einem größeren Modell erweitert worden ist. Beispielsweise ist LVL eine Modellerweiterung von LV, denn für $K \to \infty$ geht LVL in LV über. Wir merken an, dass die Kapazität immer positiv ist, sodass wir die erste Gleichung in Gl. 1.19 unter Verwendung der inversen Kapazität $L = 1/K$ als $u' = \alpha u(1 - Lu) - \beta uv$ mit $L \in [0, \infty)$ schreiben können, was Gl. 1.28 aus Abschn. 1.2.3 entspricht. Im Grenzfall $K \to \infty$ bzw. $L = 0$ enthält das größere Modell LVL das kleinere Teilmodell LV. Also ist LVL bei der Anpassung an Messdaten variabler und kann an vielfältigere Messdaten angepasst werden als das Modell LV. Eine unendlich große Kapazität bedeutet dasselbe wie ein unbeschränktes Wachstum, also die Abwesenheit einer Kapazitätsgrenze.

Übrigens ist auch LVP eine Modellerweiterung von LV, und es enthält LV als Grenzfall $K, \varrho \to \infty$. Dagegen wird LVM für keine Parameterwahl und in keinem Grenzfall zu einem der anderen Modelle. LVM ist eine konkurrierende Beschreibung und damit ein anderer konkurrierender Erklärungsansatz für die Beobachtungen aus dem realen Ökosystem.

Wir schließen diesen Abschnitt mit der Aufforderung, dass Sie bitte darüber nachdenken, wie Sie die vorgestellten Modelle für mehr Populationen und eventuell für eine große Anzahl von Tieren, die sich teilweise gegenseitig fressen, aber auch teilweise um dieselben Ressourcen konkurrieren, erweitern können. Denken Sie darüber nach, und prüfen Sie das Lösungsverhalten Ihrer Modelle auf Plausibilität. Es gibt kein Richtig und kein Falsch.

Die Fangquoten der Europäischen Union für die Fischerei beruhen auf solchen populationsdynamischen Modellen, die ständig weiterentwickelt und validiert werden. Die Modelle berücksichtigen natürlich auch die örtlichen Unterschiede, vgl. Abschn. 5.1.3, und die Wanderungsbewegung der Fische, was wir beides bisher vernachlässigt haben, den Einfluss des Klimas und der Meeresströmungen, die Schadstoffbelastung der Gewässer und vieles andere mehr. Sie sind sehr groß und werden regelmäßig erweitert und mit neuen Messdaten und Beobachtungen überprüft und angepasst. Und es sind mehrere Modelle, die gegeneinander antreten. Wenn die Vorhersagen unterschiedlicher Modelle ähnlich sind, steigt die Glaubwürdigkeit der Vorhersagen. Trotzdem kann niemand mit Sicherheit sagen, ob sich die Vorhersagen der Modelle als richtig erweisen werden.

1.3 Beispiel aus der Mikroökonomie

Wir leben in einer marktwirtschaftlich organisierten Gesellschaft. Bei den meisten Handelsgeschäften gibt es wie auf einem Wochenmarkt mehrere Anbieter, die eine oder mehrere Waren anbieten, und mehrere mögliche Käufer oder Nachfrager, die an diesen Waren interessiert sind. Natürlich gibt es auch Anbieterinnen, Käuferinnen und Abnehmerinnen. Doch bei der Diskussion wirtschaftlicher Vorgänge denken wir eher an die jeweilige Rolle, die von einzelnen Personen oder Institutionen ausgefüllt wird, als an die konkrete Person hinter oder vor dem Marktstand.

Die Marktwirtschaft beruht darauf, dass sich die Käufer und Käuferinnen frei entscheiden können, bei welchem Angebot sie zuschlagen oder ob sie sich vielleicht für keins der Angebote erwärmen können. Es gibt sehr unterschiedliche Motivationen, sich für eins der Angebote zu entscheiden, und dennoch scheint es absolut klar, dass der Kunde oder die Kundin aus zwei absolut gleichwertigen Waren, die sich durch nichts unterscheiden, die preisgünstigere Ware aussucht. Die Betonung liegt hierbei darauf, dass die Waren absolut gleichwertig sind. Zwei Äpfel derselben Sorte, die sich äußerlich nicht unterscheiden und die keinen Anhaltspunkt liefern, dass sie sich geschmacklich unterscheiden, sind dennoch unterschiedlich, wenn unterschiedliche Herstellungs- und Transportbedingungen bekannt sind. Ein Apfel aus biologischem Anbau auf einem Obsthof in der Nachbarschaft und ein Apfel eines unbekannten Herstellers in Übersee sind nicht absolut gleichwertig.

Der Mechanismus, dass Kundinnen und Kunden von zwei Warenangeboten, die sich durch absolut nichts als den Preis unterscheiden, das billigere Angebot wählen, ist fast gesetzmäßig. Denken Sie daran, wie Sie reagieren würden, wenn ein Freund oder eine Freundin das teurere Angebot wählt. Sie würden nachfragen. Stellt sich heraus, dass der Freund oder die Freundin Unterschiede kennt, von denen Sie nichts wussten, würden Sie die Kaufentscheidung akzeptieren. Was aber würden Sie sagen, wenn Ihr Freund oder Ihre Freundin sehenden Auges das teurere von zwei absolut gleichwertige Angeboten wählt? Es wäre so, als wenn Sie angesichts zweier Tankstellen bei ansonsten völlig identischen Bedingungen, die sie beide ohne Umwege und ohne Mühe erreichen können, die teurere wählen. Selbst wenn es nur um einen Cent pro Liter geht, muss das ein Irrtum sein.

Auf dem beschriebenen Mechanismus, sich zumindest zwischen absolut gleichwertigen Waren für das billigste Angebot zu entscheiden, beruht unsere marktwirtschaftliche Wirtschaftsordnung. Er ist in gewissem Sinne die einzige wirtschaftliche Gesetzmäßigkeit, die wir kennen. In Abschn. 3.1 werden wir diskutieren, wie dieser gesetzmäßige Geiz zum Gemeinwohl beiträgt, aber hier wollen wir eine einfachere wirtschaftliche Situation untersuchen, nämlich einen Markt mit einem Monopol auf Seiten der Anbieter. Es gibt also nur einen Anbieter. Solche Monopole sind manchmal unvermeidbar, aber marktwirtschaftlich unerwünscht. Ein Beispiel für eine Monopolstellung ist die Firma Apple, die im Jahr 2007 das erste und für einige Zeit einzige Smartphone auf den Markt brachte. Nur wenig später zogen andere Firmen nach und boten ähnliche Produkte an. Ein anderes Beispiel ist das natürliche Monopol des Eisenbahnnetzes. Ein zweites oder gar drittes konkurrierendes Streckennetz wäre mit extrem hohen Kosten verbunden, sodass es für absehbare Zeit wirtschaftlich unattraktiv wäre. Bis 2012 war es sogar verboten, dass Fernbusse innerdeutsche Verbindungen bedienen, sodass auch von dieser Seite keine Konkurrenz entstand. Allerdings finden wir natürliche Monopole wie auch die Wasserversorgung eher in der Infrastruktur, wo das marktwirtschaftliche Handeln nicht das dominierende Ziel ist, sondern z. B. die Versorgungssicherheit. Überall anders greift das Kartellrecht zur Verhinderung von Monopolen.

Ein perfektes und langanhaltendes wirtschaftliches Monopol werden wir in der Realität kaum finden. Trotzdem liefert die Untersuchung eines idealisierten Monopols Einblicke in das Funktionieren der Marktwirtschaft und in die Gedankengänge, die zu einer mathematischen Beschreibung wirtschaftlicher Vorgänge führen. Deshalb untersuchen wir in diesem Abschnitt ein vielleicht unerwartetes Monopol, nämlich Gabis Strandperle. Doch sehen Sie selbst.

1.3.1 Das Monopol im Strandkiosk

Ein paar hundert Meter vom nächsten Badeort und gleich hinter den Dünen der Ostsee steht ein Kiosk mit dem Namen Gabis Strandperle. Er bietet Snacks und gekühlte Getränke und nebenbei Sonnencreme, Badespielzeug und andere Kleinigkeiten an. Gabis Strandperle hat immer geöffnet, wenn einige Menschen am Strand sind. Im Sommer kann man auch barfuß an die sandige Terrasse vor dem Kiosk treten und sich zum Mittag oder zur Vesper versorgen. Die nächsten Einkaufsmöglichkeiten sind im Badeort, also ein paar hundert Meter nach Westen, und eine Bude Richtung Osten, die am nächsten gut erreichbaren Strandabschnitt über den Dünen steht. Glücklicherweise führt der Weg, der von einer Bushaltestelle und vom Parkplatz zum Strand führt, an Gabis Strandperle vorbei, sodass alle, die zweihundert Meter rechts und links von Gabis Strandperle in der Sonne liegen, Volleyball spielen und baden wollen, wissen, dass es den Kiosk gibt.

Alle diese Menschen stehen, sobald sie Appetit auf einen Snack oder ein kaltes Getränk haben, vor der Entscheidung, zu Gabis Strandperle zu gehen oder aber viel weiter zu wandern, um im Badeort oder bei der ein Kilometer entfernten östlichen Bude einzukaufen. Einige wenige Menschen haben vielleicht Gründe, sich für eine dieser beiden Optionen zu entscheiden, aber die meisten werden in ihren Badesachen und vielleicht mit einem Handtuch, möglicherweise auch mit ihren Kindern, zu Gabis Strandperle gehen, sich etwas Sand von den Füßen klopfen, die Preistafel lesen und entscheiden, was und wie viel sie kaufen. Der Markt besteht aus einer Anbieterin, nämlich Gabi, und vielen Menschen auf der Nachfrageseite. Gabis Strandperle entspricht fast dem Ideal eines Monopols.

Die Kundinnen und Kunden, die die Preistafel anschauen, haben zwar die Wahl, sich von dieser Preistafel etwas auszuwählen, aber sie können nur mit Mühe zu einem anderen Kiosk gehen. Sie entscheiden angesichts des monopolistischen Angebots, ob sie etwas kaufen und, wenn ja, wie viel. Wir können als gesichert annehmen, dass sie trotzdem ihren Impuls, nicht zu viel Geld auszugeben, folgen, und weniger kaufen, wenn es ihnen teuer erscheint. Wir imaginieren mit diesem Gedankengang, dass die Kundinnen und Kunden vor mehreren Varianten von Gabis Strandperle stehen, die

1.3 Beispiel aus der Mikroökonomie

sich durch unterschiedliche Preistafeln unterscheiden, und dass diese Kundinnen und Kunden weniger einkaufen, wenn die Preise teurer sind. Wir unterstellen also einen funktionalen Zusammenhang, wie die Menge verkaufter Ware vom Preis abhängt. Gleichzeitig halten wir es für gesichert, dass dieser Zusammenhang monoton fallend ist.

Interessant ist die Frage, welche Größen in dem monoton fallenden Zusammenhang miteinander verknüpft sind. Die Mikroökonomie idealisiert den Kiosk weiter zum Anbieter einer Ware zum Preis p, von der in Abhängigkeit vom Angebotspreis p die Menge $x = x(p)$ umgesetzt wird. Der Zusammenhang ist also die Funktion $x = x(p)$. Gabis Strandperle hat aber ein größeres Angebot als nur ein Produkt. Hier bieten sich unterschiedliche Argumentationen an. Zum einen könnten wir uns auf ein Produkt beschränken, z. B. auf alkoholfreie und alkoholarme Erfrischungsgetränke, die an vielen realen Strandkiosken sehr vergleichbare Preise haben. Beispielsweise könnten ein kleines Bier 3 EUR, eine Fassbrause 2,80 EUR und ein kleines Biermixgetränk 3,10 EUR kosten. Wir denken uns in p den Durchschnittspreis dieser Erfrischungsgetränke und stellen uns vor, dass die persönlichen Vorlieben der Kundinnen und Kunden sich wegen der wenigen Groschen nicht verschieben. In einer zweiten Argumentationslinie könnten wir das Angebot des Kiosks idealisieren und nur das idealisierte Angebot untersuchen, in dem jede gekühlte Flasche zum gleichen Preis p angeboten wird. In einer dritten Variante könnten wir argumentieren, dass p ein von den Kundinnen und Kunden intuitiv erfasstes Preisniveau ist, dem folgend sie mehr oder weniger kaufen. Nach einem Blick auf die Preistafel sagen die Eltern zu ihren Kindern „Sucht Euch aus, was Ihr wollt." oder „Jeder aber nur eine Sache." oder auch „Morgen bringen wir uns etwas mit." Natürlich sagt nicht jede Familie dasselbe, aber bei höheren Preisen werden mehr Familien zu den letzteren Aussagen tendieren. Die Preis-Absatz-Funktion $x = x(p)$ ist somit eine sehr diskussionswürdige Idealisierung, selbst wenn Gabis Strandperle nahe am idealen Monopol ist.

Lassen Sie uns berichten, dass Sie ohne Mühe die wenig komplizierte Argumentation finden: Wir betrachten ein Angebot zum Preis p und verwenden eine monoton fallende Preis-Absatz-Funktion $x = x(p)$, weil von einer teureren Ware weniger verkauft wird. Diese Argumentation fasst alles, was wir besprochen haben, radikal zusammen. Sie formuliert die Modellannahmen in sehr geraffter Form. Überzeugend vorgetragen, wird die Argumentation eine hohe Zustimmung erhalten, nicht zuletzt, weil sie Grundkenntnisse vom Funktionieren unserer Wirtschaft anspricht. Trotzdem stecken in ihr einige Überlegungen, die wir uns bewusst gemacht haben.

Schließlich könnten wir uns fragen, wie die Preis-Absatz-Funktion $x = x(p)$ aussieht, und die Antwort ist ernüchternd. Wir wissen es nicht, und wir können es nur durch umfangreiche experimentelle Erhebungen näherungsweise herausfinden. Strenggenommen bräuchten wir vergleichbare Strandabschnitte mit vergleichbarem Publikum, an denen Varianten von Gabis Strandperle mit unterschiedlichen Preisen stehen. Etwas einfacher wäre es, Menschen zu befragen, wie sie denken, dass sie sich verhalten würden. Doch erhalten wir dann eher die Absichten als das tatsächliche Kaufverhalten. Die Absichten geben Anhaltspunkte, bleiben aber bestenfalls

Näherungen des Kaufverhaltens. Absichten verhalten sich zur Kaufentscheidung wie Neujahrsvorsätze zum Sporttreiben im Februar.

Jetzt fragen wir uns, wie viel Gewinn Gabi mit dem Strandkiosk macht. Gabis Einnahmen sind das Produkt aus dem Preis und der verkauften Menge, was nur dann genau stimmt, wenn der Kiosk nur ein Produkt zu dem einen Preis p anbietet. In der Argumentation des Preisniveaus p, das sich aus vielen Preisen zusammensetzt, sind die so berechneten Einnahmen wieder eine Idealisierung. Gabi hat aber auch Kosten. Zuerst gehört der Einkaufspreis der Ware dazu, den wir mit einer ähnlichen Idealisierung auf q setzen. Zusätzlich entstehen Kosten für den Unterhalt oder die Miete des Kioskes, für den Transport der Ware vom Großmarkt zum Strandkiosk, für die Energie, die zum Kühlen der Getränke nötig ist, und für eine Reihe anderer Dinge. Einige der Kosten fallen pro Monat oder pro Woche an. Sie sind unabhängig von der verkauften Warenmenge. Andere Kosten fallen mit jedem verkauften Produkt an. Schließlich gibt es noch die Kosten, bei denen nicht ganz klar ist, ob sie pro Zeitintervall oder pro verkaufter Warenmenge anfallen. Wenn Gabi mehr verkauft, braucht sie zum Beispiel mehr Kühlmöglichkeiten, deren Abnutzung eher von der Zeit ihrer Verwendung abhängt. Zu guter Letzt gibt es Kosten, die sich noch anders verhalten. Denken Sie daran, dass Gabi vielleicht nicht alle Kundinnen und Kunden allein bedienen kann. Dann braucht Gabi eine Hilfskraft, deren Lohn ein recht bedeutender Kostenfaktor sein kann. Allerdings steigen die Lohnkosten nicht proportional mit der verkauften Warenmenge, sondern sprunghaft, wenn Gabi die Arbeit nicht mehr allein schafft.

Um diesen Schwierigkeiten zu entkommen, geschieht wieder eine Idealisierung. In der einfachsten Variante nehmen wir an, dass alle Kosten, die proportional zur verkauften Warenmenge anfallen, pro Produkt im Einkaufspreis q enthalten sind, und dass keine festen Kosten anfallen, die von der verkauften Menge x unabhängig sind. Diese Idealisierung entspricht der Vorstellung, dass ein Lieferdienst alle Waren zum Preis q direkt an den Kiosk liefert und dass möglicherweise derselbe Lieferdienst den Kiosk samt Energie und Unterhalt kostenfrei an Gabi überlässt. Sie sehen, dass die Idealisierung die Situation verändert. Plötzlich gibt es mit dem Lieferdienst einen weiteren Mitspieler, der das Szenario realistischerweise verändert, aber in der Idealisierung nicht.

Wir haben also folgende Modellvorstellung entwickelt: Gabi kauft Waren zum Preis q, bietet sie in der Strandperle zum Preis p an, und die Absatzmenge wird durch eine monoton fallende Preis-Absatz-Funktion $x = x(p)$ beschrieben. Alle anderen angesprochenen Aspekte haben wir weg idealisiert. Wir sagen, dass wir von den anderen Aspekten abstrahiert haben. Die vergangenen drei Seiten Argumentation beschreiben die Überlegungen, die die Abstraktionen ermöglicht haben. Sie bilden die Voraussetzungen für die entwickelte Modellvorstellung.

Recht banal und folgerichtig ist Gabis Gewinn innerhalb dieser Modellvorstellung das Produkt aus der verkauften Warenmenge und der Preisdifferenz

$$G(p) = x(p) \cdot (p - q). \tag{1.30}$$

1.3 Beispiel aus der Mikroökonomie

Im Vergleich zu allen vorigen Überlegungen war das Ausrechnen des Gewinns tatsächlich banal einfach. Übrigens gehören auch Steuern zu den weg idealisierten Aspekten.

Gabi liebt sicher leuchtende Augen, wenn die Kinder ein zusätzliches Eis aussuchen dürfen. Sie schätzt es, dass der Strandabschnitt durch ihre Strandperle für Besucherinnen und Besucher attraktiv wird, aber in allererster Linie möchte Gabi von ihrer Arbeit und damit vom Strandkiosk leben, etwas Geld für unerwartete Ausgaben zurücklegen und vielleicht auch eine verregnete Saison überstehen können. Gleichzeitig ist ein einfacher Strandkiosk nicht so einträglich, dass Gabi während des Winters in Saus und Braus leben könnte. Deshalb möchte Gabi weitgehend unabhängig von emotionalen Komponenten ihren Gewinn steigern. Das Ziel von Gabis Preisgestaltung ist also

$$G(p) \to \max. \tag{1.31}$$

Innerhalb der recht einschränkenden Modellvorstellung kann Gabi nichts außer dem Preis p beeinflussen.

Gabi verhält sich wie ein Homo oeconomicus. Der Homo oeconomicus ist eine Modellvorstellung einer wirtschaftlich handelnden Person oder Institution, die nach Abwägung aller bekannten Fakten streng wirtschaftlich handelt. Der Homo oeconomicus folgt streng marktwirtschaftlichen Gesetzmäßigkeiten und nicht vielleicht persönlichen Vorlieben. Wir haben die Modellvorstellung vom Homo oeconomicus bereits verwendet, indem wir besprochen haben, dass Nachfrager auf einem Markt von absolut gleichwertigen Waren die preisgünstigere wählen, dass Kundinnen und Kunden weniger kaufen, wenn es teurer wird und eben dass Gabi den Gewinn der idealisierten Strandperle maximieren will.

Beispiel 1.3
Der Homo oeconomicus klingt kaltblütig und brutal. In der Tat würde ein Homo oeconomicus einen Fluss verseuchen oder das Leben fremder Kinder gefährden, wenn dies preislich okay für ihn ist. Andererseits gibt es Gesetze, die ein solches Verhalten mit hohen Strafen, also Kosten, belegen. Der Homo oeconomicus geht gewiss für „100% Gewinn über Leichen", wie Karl Marx formuliert hat, aber eben nur, wenn die Leichen nicht zu teuer für ihn sind, um das ganze Geschäft gewinnträchtig zu machen. Sie bemerken, wie böse die Vorstellung vom Homo oeconomicus klingen kann. Schöner wäre es, wenn wir uns altruistisch verhalten und unser wirtschaftliches Handeln an moralischen Grundsätzen orientieren würden. Allerdings wird eine Firma mit hundert Angestellten unter wirtschaftlichem Druck nicht auf legale Gewinnmöglichkeiten verzichten, weil sonst jemand anders ihr Geschäft übernimmt und die hundert Arbeitsplätze gefährdet sind. Kaum jemand würde auf Einkommen verzichten können, wenn seine Existenz, die Gesundheit seiner Kinder oder die Arbeitsplätze seiner Angestellten daran hängen. Denken Sie darüber nach, wie der infrage stehende Betrag und vor allem seine Wichtigkeit beeinflussen, ob Sie selbst sich wie ein Homo oeconomicus verhalten würden. Es ist leicht, moralisch zu handeln, wenn es um unbedeutende Kleinbeträge geht. Aber schauen Sie auf die Frage, was passiert, wenn jemand Aktien anbietet, weil er das dahinterstehende Geschäfts-

modell moralisch nicht mehr mittragen will. Die aussortierten Aktien werden tendenziell billiger, und jemand mit kleineren moralischen Skrupeln wird diese Aktien vorteilhaft erwerben. War das der Plan? Das wirtschaftliche Handeln vieler Menschen und vor allem von Institutionen, die Angestellten gegenüber verantwortlich und Anteilseignern rechenschaftspflichtig sind, wird durch die Modellvorstellung des Homo oeconomicus sehr gut beschrieben. ∎

Das Maximum des Gewinns können wir, wie in Gl. 1.31 gefordert, nur dann ausrechnen, wenn wir einen Formelausdruck für die Preis-Absatz-Funktion $x = x(p)$ kennen. Aus den bisherigen Idealisierungen und Einschränkungen ergibt sich aber keine klare Information über $x = x(p)$. Einzig, dass x monoton mit p fällt, wissen wir mit einiger Sicherheit. Etwas später werden wir ein paar exemplarische Preis-Absatz-Funktionen ausprobieren, aber vorher diskutieren wir, wie Gabi ihren Gewinn maximieren kann, ohne $x = x(p)$ zu kennen.

Dazu macht Gabi Sonderangebote und andere Preisaktionen und findet dabei heraus, wie sich der Gewinn in Abhängigkeit vom Preis ändert. Realistischerweise ist die Änderung des Gewinns von vielen anderen Einflüssen wie dem Wetter und den Ferienzeiten abhängig. Trotzdem stellen wir uns vor, dass Gabis Geschäftssinn ihr zuflüstert, ob eine temporäre Preiserhöhung zu einer Vergrößerung des Gewinns in dieser Zeit geführt hat. Wenn dem so ist, wird Gabi tendenziell die Preise erhöhen. Hat Gabi dagegen das Gefühl, dass der Gewinn gerade in der Woche „10 % auf alles" am größten war, so wird sie über eine Preissenkung nachdenken, um dauerhaft viele Kundinnen und Kunden anzulocken oder die vorhandene Kundschaft dazu zu bringen, viel Ware zu kaufen.

Durch die temporären Preisänderungen von p zu $p + \Delta p$ mit positivem Aufschlag $\Delta p > 0$ bei einer Erhöhung und mit $\Delta p < 0$ bei einer Absenkung des Preises p ermittelt Gabi die Differenz $\Delta G = G(p + \Delta p) - G(p)$ der Gewinne zu den unterschiedlichen Preisen und damit mehr oder weniger genau die Ableitung des Gewinns nach dem Preis

$$G'(p) = \frac{dG}{dp} \approx \frac{\Delta G}{\Delta p} = \frac{G(p + \Delta p) - G(p)}{(p + \Delta p) - p}.$$

Selbstverständlich liegt in der Idee, die Betreiberin eines Strandkiosks würde die Ableitung ihres Gewinns nach dem Preis bestimmen, eine weitere Idealisierung. Von einem realistischen Kiosk gedacht, kann man argumentieren, dass eine Geschäftsfrau ein Gespür dafür entwickelt, wie sehr und in welche Richtung sich ihr Gewinn bei einer Preisänderung entwickelt.

Als Homo oeconomicus bleibt Gabi nichts anderes übrig, als den Preis so zu verändern, dass der Gewinn steigt, auf dass er schließlich optimiert, also maximiert, wird. Sie wird also den Preis schrittweise und so lange verändern, wie der Gewinn wächst. So nähert sie sich dem Preis, an dem der Gewinn maximal wird. Es erscheint außerdem wirtschaftlich vernünftig, größere Preisschritte zu machen, wenn die Ableitung $G'(p)$ betragsmäßig groß ist, und umgekehrt kleinere, wenn $G'(p)$ kleine Beträge hat und man vermuten kann, nahe am Optimum zu sein. Es entsteht eine zeitliche

1.3 Beispiel aus der Mikroökonomie

Abfolge von Preisen. Dieser Preisanpassungsprozess geschieht in der Realität schrittweise, denn die Preise stehen für eine Zeit fest auf der Preistafel. Trotzdem erlauben wir uns, den schrittweisen Prozess durch eine kontinuierliche Zeitabhängigkeit zu ersetzen. Wir ersetzen die schrittweise Preisanpassung durch eine Funktion $p = p(t)$ und idealisieren die Preise, die realistischerweise nur diskrete Werte, beispielsweise in Sprüngen zu 10 Cent annehmen, zu allen reellen Zahlen. Solche Idealisierungen vereinfachen unsere Modelle, sind aber nur möglich, wenn sich das Verhalten des Modells dadurch nicht grundlegend ändert. Schließlich setzen wir die zeitliche Änderung der Preise proportional zur Ableitung der Gewinnfunktion an, weil größere Ableitungen größere Preissprünge erlauben, und erhalten die Differentialgleichung

$$p'(t) = kG'(p(t)) \quad \text{mit} \quad k > 0. \tag{1.32}$$

Die Festlegung, dass die zeitliche Ableitung des Preises proportional zur Ableitung des Gewinns G nach dem Verkaufspreis p ist, nennen wir einen pseudo-transienten Prozess. Sie setzt zwar die Richtung der Preisgestaltung korrekt um, erhebt aber über grundsätzliche Überlegungen hinaus keinen Anspruch auf eine quantitativ genaue Abbildung des realen Vorgangs. Gl. 1.32 modelliert einen künstlich eingeführten Preisanpassungsprozess, der unter allen Annahmen wie den kontinuierlichen Preisen in dieser Form vorkommen könnte, aber darüber hinaus keine Validierung an realen Beobachtungen genießt.

Das explizite Euler-Verfahren, vgl. Gl. 5.2 in Abschn. 5.1.1, verwandelt Gl. 1.32 wieder in zeitlich diskrete Werte, die aber immer noch reelle Werte für die Preise erlauben. Wir erhalten

$$p(t + \Delta t) \approx p(t) + \Delta t \cdot kG'(p(t)), \tag{1.33}$$

was wir so interpretieren können, dass Gabi den Preis $p(t)$ zum Zeitpunkt t innerhalb des Zeitintervalls der Länge Δt auf den neuen Preis $p(t + \Delta t)$ ändert. Mit Gl. 1.33 beschreiben wir Preissprünge, die wir auf realistische Preise runden könnten. So erhalten wir eine sehr realistisch aussehende Abfolge von Preisen.

Etwas weniger realistisch, aber mathematisch sehr viel besser handhabbar und analysierbar ist die Differentialgleichung in Gl. 1.32. Abb. 1.9a zeigt ein Beispiel einer Gewinnfunktion, und auf der p-Achse sind die Richtungen der Preisanpassung durch Pfeile dargestellt. Links von Preisoptimum steigt der Gewinn mit dem Preis, und die Pfeile zeigen nach rechts. Rechts vom Optimum sind die Preise zu hoch, und Gabi wird sie senken. Die Lösungen $p = p(t)$ pegeln sich beim gewinnoptimalen Preis p_{opt} ein. In der Tat gilt hier $G'(p_{\text{opt}}) = 0$, und der Preis $p(t)$ bleibt konstant. Im Beispiel in Abb. 1.9a gibt es nur ein Extremum von $G = G(p)$, und die Lösungen von Gl. (1.32) streben alle auf dieses Optimum zu. Diese kleine mathematische Analyse ergibt also genau das Preisanpassungsverhalten, das wir von Gabi und ihrem Strandkiosk als wirtschaftlich sinnvoll erwarten. Wir dürfen mit gutem Recht glauben, dass die Differentialgleichung in Gl. (1.32) oder die zeitdiskrete Anpassung in Gl. (1.33) Modelle sind, die eine realistische Preisanpassung nachbauen.

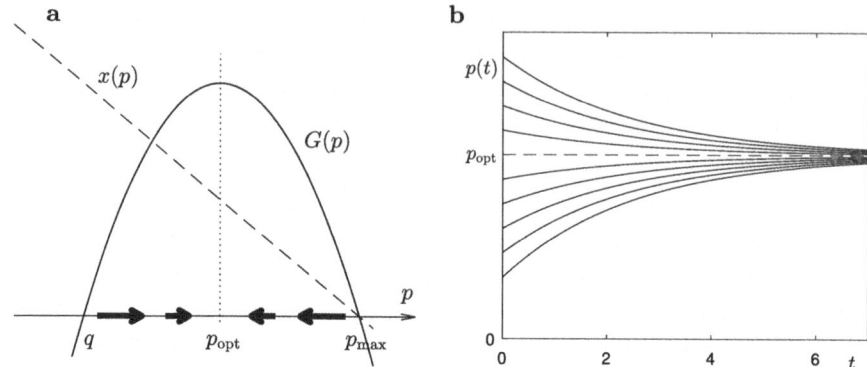

Abb. 1.9 a Monopol: Lineare Preis-Absatz-Funktion $x = x(p)$ (gestrichelt), vgl. Gl. 1.34, Gabis Gewinn $G = G(p)$ (durchgezogen) und Tendenz der Preisanpassung (Pfeile). **b** Familie der zeitabhängigen Preisanpassungen $p = p(t)$ mit verschiedenen Anfangswerten $p(0) = p_{\text{ini}} \in [q, p_{\max}]$

Mit der Modellierung von Gabis Strandperle oder vielmehr der Preisbildung in diesem monopolistischen Kiosk hinter den Dünen sind wir fast fertig. Jetzt wählen wir unterschiedliche Preis-Absatz-Funktionen, was wir ebenfalls als Modellierungsschritt auffassen können, und dann folgt eine kleine mathematische Analyse der entstehenden Gleichungen. An dieser Stelle wollen wir kurz innehalten, um zu reflektieren, was Modellierung im engeren Sinne ist und was die mathematische Analyse. Als Modellierung sehen wir die Erstellung der Modellgleichungen an, wobei wir typischerweise das Lösungsverhalten mitdenken. Das Mitdenken des Lösungsverhaltens, das wir bei unseren hiesigen Überlegungen nicht direkt angesprochen haben, weil wir die Modellgleichungen noch nicht kannten, gehört zweifellos zur Modellierung dazu. Doch die mathematischen Untersuchungen der fertigen Modellgleichungen sind strenggenommen nicht mehr Teil der mathematischen Modellierung, sondern eine innermathematische Diskussion der Gleichungen, die weitgehend unbeeinflusst von der Anwendung hinter den Gleichungen stattfindet. Mit der Interpretation der Ergebnisse der Diskussion begeben wir uns am Ende wieder näher an die Modellierung. Aber schauen Sie selbst.

Da wir recht wenig über die Preis-Absatz-Funktion wissen, liegt es nahe, eine möglichst einfache monoton fallende Funktion zu verwenden. Häufig wird die lineare Preis-Absatz-Funktion damit motiviert, dass es einen maximalen Preis $p_{\max}$ gibt, zu dem gar nichts mehr verkauft wird, weil jede Kundin und jeder Kunde wieder umdreht, und eine maximale Absatzmenge $x_{\max}$, die der Kiosk hinausreichen könnte, wenn der Preis 0 wäre, wenn die Ware also verschenkt würde. Es entsteht

$$x(p) = x_{\max}\left(1 - \frac{p}{p_{\max}}\right). \tag{1.34}$$

Beachten Sie, dass beide Zahlenwerte $p_{\max}$ und $x_{\max}$ ihre Motivation aus der Einfachheit der Preis-Absatz-Funktion in Gl. 1.34 ziehen und nicht etwa aus Experimenten. Beide Zahlenwerte gehören zu völlig unrealistischen Situationen. Ein Strandkiosk

1.3 Beispiel aus der Mikroökonomie

wird seine Preise niemals so hoch wählen, dass vielleicht noch ein letztes verzweifeltes Elternpaar eine kleine Flasche Fassbrause kauft, um sie unter den Kindern zu verteilen, und natürlich wird er seine Ware nicht verschenken oder unter dem Einkaufspreis q herausrücken.

Mit Gl. 1.34 wird die Optimierungsaufgabe in Gl. 1.31 zu

$$G(p) = x_{\max}\left(1 - \frac{p}{p_{\max}}\right) \cdot (p - q) \to \max \quad \text{mit} \quad p_{\mathrm{opt}} = \frac{p_{\max} + q}{2},$$

weil die Gewinnfunktion eine nach unten geöffnete Parabel mit den Nullstellen $p_{\max}$ und q ist. Der Scheitelpunkt liegt genau dazwischen, vgl. Abb. 1.9. Gabi wird ihren Verkaufspreis wirtschaftlich sinnvoll genau in der Mitte zwischen dem Einkaufspreis q und dem hypothetischen Maximalpreis $p_{\max}$ wählen.

Beispielsweise mit der Produktregel berechnen wir die Ableitung der Gewinnfunktion

$$G'(p) = x_{\max}\left(-\frac{1}{p_{\max}}\right)(p - q) + x_{\max}\left(1 - \frac{p}{p_{\max}}\right) = \frac{2x_{\max}}{p_{\max}}\left(p_{\mathrm{opt}} - p\right)$$

und erhalten die Differentialgleichung aus Gl. 1.32 in der Form

$$p'(t) = k \cdot \frac{2x_{\max}}{p_{\max}}\left(p_{\mathrm{opt}} - p(t)\right). \tag{1.35}$$

Wir sehen in Gl. 1.35, dass $p'(t) > 0$ ist, dass der Preis also steigt, wenn $p(t) < p_{\mathrm{opt}}$ ist, und dass der Preis mit $p'(t) < 0$ sinkt, wenn er über dem optimalen Preis liegt. Die Lösungen $p(t)$ streben gegen den stationären Preis p_{opt}. In dem einfachen Fall der linearen Differentialgleichung in Gl. 1.35 können wir die Schar der Lösungen angeben. Zu den Anfangswerten $p(0) = p_{\mathrm{ini}}$ gehören die Lösungen

$$p(t) = p_{\mathrm{opt}} + (p_{\mathrm{ini}} - p_{\mathrm{opt}})e^{-\alpha t} \quad \text{mit} \quad \alpha = k \cdot \frac{2x_{\max}}{p_{\max}},$$

die in Abb. 1.9b dargestellt sind. An diesem Ausdruck sehen wir noch einmal

$$\lim_{t \to \infty} p(t) \to p_{\mathrm{opt}}.$$

Unser Modell liefert unter anderem das Ergebnis, dass alle Strandkioske mit vergleichbaren Kundinnen und Kunden, deren Kaufverhalten mit einer ähnlichen Preis-Absatz-Funktion und genauer mit einem ähnlichen $p_{\max}$ zu fast denselben optimalen Verkaufspreisen p_{opt} kommen müssten.

Tatsächlich sind die Preise an Imbissständen und Kiosken einer Urlaubsregion oft nahe beieinander, ohne dass alle Verkaufsstände dieselbe Monopolstellung wie Gabis Strandperle haben. Wir sollten nicht vorschnell urteilen, dass der beobachtete Verkaufspreis etwas mit unserem p_{opt} zu tun hat. Es ist verführerisch, das Modell für eine realistische oder gar eine wahrheitsgemäße Beschreibung der Wirklichkeit zu halten. In dieser Verführung könnte man vermuten, dass mit dem aktuellen Verkaufspreis $p_{opt} = 3$ EUR bei einem Einkaufspreis von ca. $q = 60$ Cent die Folgerung $p_{max} = 5.40$ EUR berechtigt wäre. Vielleicht reden wir uns unter dem Eindruck des Modells für Gabis Strandperle sogar ein, dass dieser Wert den maximalen Preis, zu dem der letzte Kunde etwas kauft, annähern könnte. Doch blicken Sie bitte auf diesen Abschnitt zurück, an wievielen Stellen Idealisierungen, Vereinfachungen und Abstraktionen vorgenommen wurden, und fragen Sie sich, ob Sie aufgrund unserer Überlegungen für diesen Wert garantieren würden. Um der Verführung, an ein Modell und Folgerungen daraus zu glauben, weiter vorzubeugen, schauen wir folgenden Abschnitt auf all das zurück, was wir nicht wissen.

Fragen Sie sich zusätzlich, welche Aspekte und Argumente außer den hier besprochenen zur Preisbildung an Strandkiosken beitragen. Die Beobachtung ähnlicher Preise in einem Urlaubsgebiet ist auch mit psychologischen Preisgrenzen gut erklärbar. Die Kundinnen und Kunden sind an bestimmte Preise gewöhnt und empfinden ein Überschreiten bestimmter runder Zahlen als besonders teuer. Solche Preisgrenzen bilden sich aus, wenn Preise über einen längeren Zeitraum stabil sind. Wenn man unterstellt, dass die Kundinnen und Kunden sich über als teuer wahrgenommene Preise nicht nur ärgern, sondern auch tatsächlich nichts kaufen, so kann man dies wiederum durch eine Preis-Absatz-Funktion beschreiben, die bei der Preisgrenze fast sprunghaft fällt. Probieren Sie aus, wie sich die Abbildungen ändern würden.

Andererseits könnten die unterschiedlichen Kioske voneinander abschauen, wie die anderen Preistafeln aussehen, und sich daran orientieren. Es wäre keine echte Preisabsprache, sondern eher ein stillschweigendes Kartell. Da die Kundschaft so an die Preise in dem jeweiligen Gebiet gewöhnt wird, akzeptiert sie diese als Kosten im ohnehin teuren Urlaub. Vielleicht würden sie etwas weniger kaufen, aber die Preis-Absatz-Funktion wäre dann relativ flach. In der Mikroökonomie spricht man davon, dass die Nachfrage unelastisch auf den Preis reagiert. Auf diese Weise würden die Kioske für etwa gleiche Einnahmen sorgen und vielleicht nur hinsichtlich ihrer Lage, ihres Angebots und vielleicht ihrer Freundlichkeit konkurrieren. Da ein Strandkiosk typischerweise nicht reicht, um im größeren Stil Geld zu verdienen, und Urlaubsregionen das Serviceangebot schätzen, regt sich gegen ein solches stillschweigendes Kartell kaum Widerstand. Wir werden in Abschn. 3.2 besprechen, dass die urlaubselige Nachlässigkeit der möglichen Kundinnen und Kunden viel zu dem Effekt beiträgt, dass die Preise in einigen Urlaubsregionen höher sind als in anderen.

1.3.2 Rückblick auf fast nicht vorhandenes Wissen

Auf den ersten Blick ist die Wahl der Preis-Absatz-Funktion die größte Unsicherheit, weil wir wenig über sie wissen. Viele andere Zutaten unseres Modells haben wir besser begründet. Selbst wenn wir diskutieren, dass wir die Funktion $x = x(p)$ nur in einem recht eingeschränkten Stück um p_{opt} brauchen, weil nur diese Preise an realistischen Strandkiosken vorkommen, können andere Preis-Absatz-Funktionen das

1.3 Beispiel aus der Mikroökonomie

Modellverhalten beeinflussen und ganz andere Lösungen ergeben. Beispielsweise

$$\tilde{x} = \tilde{x}(p) = \frac{c}{p}$$

mit einem Faktor c, den wir so wählen, dass der Absatz bei p_{opt} dem Absatz in Gl. 1.34 entspricht, führt auf die Gewinnfunktion

$$\tilde{G}(p) = \frac{c}{p}(p-q) = c\left(1 - \frac{q}{p}\right)$$

und diese wächst mit steigendem Preis immer weiter gegen den Wert c. Entsprechend wird der Preisanpassungsprozess aus Gl. (1.32) zu immer weiter steigenden Preisen bei immer kleiner werdenden Absatzmengen führen. Das klingt eher nach einem sehr schicken Bekleidungsgeschäft in der Innenstadt als nach Gabis Strandperle, obwohl die Veränderung der Preis-Absatz-Funktion nicht besonders bedeutend erschien.

Wir probieren es mit einer nächsten Preis-Absatz-Funktion. Diesmal wählen wir wieder eine mit einem maximalen Absatzpreis p_{max}, z. B.

$$\hat{x} = \hat{x}(p) = c\left(\frac{1}{p} - \frac{1}{p_{\text{max}}}\right). \tag{1.36}$$

Jetzt gilt $\hat{x}(p_{\text{max}}) = 0$, die Leute nehmen zum Preis 0 unendlich viel mit, und der Faktor c skaliert die Absatzmenge. Das Gewinnoptimum skaliert auch mit dem Faktor c, aber der optimale Preis ist von c unbeeinflusst. Beispielsweise kann man c so wählen, dass $\hat{x}(q) = x(q)$ ist. Dann steht in Gl. 1.35 eine Preis-Absatz-Funktion, die im Vergleich zu $x = x(p)$ aus Gl. 1.34 etwas durchhängt, vgl. Abb. 1.10 mit einer anderen durchhängenden Preis-Absatz-Funktion.

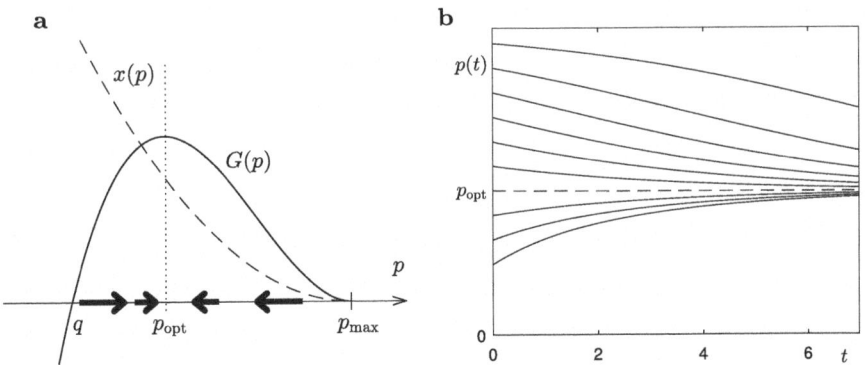

Abb. 1.10 a Zum Vergleich: Nichtlineare Preis-Absatz-Funktion $x = x(p)$ (gestrichelt) aus Gl. 1.36, Gabis Gewinn $G = G(p)$ (durchgezogen) und Tendenz der Preisanpassung (Pfeile). **b** Familie der zeitabhängigen Preisanpassungen $p = p(t)$ mit verschiedenen Anfangswerten $p(0) = p_{\text{ini}} \in [q, p_{\text{max}}]$

Der Gewinn lautet nun

$$\hat{G} = \hat{G}(p) = c\left(\frac{1}{p} - \frac{1}{p_{\max}}\right)(p-q) \quad \text{mit} \quad \hat{G}'(p) = c\left(\frac{1}{p} - \frac{1}{p_{\max}} - \frac{p-q}{p^2}\right).$$

Für diese Preis-Absatz-Funktion ergibt sich der optimale Preis aus $\hat{G}'(\hat{p}_{\text{opt}}) = 0$, und er ist $\hat{p}_{\text{opt}} = \sqrt{p_{\max}q}$. Statt dem arithmetischen Mittel zwischen q und $p_{\max}$ kommt nun das geometrische Mittel als optimaler Preis heraus, aber sonst bleibt das Verhalten des Modells qualitativ ähnlich. Angesichts dieser Unwägbarkeiten ist auf den Zahlenwert des gewinnoptimalen Verkaufspreises kein Verlass. Diese Modelle machen das qualitative Verhalten der Preisanpassung nachvollziehbar, aber für quantitative Vorhersagen sind die eingehenden Größen und Zusammenhänge zu wenig bekannt.

Als Vorteil der Überlegungen in Abschn. 1.3.1, als wir ohne die Preis-Absatz-Funktion festzulegen, bereits die Preisanpassung in Gl. 1.32 modelliert haben, erweist sich nun, dass diese Differentialgleichung die zeitliche Entwicklung des Preises $p = p(t)$ mit anderen Preis-Absatz-Funktion und sogar mit zusätzlichen Abhängigkeiten in der Gewinnfunktion $G = G(p)$ weiterhin beschreibt. Gl. 1.32 hat eine gewisse Allgemeinheit. In analytischen Untersuchungen setzen wir die Ableitung $G'(p)$ der gerade verwendeten Gewinnfunktion ein. Bei der numerischen Lösung der Differentialgleichung nähern wir die Ableitung durch einen Differenzenquotienten. Diese Näherung braucht übrigens keine besonders hohe Genauigkeit, weil unsere Modellgleichungen viele viele Ungewissheiten und Idealisierungen enthält und keine quantitativ genaue Beschreibung der realen Vorgänge ist.

Nicht nur die Wahl der Preis-Absatz-Funktion beeinflusst das Modell. Wir erweitern es, wenn wir Kosten Q pro Zeitintervall einführen, die vom Gewinn abgehen, oder wenn wir annehmen, dass der Einkaufspreis q von der umgesetzten Warenmenge x abhängt. Einerseits kauft Gabi billiger ein, wenn sie größere Mengen abnimmt. Andererseits enthält q auch andere Kosten pro verkaufter Ware, z.B. für ein Fahrzeug oder die Reinigung des Kiosks. Deshalb ist $q = q(x)$ ein vertretbarer Ansatz, und typischerweise fällt q in x. Die abgesetzte Warenmenge hängt wieder von p ab, und mit all diesen Einflüssen gestalten wir Gl. 1.30 etwas realistischer und erhalten

$$G(p) = x(p) \cdot (p - q(x(p))) - Q.$$

Wir sehen, dass die festen Kosten Q pro Zeit die Maximierung von G kaum beeinflussen. Der additive Term verschiebt die Größe von $G(p_{\text{opt}})$, aber er ändert p_{opt} nicht. Der Term Q macht das Modell sozusagen unnötig kompliziert und wird deshalb gern weggelassen oder weg idealisiert. Der sinkenden Beschaffungskosten q haben theoretisch das Potential, die Abhängigkeit $G = G(p)$ auch qualitativ zu beeinflussen, weil q mit p wächst. Allerdings sind in unserem gastronomischen Beispiel die Beschaffungskosten q so weit vom Verkaufspreis p entfernt, dass wir nur eine leichte Veränderung der Kurve $G = G(p)$ erwarten. Probieren Sie ein paar Funktionen aus. Wir sehen, dass das Modell durch die zusätzlichen Abhängigkeiten etwas realistischer erscheint, aber auch deutlich komplizierter geworden ist. Durch

1.3 Beispiel aus der Mikroökonomie

die Hinzunahme des Mechanismus, dass die Absatzmenge x die Einkaufskosten q beeinflusst, sind die Modellgleichungen und damit das Modell weniger intuitiv und weniger übersichtlich geworden. Angesichts der vielen Ungewissheiten in der Modellierung und der Unbekanntheit vieler Einflussgrößen, ist die Verkomplizierung des Modells kaum mit einem höheren Erklärungsgehalt motivierbar.

Es kommt noch schlimmer. Bis hierhin haben wir das Modell der Preisgestaltung von Gabis Strandperle in den Begriffen diskutiert, die wir in Abschn. 1.3.1 eingeführt haben. Wir haben uns damit auf die Möglichkeit kontinuierlicher Preise, auf die Beschreibung des Kaufverhaltens durch eine Preis-Absatz-Funktion und auf eine zeitkontinuierliche pseudo-transiente Preisanpassung eingelassen, und bis eben haben wir das Modell aus Gl. 1.32 ein wenig erweitert, indem wir zusätzliche Terme und Abhängigkeiten eingeführt haben. Hier fragen wir uns rückblickend, ob wir auch nach der Erstellung und der Untersuchung des Modells die Denkweise aus Abschn. 1.3.1 akzeptieren und beibehalten.

Realistischerweise kommen Kundinnen und Kunden in unterschiedlichen familiären und finanziellen Konstellationen an Gabis Strandperle und fällen unter dem Einfluss der Preistafel und in Abhängigkeit von ihrer momentanen Stimmung eine Kaufentscheidung. Der Einkauf wird zudem von den Plänen beeinflusst, die sich der einzelne Kunde oder die Familie gemacht hat, bevor sie die Preistafel gesehen haben. Vielleicht haben auch einige Leute die Preistafel am Morgen auf dem Weg zum Strand gelesen und sich beim Sonnen überlegt, wie sie ihre Wünsche mit der für sie unveränderlichen Preistafel zusammenbringen.

Unter diesem Eindruck gleicht das Einkaufsverhalten einem Gesellschaftsspiel mit diskreten Spielzügen, und die jeweilige Kundin oder Kundengruppe, die an Gabis Theke tritt, erscheint ihr zufällig wie die Augenzahl eines Spielwürfels. Um dieses Einkaufsverhalten in einer Computer-Simulation nachzubilden, muss man die Regeln des Spiels so genau festlegen, dass ein Computer-Programm sie ausführen kann. Die Kundinnen und Kunden würden durch Regeln beschrieben, nach denen sie einkaufen. Diese Regeln würden sich individuell unterscheiden und vielleicht unterschiedliche Kundengruppen mit unterschiedlichen Lebenssituationen abbilden. Die Simulation würde zufällige Kunden auswählen, und das Computer-Programm würde den individuellen Entscheidungsvorgang nachspielen. Die Kundinnen und Kunden würden zu Datensätzen im Computer-Programm, die virtuelle Agenten genannt werden. In dieser Simulation kann man alle Effekte berücksichtigen, für die man sich Regeln ausdenken kann und für die man Ideen für das zufällige Auftreten hat, z. B. auch das Wetter, Ferienzeiten, Stimmungen und andere recht unbestimmte Größen. Auch für die Preisaktionen, mit denen Gabi herausfindet, ob niedrigere oder höhere Preise einen größeren Gewinn versprechen, müsste man Spielregeln entwickeln. Man könnte sogar einbeziehen, dass sich das Wetter spontan ändert und die Phasen der Preisaktion dadurch weniger aussagekräftig werden. Kurz gesagt, würde jeder Einfluss, der in der Simulation berücksichtigt wird, durch Regeln automatisiert. Im besten Fall verhält sich das im Computer nachgespielte Einkaufsverhalten so, dass wir es als halbwegs realistisch empfinden. Schön wäre auch, wenn sich die Simulation so verhält, dass sie den Ergebnissen des kontinuierlichen Modells aus Abschn. 1.3.1 nicht widerspricht. Dann könnten wir die Preisanpassung in Gl. 1.32 durch die Simulation als unterstützt betrachten. Eine Bestätigung liefert die Simulation jedoch nicht. Denken Sie nur daran, wie viele Regeln für das individuelle Verhalten der Kundinnen und Kunden und für die anderen Einflüsse ersonnen werden müssen, ohne zu wissen, wie gut diese Regeln das tatsächliche Kundenverhalten abbilden.

Eine solche Simulation kann trotz bestmöglicher Abbildung des Kundenverhaltens in den virtuellen Agenten auch völlig falsche Ergebnisse liefern, wenn man wichtige Einflüsse übersieht. Denken Sie beispielsweise an die Möglichkeit, dass der Betreiber des nahen Ferien-Camps „Glücklich aber günstig" seine Gäste auf den vermeintlichen Wucher der Monopolistin Gabi hinweist und ihnen gleichzeitig Kühltaschen verleiht und Picknick-Pakete verkauft.

1.3.3 Blick nach vorn

Gabis monopolistische Strandperle, die eher eine idealisierte wirtschaftliche Versuchsanordnung diskutiert und weniger einen realistischen Strandkiosk nachbildet, liefert uns ein erstes mikroökonomisches Modell, das einige Grundideen enthält. Dazu gehört der Homo oeconomicus, der das komplexe individuelle Verhalten auf die rein wirtschaftlich sinnvollen Aspekte reduziert, die Idealisierung kontinuierlicher Preise und die Beschreibung des Verhaltens der Gesamtheit der Kundinnen und Kunden durch eine Preis-Absatz-Funktion.

Diese Grundideen werden wir in Abschn. 3.1 verwenden, um andere wirtschaftliche Situationen zu modellieren. Neben Gabis Strandperle wird Heidi einen weiteren Strandkiosk eröffnen. Heidis Strandkiosk macht fortan Gabi Konkurrenz, und wir nähern uns dem marktwirtschaftlichen Wirtschaftssystem.

Versetzen Sie sich in die Situation der Strandbesucherinnen und Strandbesucher, die vor zwei Preistafeln stehen. Sie haben Auswahl zwischen unterschiedlich teuren Getränken und Speisen, die unterschiedlich gut aussehen. Das eine Produkt ist bei Gabi teurer, das andere bei Heidi. Die wenigsten wollen sich zweimal anstellen. Außerdem ist fraglich, wie intensiv die Kundinnen und Kunden darauf achten, ihre gewünschte Auswahl an Getränken und Snacks bei dem Kiosk zu kaufen, der ein wenig billiger ist.

Auf diese Weise wird das Modell des monopolistischen Kioskes, das wir als erprobt betrachten können, unter Verwendung derselben Techniken weiterentwickelt, um die wirtschaftliche Realität immer besser – oder zumindest auf immer andere Art – abzubilden. Typischerweise halten wir für Beobachtungen und Phänome für verstanden und erklärbar, wenn wir in der Lage sind, sie mit einfachen Modellen und wenigen Mechanismen zu reproduzieren. Das ist bei Gabis Strandperle gelungen, und wir haben die Hoffnung, die erfolgreichen Techniken auf den Fall der Konkurrenz zwischen Heidi und Gabi in Abschn. 3.1 und sogar für konkurrierende Kioske mit nachlässigen Kunden in Abschn. 3.2 übertragen zu können.

Zwischenzeitlich versuchen Sie, das Modell aus Abschn. 1.3.1 mit der einfachsten Preis-Absatz-Funktion in Gl. 1.34 auf eine Lieferkette mit einem Zwischenhändler zu übertragen. Der Zwischenhändler kauft zum festen Einkaufspreis q und verkauft zum Preis z an Gabi. Gabi kauft folglich zum Preis z und verkauft zum Preis p.

Ihre Kundinnen und Kunden nehmen ihr die Menge $x = x(p)$ ab. Der Zwischenhändler verkauft an viele Strandkioske, und der Einfachheit halber nehmen Sie an, alle würden sich genauso wie Gabis Strandperle verhalten. Ohne Informationsverlust reduziert sich das Modell darauf, dass der Zwischenhändler nur Gabi beliefert. Schreiben Sie den Gewinn des Zwischenhändlers $J(z) = x(p) \cdot (z - q)$ und den Gewinn $G(p) = x(p) \cdot (p - z)$ von Gabi auf. Beide Gewinnfunktionen sind in Abhängigkeit von der Größe aufgeschrieben, die der Zwischenhändler bzw. die Gabi beeinflussen kann. Beide versuchen, ihren persönlichen Gewinn zu optimieren. Der Zwischenhändler passt z an, und Gabi passt wie bisher p an.

Überlegen Sie, was passiert. Wo bleibt das Geld? Verdient überhaupt noch einer Geld? Wer? Wie ändert sich die verkaufte Warenmenge? Sie werden erstaunt sein. Die bis vor kurzem noch wunderbar erfolgreichen Modellannahmen haben zu einem Modell geführt, dessen Ergebnisse Sie hoffentlich für wenig realistisch halten werden.

1.4 Ganz andere Modelle

Alle bisher besprochenen mathematischen Modelle bilden zeitabhängige Vorgänge vereinfacht nach. Die Modellgleichungen bieten gleichzeitig Erklärungsversuche für die realistischen Vorgänge, die die beobachteten Phänomene verursachen, an, und sie ermöglichen begründete Vorhersagen über das zukünftige Verhalten des Federschwingers, von Populationen oder von Preisen.

Auch in anderen Zusammenhängen spricht man von Modellen. Werden beispielsweise Mäuse mit ausgewählten Diäten ernährt, um zu untersuchen, wie viel Gewicht sie zulegen oder verlieren, um das grassierende Überwicht der Menschen in westlichen Gesellschaften zu studieren, so sprechen Biologinnen und Mediziner vom Mausmodell. Die Maus dient als Modell des menschlichen Stoffwechsels, und dies tut sie in vereinfachter Weise, weil Mäuse beispielsweise keinen Studienstress kennen.

Wir beschreiben einige Modelle, die auf den ersten Blick von den Modellen für zeitabhängige Vorgänge abweichen, aber dennoch viele Gemeinsamkeiten haben.

1.4.1 Statische Modelle

Modellhafte Beschreibungen eines statischen Zustands haben viele Gemeinsamkeiten mit einem alltagssprachlichen Modell, denn ein komplizierter Zustand, der möglicherweise nicht gänzlich verstanden ist oder nicht vollständig vermessen werden kann, der vielleicht aber auch nicht genau definiert ist, wird durch vereinfachte Größen beschrieben.

Es ist so, als ob man sich ein kleines Modellauto ins Regal stellt. Das ursprüngliche Fahrzeug hat deutlich mehr Facetten, und vielleicht ist der Besitzer des Modellautos ihm nie nahe gekommen. Das Modellauto dagegen ist ganz und gar in der Verfügbarkeit des Besitzers und kann in alle Richtungen analysiert, vermessen und beschrieben werden.

Human Development Index

Ein Beispiel ist der unter dem Kürzel HDI bekannte Human Development Index oder Index der menschlichen Entwicklung, der als Wohlstandsindikator eines Landes angesehen wird. Die Idee des HDI besteht darin, den Wohlstand der Menschen in einem Staat nicht allein durch wirtschaftliche Indikatoren auszudrücken, sondern auch zu berücksichtigen, inwieweit die Menschen des Landes ein langes, gesundes und kreatives Leben führen können.

Dazu werden die drei Felder Gesundheit, Bildung und Einkommen betrachtet. Das Feld Gesundheit wird mit der Lebenserwartung vermessen, mit der die Güte des Gesundheitssystems und auch beispielsweise die Säuglingssterblichkeit, der Zugang zu guten Nahrungsmitteln und viele andere Aspekte auf eine Größe namens Lebenserwartungsindex reduziert werden. Der Lebenserwartungsindex ist 1, wenn das Land die höchste weltweit beobachtete Lebenserwartung hat, und 0, wenn das Land die niedrigste weltweit auftretende Lebenserwartung hat. Dazwischen wird linear interpoliert.

Ähnlich wird der Bildungsindex linear zwischen der höchsten auftretenden Schuldauer und 0 als niedrigst möglicher Schuldauer interpoliert. Zusätzlich wird der Mittelwert zwischen der durchschnittlichen Schuldauer der jetzt 25-jährigen Menschen in dem Land und der zukünftig erwarteten mittleren Schuldauer der jetzt 5-jährigen gebildet, wobei zur Schuldauer jede Bildungsstufe bis zum eventuellen Studienabschluss gezählt wird.

Schließlich entsteht der Einkommensindex, indem der Logarithmus des mittleren Einkommens der Menschen des Landes linear zwischen den weltweit größten und kleinsten Logarithmen des jährlichen Pro-Kopf-Einkommens interpoliert wird. Dies sorgt dafür, dass die Kurve bei hohen Einkommen flacher verläuft. Die Hälfte vom maximalen Pro-Kopf-Einkommen ergibt einen Einkommensindex von etwa 0.9 und ein Zehntel immer noch von 0.65. Erst richtig kleine Einkommen werden mit sehr kleinen Einkommensindizes bestraft.

Schließlich ist der HDI das geometrische Mittel des Produkts aus den drei Indizes zur Lebenserwartung, zur Schulbildung und zum Einkommen. Es entsteht ein Wert zwischen 0 und 1, wobei der HDI 0 dafür steht, dass das Land auf einem der drei Felder am unteren möglichen Rand steht, und 1 dafür steht, dass das Land auf allen drei Felder in der Spitzenposition ist. Das geometrische Mittel sorgt dafür, dass ein schwacher Teilindex einen größeren Einfluss hat, als er bei der Verwendung des arithmetischen Mittels hätte.

Der HDI beschreibt die menschliche Entwicklung eines Landes durch einen modellhaften reellen Zahlenwert aus dem Intervall [0, 1]. Typischerweise wird der HDI eher zur Beschreibung des Entwicklungsstands von Entwicklungsländern und Schwellenländern verwendet, weil die Unterschiede zwischen entwickelten Industrieländern oder einzelnen Regionen in den Industrieländern im HDI als sehr klein abgebildet werden.

1.4 Ganz andere Modelle

Nachdem wir uns verdeutlicht haben, welche Felder der menschlichen Entwicklung im HDI verarbeitet werden, fallen Ihnen sicher einige Aspekte ein, die nicht vorkommen. Es beginnt schon mit der Frage, wer die Menschen eines Landes sind und ob beispielsweise Menschen berücksichtigt werden, die in dem Land ohne staatsbürgerliche Rechte arbeiten. Außerdem wird zwar die tatsächliche durchschnittliche Schuldauer berücksichtigt, aber nicht, welche Ergebnisse z. B. hinsichtlich der Alphabetisierung erzielt werden. Ebensowenig kommen Fragen der demokratischen Mitwirkung, des Umweltschutzes oder der Ungleichheit von Einkommen, Bildung und Eigentum im HDI vor. Der Name suggeriert also etwas mehr als bei genauerer Betrachtung im HDI abgebildet wird. So erhält ein diktatorisches oder oligarchisches Regime, was für seine wenigen Staatsbürger und Staatsbürgerinnen recht gut sorgt, während Menschen aus anderen Ländern möglicherweise unter fragwürdigen Bedingungen dort arbeiten, vergleichsweise hohe Werte im HDI.

Eine andere Art Kritik am HDI beschäftigt sich damit, dass die Messungen der einzelnen Teilindizes sowie ihre Verknüpfung zwar recht einleuchtend klingen, aber neben der Einfachheit ihrer Anwendung keine besondere Legitimation haben. Mit leicht abweichenden Messverfahren oder bei Berücksichtigung anderer Felder der menschlichen Entwicklung würden sich andere Zahlenwerte und eine andere Reihung der Länder weltweit ergeben.

Trotz der denkbaren Einwände hat sich der HDI seit seiner Entwicklung um das Jahr 1990 als eine handhabbare, verständliche und aussagekräftige Größe zur Bewertung des Entwicklungsstandes der Staaten auf der Erde bewährt. Die Einwände verdeutlichen jedoch, dass ein komplizierter und vielfältiger Zustand, nämlich die Wohlstandssituation der Menschen in einem Staat modellhaft durch eine einzige Zahl abgebildet wird. Der HDI ist ein typisches statisches Modell für einen Zustand, dessen vollständig Beschreibung sehr aufwendig und möglicherweise praktisch unmöglich ist.

Modellhafte Beschreibung chemischer Verbindungen
Die räumliche Struktur von Molekülen kann unterschiedlich detailliert beschrieben werden. Wir erhalten eine Modellfamilie von unterschiedlichen feinen Modellen. Wir sprechen an dieser Stelle lieber nicht von unterschiedlich genauen Modellen, denn dies klingt danach, als ob es eine richtige räumliche Molekülstruktur gäbe, die unterschiedlich genau beschrieben wird.

Das Kugel-Stab-Modell eignet sich, um kleinere Moleküle, die aus einer überschaubaren Anzahl von Atomen bestehen, darzustellen. Dieses Modell gibt es nicht nur in unserer gedanklichen Vorstellung, sondern beispielsweise für den Chemie-Unterricht in Form von Kugeln und Stäben aus Plastik. Oft haben die unterschiedlichen Elemente verschiedene Farben, und die Kugeln haben so viele Löcher für die Stäbchen, die die Bindungen symbolisieren, wie das Element Valenzen hat. Methan mit der Strukturformel CH_4 wird modelliert, indem an eine schwarze Kugel für das Kohlenstoffatom C mit vier Valenzen vier Wasserstoffatome H, die oft weiß gefärbt sind, mittels Stäben angesteckt werden. Es entsteht der Eindruck, ein Methan-Molekül sähe aus wie ein Tetraeder aus Wasserstoffatomen mit einem Kohlenstoffatom in der Mitte, und es vermittelt eine Vorstellung, wie die beteiligten Atome zusammenkommen.

Auf der nächstfeineren Modellierungsebene stellt man sich die Frage, wie es dazu kommt, dass Kohlenstoff vier Valenzen hat, aber Wasserstoff nur eine. Es wird also nach einer Erklärung für die Anzahl der Valenzen gesucht, die beim Kugel-Stab-Modell ohne Begründung gegeben ist. Das Schalenmodell, das unterscheidet, auf welchen Schalen die Elektronen den Kern umkreisen, bietet eine solche Erklärung. Kohlenstoff mit sechs Protonen im Kern hat sechs Elektronen, von denen zwei den Kern auf der ersten Schale umkreisen, während die übrigen vier auf der zweiten Schale angesiedelt sind. Deshalb steht Kohlenstoff im Periodensystem in der vierten Hauptgruppe, und die zwei besetzten Schalen bringen es in die zweite Periode. Auf die zweite Schale passen aber acht Elektronen, und ein Atom strebt danach, die Schalen voll zu besetzen. Man kann sich nun vorstellen, dass sich die vier Elektronen der zweiten Schale jeweils mit einem Elektron eines der vier Wasserstoffatome zu Paaren zusammenfinden und dass diese Paare das Kohlenstoffatom und das Wasserstoffatom gemeinsam umkreisen. Damit wären dann vier Paare dabei, den Kohlenstoffkern zu umkreisen und die zweite Schale des Kohlenstoffatoms zu füllen, und jeweils ein Paar würde jedes Wasserstoffatom umkreisen und dessen erste Schale, die zwei Elektronen fasst, komplettieren. Dies würde erklären, dass Methan ein relativ stabiles Molekül ist. Diese feinere, aber kompliziertere Erklärung bietet eine erste Beschreibung der Bindungen zwischen Atomen an, die wir im Kugel-Stab-Modell hinnehmen mussten. Aber auch das Schalenmodell verwendet ebenso wie komplizierter Bindungstheorien die Deklamation, dass die Atome nach der Komplettierung ihrer Elektronenschalen streben.

Diese Deklamation könnte erst auf der Ebene der Quantenmechanik begründet werden. Hier werden Elementarteilchen nicht mehr als dingliche Objekte modelliert, sondern durch die Wellenfunktion in der Schrödinger-Gleichung beschrieben. Die Vorstellung von einem Objekt ist ebenso wie die Vorstellung von einem Ort, an dem das Objekt sein könnte, aufgelöst. Vielmehr ist die Wellenfunktion auf dem gesamten Raum der Ortskoordinaten aller Teilchen des quantenmechanischen Systems definiert. Bereits das Methan-Molekül ist nun ein relativ großes System, und strenggenommen ist das Herausschneiden eines Methan-Moleküls, also die Betrachtung eines Methan-Moleküls in einem sonst leeren Universum, eine sehr starke Idealisierung. Wir sehen, dass sich auf der feinsten Beschreibungsebene, auf der zumindest theoretisch alle Phänomene berechenbar sind, die Frage nach der räumlichen Struktur eines Moleküls aufzulösen scheint.

Die drei hier beschriebenen modellhaften Beschreibungen eines Moleküls bilden nicht nur eine Modellfamilie, sondern eine Modellhierarchie, denn jedes nächstfeinere und damit umfangreichere Modell ist eine Erweiterung des jeweils gröberen oder kleineren Modells. Gleichzeitig haben alle Modelle ihre Berechtigung. Grobe Modelle bieten eine gute Übersicht und einen verständlichen Einstieg, während feinere Modelle viele Details abbilden und dafür möglicherweise weniger zugänglich sind.

1.4 Ganz andere Modelle

Weitere Beispiele

Jede quantitative Angabe ist bereits ein Modell, weil sie eine kompliziertere Wirklichkeit zu einer Zahl oder zu wenigen Zahlen verdichtet und alle weiteren Einflüsse unberücksichtigt lässt.

Die Behauptung, dass die Luft eine Dichte von ungefähr $\varrho_{\text{Luft}} = 1.2\,\text{kg/m}^3$ hat, ist das einfachste Modell für die Luftdichte, das implizit einen Normdruck von $p_{\text{norm}} = 1013.25\,\text{mbar}$ und eine Temperatur von $\vartheta_{\text{norm}} = 20\,°C = 293.15\,K$ unterstellt.

Die Dichte von Gasen hängt vom Druck und von der Temperatur ab, und aus der allgemeinen Gasgleichung für ideales Gas erkennt man, dass die Dichte der Luft proportional zum Druck steigt und umgekehrt proportional zur Temperatur in Kelvin sinkt. Diese beiden Proportionalitäten können wir nur dann nutzen, um die Dichte der Luft bei anderem Druck und anderer Temperatur auszurechnen, wenn wir die obigen Angaben für p_{norm} und ϑ_{norm} kennen. Wir bemerken, dass zu jedem weiteren Einfluss – hier des Drucks und der Temperatur – jeweils eine weitere quantitative Angabe erforderlich ist. Wenn man berücksichtigen möchte, dass Luft kein ideales Gas ist, sondern durch die theoretische Konstruktion des idealen Gases lediglich gut angenähert wird, so braucht man für die Beschreibung der Abweichung weitere Zahlenangaben.

Zusätzlich hängt die Dichte der Luft von der Feuchtigkeit ab, und selbstverständlich benötigt man zur Quantifizierung des Einflusses der Luftfeuchtigkeit eine weitere Zahlenangabe.

Ähnlich verhält es sich mit Faustregeln wie beispielsweise zur Näherung, dass sich die Dichte der Luft in der Atmosphäre etwa alle 5000 m halbiert. Diese Angabe fasst mehrere Einflüsse zusammen, denn mit der Höhe ändert sich die Temperatur und der Druck, weil die Masse der weiter oben liegenden Luft, die die jeweilige Luftschicht zusammendrückt, abnimmt. Für die approximative Höhenabhängigkeit benötigen wir wieder eine quantitative Angabe, nämlich die 5000 m. Denken Sie darüber nach, wie eine Näherungsformel für die Dichte der Luft in Abhängigkeit von der Höhe über der Erdoberfläche aussieht.

Wir werden die Beobachtung, dass die Erweiterung von Modellen, also die Aufnahme weiterer Einflüsse, Phänomene oder Mechanismen jeweils einen neuen Zahlenwert benötigt, in Abschn. 4.2.2 bei den Überlegungen zu allgemeinen Modellerweiterungen wiederfinden. Dort werden wir jeden Zahlenwert mit einem Mechanismus assoziieren und umgekehrt.

Achten Sie darauf, an wie vielen Stellen komplizierte Zustände mit wenigen Zahlen zusammengefasst werden. In einer Packung Milch mit der Mengenangabe 1 Liter erwarten Sie nicht auf den Mikroliter genau einen Liter. Das Eichamt kontrolliert, dass im Durchschnitt aller Verpackungen die Toleranz von in diesem Fall 1.5 %, also 15 ml, nicht nach unten unterschritten wird. Das abfüllende Unternehmen ist vielleicht daran interessiert, diese Toleranz nach unten nicht auszunutzen, sondern vielmehr eine kleine Menge mehr Milch abzupacken. Schließlich bleibt noch die Frage, wie viel Milch Sie aus der Packung wieder herausbekommen. Trotz dem Wissen um eine komplizierte Wirklichkeit können die allermeisten Verbraucherinnen und Verbraucher mit der modellhaften Angabe, die Packung enthielte einen Liter Milch, gut leben.

Schauen Sie sich um, an wie vielen Stellen verkürzte modellhafte Quantifizierungen verwendet werden und wie oft diese Beschreibungen ausreichend sind, obwohl wir wissen, dass die Wirklichkeit komplizierter ist.

In der Preistabelle 6.1, die wir in Kap. 6 verwenden werden, finden Sie einen approximativen Zusammenhang zwischen der Menge und dem Preis eines Produktes, für das sicher nur wenige Menschen eine klare Preisvorstellung haben. Überlegen Sie, wie man das dortige statische Modell vereinfachen oder verfeinern kann.

1.4.2 Datenmodelle

Sollen in einer Überlegung zufällige Einflüsse berücksichtigt werden oder Aussagen über Gruppen von Individuen gemacht werden, so braucht man Beschreibungen der Zufallsgrößen bzw. Aussagen über die Verteilung der interessanten Eigenschaften in den Gruppen. Diese Beschreibungen werden manchmal als Datenmodelle bezeichnet.

Ein einfaches Beispiel sind Würfelspiele. Typischerweise gehen wir davon aus, dass ein einzelner Würfel bei einem korrekten Wurf alle sechs Augenzahlen mit der gleichen Wahrscheinlichkeit 1/6 liefert. Werden zwei Würfel benutzt und die Augenzahlen addiert, wie dies bei den Siedlern von Catan passiert, so gibt es sechs der 36 Kombinationen für als unterschiedlich angenommene Würfel, die die Augensumme 7 liefert, aber nur jeweils eine Kombination für die Augensummen 2 und 12. Die Verteilung ist eine modellhafte Beschreibung der bei wiederholten Versuchen auftretenden Augenzahlen. Auch die Wahrscheinlichkeiten 6/36 für die Augensumme 7, 5/36 für die Augensummen 6 und 8 sind ein Erklärungsversuch für einen einzigen Wurf mit zwei Würfeln. Vermutlich haben Sie die kombinatorischen Überlegungen zu einfachen Zufallsexperimenten so sehr verinnerlicht, dass Ihnen der modellhafte Charakter ein wenig konstruiert erscheint. Deshalb geben wir ein weiteres Beispiel an. Suchen Sie Gemeinsamkeiten und Unterschiede.

Die Bewohnerinnen und Bewohner einer Stadt haben jeder und jede einzeln eine Größe, ein Gewicht, einen Bauchumfang, eine Schuhgröße und viele andere Abmessungen mehr, die für die Auswahl der Kleidung eine Rolle spielen. Alle diese Daten sind Teil einer Wirklichkeit. Ein Kaufhaus, das eine Auswahl von Kleidungsstücken oder Schuhen einkauft, muss sich nun entscheiden, welche Größen es mit welcher Häufigkeit bestellt. Das Management des Kaufhauses weiß aber nicht genau, wie sich die Größen der möglichen Kundinnen und Kunden zusammensetzen. Mit der Auswahl einer Größentabelle und der zu bestellenden Häufigkeiten entwickelt es ein Datenmodell über die Kundschaft insgesamt. Dabei können nicht alle individuellen Maße berücksichtigt werden, sondern das Datenmodell besteht aus den Häufigkeiten der üblichen und bestellbaren Größen. Bei einem guten Datenmodell werden alle Größen gleichmäßig verkauft. Passt das Modell nicht zur Wirklichkeit, so bleiben beispielsweise die kleinen Größen im Kaufhaus hängen, während große Kundinnen und Kunden vergeblich nach Kleidungsstücken schauen.

Auch wenn sich dieses Buch nur am Rande mit Datenmodellen beschäftigt, könnten Sie über Datenmodelle zum Alter von Touristinnen und Touristen in einer Ferienregion, zum Fahrverhalten von Autofahrerinnen und Autofahrern in einer Verkehrssimulation oder zur Risikobereitschaft von Menschen mit einer Haftpflichtversicherung nachdenken.

1.4.3 Ärztliche Diagnosen

Wenn Sie in Arztpraxis gehen, weil Sie sich krank fühlen, so erwarten Sie, dass der Arzt oder die Ärztin aufgrund der Symptome und aufgrund medizinisch begründbarer Überlegungen eine Diagnose stellt, aus der sich eine Vorhersage ergibt, wie sich Ihre Erkrankung entwickeln wird.

Solch ein Arztbesuch hat viel von einer Modellierungsaufgabe. Er ist von der Vorstellung getragen, dass die physiologischen Vorgänge in einem Menschen naturwissenschaftlich erklärbar sind. Diese Vorstellung steckt den Rahmen für die folgenden Überlegungen ab. Aspekte eines möglichen Heilungsprozesses, die Sie nicht wenigstens entfernt für naturwissenschaftlich erklärbar halten, sind mit dem Arztbesuch nicht abgedeckt.

Ihre Symptome sind Beobachtungen aus der Wirklichkeit ihres Körpers und genaugenommen nur der physiologisch erklärbaren Teile Ihres Körpers. Die ärztliche Diagnose ist eine modellhafte Vorstellung, welche Vorgänge in Ihrem Körper nicht so ablaufen, wie man es bei einem gesunden Menschen erwartet. Die Diagnose bietet ein Erklärungsmodell für die Symptome, mithin für die Beobachtungen, an. Meistens fokussiert die Diagnose auf ein Körperteil, ein Organ oder eine Region Ihres Körpers. Die Diagnose beschreibt also einen Ausschnitt der Wirklichkeit. Sie ist ein Modell für die Vorgänge im Körper, wenn sie auch meistens kein mathematisches Modell ist, weil sie nicht durch mathematische Methoden und Gleichungen beschrieben ist.

Wenn die Diagnose einen Erklärungsansatz für die beobachteten Symptome bietet, akzeptieren wir sie als richtig, solange die Diagnose nicht durch neue Symptome oder unerwartete Phänomene widerlegt wird.

Mit der Diagnose wird der Arzt bzw. die Ärztin eine Therapie oder eine Medikation vorschlagen und diese mit einer Vorhersage begleiten, wie sich die Erkrankung unter der vorgeschlagenen Therapie entwickeln wird. Zögert der Patient oder die Patientin, wird möglicherweise warnend ausgemalt, was ohne die Therapie passiert. Wenn die ärztlichen Vorhersagen mit akzeptabler Genauigkeit eintreffen, sehen Sie als Patient oder Patientin beruhigt Ihrer Gesundung entgegen. Sollte jedoch etwas anderes passieren, so sind dies neue Beobachtungen, die die Diagnose falsch erscheinen lassen.

Es ist also vergleichsweise einfach, eine Diagnose zu widerlegen oder, wissenschaftlich ausgedrückt, zu falsifizieren, vgl. Abschn. 2.3. Bei vielen Diagnosen ist es jedoch sehr schwer, diese zu beweisen. Denken Sie über den letzten Punkt nach. Selbstverständlich sehen Sie im Röntgen-Bild einen Knochenbruch, und ein Labor kann Krankheitserreger nachweisen. Viele Erkrankungen sind jedoch weniger klar definiert und weniger klar abgegrenzt, und die Diagnosen auf der Grundlage einiger Laborwerte aus dem Blutbild und aufgrund von unspezifischen Symptomen, die Patientinnen und Patienten ohne Medizinstudium beschreiben, sind relativ vage Erklärungsversuche. Wenn die ärztlichen Vorhersagen zutreffen und Sie sich nach einer oder zwei Wochen Krankschreibung ohne besondere therapeutische Maßnahmen wieder gesund fühlen, ist es fast unmöglich nachzuweisen, dass es genau die diagnostizierte Erkrankung und nicht eine ähnliche oder eine Mischung als mehreren Erkrankungen gewesen ist.

Falls Sie jung genug sind, um noch keine Erfahrungen mit vagen Diagnosen gemacht zu haben, so können Sie an Erklärungsversuche einer Autowerkstatt denken, warum beispielsweise ein älteres Auto nach längerer Fahrt und bei Regenwetter nicht anspringt oder an welcher Stelle das Wasser in den Innenraum gelangt. Auch hier sind die Diagnosen oft nicht eindeutig, und ein Auto ist sicher ein naturwissenschaftlich beschreibbares Objekt und zusätzlich deutlich einfacher aufgebaut als der menschliche Körper.

Wir verweisen auf den Abschn. 2.2, der sich mit der Frage beschäftigt, ob alles ein Modell ist, wenn auch nicht unbedingt ein mathematisches Modell. In der Tat besteht fast unser gesamtes Wissen über die uns umgebende Wirklichkeit aus modellhaften Vorstellungen von den Vorgängen und aus Erklärungsversuchen der Beobachtungen, die wir machen.

Fragen zu Modellen

Inhaltsverzeichnis

2.1	Was tun wir beim Modellieren?	60
2.2	Ist alles ein Modell?	62
2.3	Ist alles ein Modell für alles?	63
2.4	Gibt es falsche Modelle?	64
2.5	Hat jede Modellierung ein Ziel?	69
2.6	Ist Modellierung erlernbar?	71
2.7	Ist Modellierung Mathematik?	72

Einerseits glauben wir zu wissen, wie wir von einer Beobachtung in der Wirklichkeit zu einer mathematischen Beschreibung der Beobachtung und der mit ihr verbundenen realen Vorgänge kommen. Im vorigen Kapitel haben wir drei mathematische Modelle aus unterschiedlichen Wissensgebieten beschrieben und kleinere weiterführende Ansätze angerissen. Vielleicht ist bei Ihnen der Eindruck entstanden, dass Sie die Überlegungen, die zu den Modellen in Kap. 1 geführt haben, in abgewandelter Form auf Modelle zur Beschreibung anderer und möglicherweise neuer Beobachtungen übertragen können. Dies ist nicht falsch, und viele Forscherinnen und Forscher, die in der mathematischen Modellierung arbeiten, haben auf diese Art das Modellieren erlernt.

Auf der anderen Seite ist die mathematische Modellierung und das Erstellen mathematischer Modelle selbst ein Teil der Realität, denn die Forscherinnen und Forscher arbeiten an der Entwicklung, Verfeinerung, Vereinfachung von mathematischen Modellen und oft auch an der Kritik vorhandener Modelle. Schon allein deshalb muss es möglich sein, zu beschreiben, was wir tun, wenn wir mathematische Modelle entwickeln. Dieses Buch hat sich dieser Diskussion verschrieben. In Kap. 4 stellen wir Ihnen eine kleine Theorie des Modellierens vor, die wir ein Modell des Modellierens nennen und die wir in mathematischen Begriffen beschreiben werden. Doch bevor wir dazu kommen, besprechen wir in diesem kurzen Kapitel grundsätzliche Fragen zur Modellierung in wenig mathematisierter, fast alltäglicher Sprache.

© Der/die Autor(en), exklusiv lizenziert an Springer-Verlag GmbH, DE, ein Teil von Springer Nature 2025
D. Langemann und C. Reisch, *So einfach ist Mathematik – Mathematische Modellierung*,
https://doi.org/10.1007/978-3-662-69856-3_2

2.1 Was tun wir beim Modellieren?

Am Anfang jeder Modellierung steht etwas, das wir beobachten, also die Beobachtung eines Phänomens aus dem, was wir hier leichtfertig Realität oder Wirklichkeit genannt haben. Wenn die Frage aufkommt, wie wir uns die Beobachtung erklären können, so stehen wir bereits knietief in der Modellierung, wenn auch nicht unbedingt in der mathematischen Modellierung.

Wir könnten uns beispielsweise fragen, warum am Beginn eines Wetterumschwungs häufig ein kurzer kräftiger Wind weht. Vermutlich fällt Ihnen sofort eine Erklärung ein, beispielsweise, dass sich der Luftdruck schnell ändert und dass der Wind vom Hochdruckgebiet in Richtung des nahenden Tiefdruckgebietes weht. Sicherlich wissen Sie auch, dass komplizierte Methoden der Metrologie und der Strömungsmechanik eine Berechnung der physikalischen Vorgänge erlauben, selbst wenn Sie persönlich die zugehörigen Gleichungen und Methoden nicht kennen. Neben der Erklärung der einzelnen Beobachtung der kurzen kräftigen Windstöße ergibt sich die Möglichkeit, das Wetter einige Stunden oder Tage im Voraus zu berechnen, also eine begründete Vorhersage zu machen.

Wir könnten uns fragen, warum uns eine Person, der wir zufällig begegnen, anlächelt, und eine andere Person vielleicht abweisend anschaut. Auch hier vermuten wir Gründe, würden aber wahrscheinlich nicht annehmen, dass wir eine mathematische Beschreibung oder gar Gleichungen finden, die wir zur Begründung oder gar zur Vorhersage der unterschiedlichen Verhaltensweisen verwenden könnten, selbst wenn wir intensiv und wissenschaftlich danach suchen würden. Möglicherweise würden wir auf psychologische Erklärungsansätze kommen, eventuell würde uns der Freie Wille einfallen, und sicher gibt es vereinzelt die Meinung, das menschliche Verhalten sei zumindest theoretisch durch biochemische Prozesse in unseren Zellen, in den Synapsen der Nervenbahnen und im Wunderwerk unseres Körpers erklärbar. Trotzdem wird der Körper mit ungefähr 30 Billionen Zellen, 100 Billionen Synapsen der Nervenzellen, mit unzähligen Hormonen und größtenteils nicht bis ins Detail erforschten metabolischen Vorgängen von den meisten für zu komplex gehalten, um menschliche Interaktionen durch biochemische Ansätze erklärbar und vorhersagbar werden zu lassen.

Neben der Beobachtung und dem Wunsch, eine Beobachtung zu erklären, brauchen wir drittens die Überzeugung, dass die Beobachtung einer Erklärung mit unseren Mitteln zugänglich ist. Diese Überzeugung ist sehr stark von der Zeit, in der wir leben, abhängig. Denken wir an zwei Menschen, die versonnen aufs Wasser schauen. Einer fragt sich angesichts der bewegten Wasseroberfläche, wie die großen und kleinen Wellen entstehen, warum sie ihre Form haben und wie das Wasser, das sich scheinbar auf den Strand zubewegt, wieder zurück ins Meer gelangt. Der andere sinnt darüber nach, woher wir Menschen wissen, wer wir sind, was unsere Seele ausmacht und welchen Sinn wir auf Erden haben. Heute würde man dem ersten Fragenden physikalische Erklärungen aus der Strömungsmechanik anbieten. Den zweiten würde man möglicherweise zu seinen tiefen metaphysischen Fragen beglückwünschen, ihm oder ihr aber keine Hoffnung auf Antworten machen. Vor zweitausend Jahren wäre es vermutlich umgekehrt gewesen. Die Frage nach den Wellen wäre in

2.1 Was tun wir beim Modellieren?

das Reich des Unerkennbaren verbannt worden, wogegen die Frage nach dem Sinn unseres Daseins über Jahrtausende als erklärbar und relevant eingestuft wurde.

Übrigens brauchen wir für die Frage nach der Erklärung einer Beobachtung nicht zwingend einen praktischen Nutzen zu erwarten. Menschen sind und waren schon immer neugierig, auch wenn sie das Wissen nicht in einen verwertbaren Vorteil umsetzen konnten. Beispielsweise haben Menschen aller Zeiten in den Himmel und auf die Bewegung der Gestirne geschaut und nach Gesetzmäßigkeiten geforscht, obwohl vermutlich Ballonfahrten am Ende des 18ten Jahrhunderts die erste Gelegenheit waren, die Erdoberfläche nach oben zu verlassen. Bis heute sind Erkenntnisse über schwarze Löcher, Supernovae von fernen Sternen oder über die dunkle Materie für die allermeisten Menschen interessant, aber ohne jeglichen Einfluss auf ihr alltägliches Leben.

Wenn wir also eine Beobachtung machen, die wir grundsätzlich für erklärbar halten, und wenn wir dann nach einer möglichst einfachen Erklärung suchen, so befinden wir uns der Tradition der menschlichen Neugier, des Forschungsdrangs und der wissenschaftlichen Erkenntnissuche. Alle drei sind sich sehr ähnlich und unterscheiden sich nur in der Intensität ihrer Ausprägung. Wir fragen uns jetzt, wie wir die Erkenntnissuche erlebbar machen können.

Wir könnten versuchen, gedanklich in die Vergangenheit zu reisen und wissenschaftliche Erkenntnisse vorwegzunehmen. Stellen Sie sich beispielsweise vor, dass Sie um das Jahr 1650, also gut zwanzig Jahre, bevor Isaac Newton Inhaber des Lucasischen Lehrstuhls an der Universität Cambridge wurde, die damaligen Mathematiker und Physiker, die sich noch nicht so nannten, aber ausnahmslos Männer waren, von den Grundlagen der Mechanik überzeugen wollten. Sie könnten einen Federschwinger aufbauen und das Modell aus Abschn. 1.1.1 entwickeln. Die Schwierigkeiten begännen schon beim Begriff der Kraft, den es vor Newton nur sehr vage gab. Weiterhin gäbe es keine passende mathematische Notation, und niemand in Ihrem Auditorium hätte jemals von Differentialgleichungen gehört oder gar ein Gefühl für typische Lösungen im Kopf. Abgesehen davon, dass wir uns ein solches wissenschaftliches Auditorium schwer vorstellen können, ist es auch schwierig, von seinem jetzigen Wissen so weit abzusehen, dass man in der historischen Gedankenwelt die Suche nach passenden Beschreibungen und damit Erklärungen und Modellen erleben kann.

Eine andere Möglichkeit, die wissenschaftliche Erkenntnissuche zu erleben, besteht darin, sich dahin zu begehen, wo sie täglich geschieht, also an die Spitze der aktuellen Forschung. Leider scheitert dies daran, dass die vielen notwendigen Grundlagen und Vorarbeiten fehlen, um ernsthaft an der aktuellen Erkenntnissuche teilzunehmen. Natürlich suchen Sie selbst dann nach Erkenntnis, wenn Sie ein kleines Modell für eine spezielle Anwendung aufstellen. Doch auch dies erfordert eine intensive Beschäftigung, ehe Sie in einem wissenschaftlichen Teilgebiet auf einen Stand gelangen, auf dem eine neue Modellierung einer Beobachtung notwendig und nützlich erscheint.

Hier kommt ein weiterer Vorschlag, um den wissenschaftlichen Erkenntnisprozess zu studieren. Wir nehmen eine Beobachtung, die typischerweise nicht oder nur eingeschränkt mit mathematischen Mitteln untersucht wird oder für die wir natur- und ingenieurwissenschaftlich Interessierten noch keine möglichen Erklärungen kennen. Wie wäre es beispielsweise mit der Entstehung von Freundschaften? Wir beobachten, dass es Menschen gibt, die sich freundschaftlich verbunden fühlen, und viele andere, die dies nicht tun. Wir könnten nach Gründen fragen, die das Entstehen einer Freundschaft befördern. Sicher fallen Ihnen einige Gründe wie eine gemeinsam intensiv erlebte Zeit z. B. in der Schule, ein ähnlicher sozioökonomischer Status, eine vergleichbare Interessenlage und eine nicht zu unterschiedliche äußerliche Attraktivität ein. Im Gegensatz zu dem Spruch, dass sich Gegensätze anziehen, und trotz einiger überraschender Freundschaften könnten wir uns vielleicht darauf einigen, dass grundsätzliche Erklärungen für das Entstehen von Freundschaften denkbar sind. Wenn Sie die Begriffe mathematisch formulieren, sind Sie bereits dabei, ein mathematisches Modell zu entwickeln. Begeben Sie sich auf die Suche. Im Erfolgsfall machen Sie mit einer guten Freundschaftsbörse vielen Menschen eine Freude.

Damit sind wir von der Frage, was wir beim Modellieren tun, ein wenig abgekommen. Fassen wir zusammen, dass wir eine Beobachtung haben, die wir für erklärbar halten, und dass wir auf Gründe für die Beobachtung neugierig genug sind, um intensiv nach einer Erklärung zu suchen. Ist diese Erklärung mathematisch formuliert und bedient sie sich mathematischer Methoden, so haben wir ein mathematisches Modell.

2.2 Ist alles ein Modell?

Fast. Ein Modell ist ein Erklärungsversuch für eine oder mehrere Beobachtungen, und ein mathematisches Modell tut dies mit mathematischen Begriffen und Methoden. Sonst gibt es keine weiteren Anforderungen, die wir an eine gedankliche Konstruktion oder eine Apparatur stellen, um ein Modell zu sein.

Wenn wir Gleichungen sehen, Erklärungsversuche hören oder einen Versuchsaufbau betrachten, so können wir nicht ausschließen, dass diese als Modell für eine Beobachtung oder einen Vorgang aus der Wirklichkeit geeignet ist.

Allerdings würde uns ein Erklärungsversuch, der immer dasselbe Ergebnis liefert, nicht davon überzeugen, dass er irgendetwas erklärt. Denken Sie an Aussprüche wie „Das hängt davon ab.", „Es kann so sein oder anders." oder auch an den zweiten Paragraphen des Kölschen Kneipengesetzes „Et kütt wie et kütt." Diese Aussprüche haben die Form vager Erklärungen, aber sie erklären nichts.

Wir konstatieren, dass ein Modell wenigstens zwei unterschiedliche Ergebnisse erlauben muss. Beispielsweise ein Modell für das Entstehen von Freundschaften müsste wenigstens theoretisch ermöglichen, die Freundschaft zwischen zwei Menschen für wahrscheinlicher zu halten als die Freundschaft zwischen zwei anderen Menschen – unabhängig von der Richtigkeit dieser Einschätzung. Dagegen wäre „Manche mögen sich halt und andere nicht." kein Erklärungsansatz.

Wie in Abschn. 1.4.3 besprochen, sind ärztliche Diagnosen eine Analogie zu Modellen. Wir wissen nicht genau, was im Körper vorgeht, aber wir halten die physiologischen Vorgänge für grundsätzlich erklärbar. Meist ist uns die Gesundheit wichtig genug, um intensiv nach Erklärungen zu suchen, und schließlich trifft die Diagnose nicht immer zu.

Eine andere Analogie zur Modellierung liefert die Rekonstruktion eines Tathergangs aus Indizien. Wir sprechen kurz den kriminologischen Unterschied zwischen Beweisen und Indizien an. Da es bisher keine zwei Personen mit identischen Fingerabdrücken gibt, beweist ein vollständiger Fingerabdruck auf einem Gegenstand, dass die Person mit diesem Fingerabdruck den Gegenstand angefasst hat. Ein Indiz ist weniger eindeutig. Ein Fingerabdruck auf einer Tatwaffe ist ein starkes Indiz, beweist jedoch nicht, dass die Person die Waffe auch eingesetzt hat, denn wie in vielen Kriminalfilmen könnten mehrere Personen die Tatwaffe berührt haben. Fassen wir alle Indizien, Zeugenaussagen und Hinweise unter dem Begriff Beobachtungen zusammen, so rekonstruieren die Ermittlungsbehörden aus den Beobachtungen einen wahrscheinlichen Tathergang. Sie erstellen eine modellhafte Erklärung der stattgefundenen Tat. Ist die Rekonstruktion überzeugend genug, so werden Täter und Täterinnen für die Tat verurteilt. Trotzdem fällt es Ihnen sicher nicht schwer, andere – wenn auch vielleicht unwahrscheinliche – Tathergänge zu konstruieren, die dieselben Indizien erzeugt hätten. Probieren Sie es beim nächsten Krimi.

Weniger dramatisch illustriert die Rekonstruktion eines Geschehensablaufs aus unvollständigen Informationen die Modellierung. Die vorliegenden Informationen bilden die Beobachtung. Realistische Möglichkeiten für menschliches Verhalten liefert den theoretischen Rahmen, und die Rekonstruktion des Geschehensablaufs ist das Modell. Im Beispiel 2.1 in Abschn. 2.5 beschreiben wir eine Folge von Bildern, zu denen wir eine Geschichte konstruieren, also ein Modell erstellen. Das Beispiel steht weiter unten, weil wir vorher noch andere Frage diskutieren und andere Aspekte der Modellierung zusammentragen.

2.3 Ist alles ein Modell für alles?

Nicht ganz. Die Bewegungsgleichungen des Federschwingers in Gl. 1.6 sind kein Modell für das Entstehen von Freundschaften. Die Begriffe Kraft, Beschleunigung und Federkonstante haben keinen Bezug zu möglichen Erklärungen des Entstehens von Freundschaften, und die Lösungen $y = y(t)$ von Gl. 1.6 haben nach unserer Vorstellung keinen Erklärungsgehalt für Freundschaften.

Da also die Bewegungsgleichungen kein Modell für das Entstehen von Freundschaften sind, weil es keinen Bezug zwischen den Modellgleichungen und dem Phänomen gibt, ist klar, dass nicht alles, wie in der Überschrift dieses Abschnitts gefragt, ein Modell für alles ist. Vielmehr brauchen wir eine Beziehung zwischen der Beobachtung oder dem Phänomen, auf das wir neugierig sind, und dem Modell, also meist den Modellgleichungen.

Auf der anderen Seite hat eine Beschreibung eines Phänomens schon rein alltagssprachlich eine Beziehung zu diesem Phänomen. Sollte uns jemand eine Beobachtung erklären, zum Beispiel einen Autounfall, und er würde Begriffe verwenden, die nichts mit dem Straßenverkehr zu tun haben, so würden wir dies sicher nicht als Erklärung für das Unfallgeschehen akzeptieren. Andererseits könnten wir eine Erzählung, die nur entfernt etwas mit Autofahren zu tun hat, z. B. eine traurige Liebesgeschichte, als Erklärungsversuch akzeptieren, sobald wir den Bezug herstellen, dass der Fahrer vielleicht aus diesem Grunde abgelenkt war.

Wir fassen zusammen, was wir bisher über ein Modell oder eher eine modellhafte Beschreibung einer Beobachtung zusammengetragen haben:

1. Es gibt eine Beobachtung oder ein Phänomen, das wir benennen können.
2. Wir halten die Beobachtung für grundsätzlich erklärbar.
3. Wir suchen nach Erklärungen für die Beobachtung. Wir stellen also Fragen zum Phänomen und hoffen auf Antworten.
4. Die modellhafte Beschreibung hat einen Bezug zum Phänomen.
5. Das Modell liefert unterscheidende Antworten, also nicht immer die gleiche.

Schließlich merken wir an, dass wir nicht notwendigerweise eine zu prüfende Hypothese brauchen. Häufig besteht die Motivation, ein Modell oder eine modellhafte Erklärung zu suchen, in der reinen Neugier, also im Versuch, reale Phänomene in vereinfachter Form nachzubilden. Zusätzlich könnte ein Modell, also eine vereinfachte Nachbildung der realen Phänomene, eine Hypothese über die reale Welt weder beweisen noch widerlegen. Schiene es so, als würde das Modell die Hypothese widerlegen, so bestände die Möglichkeit, dass das Modell die realen Vorgänge nicht genügend genau wiedergibt, als dass wir deshalb die Hypothese mit hinreichender Sicherheit verwerfen könnten.

Andererseits ist eine Hypothese erst recht nicht dadurch belegt, dass wir eine Erklärung haben, die in einigen Fällen passt. Wir verweisen hier auf den Falsifikationismus oder allgemeiner auf die Wissenschaftstheorie von Karl Popper (1902–1994). Dort wird ausgeführt, dass wir Modelle als Erklärungen realer Phänomene verwerfen können, wenn die Vorhersagen der Modelle nicht zu den Beobachtungen passen, wenn unsere Erklärungsansätze also das, was wir beobachten, nicht erklären können. Das ist natürlich nur die Kurzform des Falsifikationismus. Auch unsere ausführlicheren und mathematischer formulierten Überlegungen in Kap. 4 werden nur einen winzigen Teil der Wissenschaftstheorie ansprechen, auch wenn Sie dort Karl Poppers Gedanken wiedererkennen werden.

Denken Sie sich einige Hypothesen zur Entstehung von Freundschaften aus, z. B. dass gleichgroße Menschen wahrscheinlicher befreundet sind. Denken Sie darüber nach, ob ein Modell zur Entstehung von Freundschaften eine solche Hypothese unterstützen oder widerlegen könnte. Wir sehen, dass für die Erstellung eines Modells keine Hypothese gebraucht wird. Oft ist sie sogar störend.

2.4 Gibt es falsche Modelle?

Modelle können auf unterschiedliche Weise ungeeignet sein. Sie können schlicht falsch sein. Sie können zu kompliziert sein. Sie können sehr unpraktisch sein. Das schauen wir uns genauer an, und dann fragen wir, ob es richtige Modelle geben kann.

2.4.1 Falsifikation von Modellen

Natürlich gibt es falsche Modelle. Hier ist eine Beispielbeobachtung: Schwere Dinge fallen nach unten. Wir stellen Gleichungen für dieses grundsätzlich erklärbare Phänomen auf. Die Begriffe $y = y(t)$ der Höhe über dem Erdboden und der Schwerkraft $F = mg$ mit der Masse m und der Fallbeschleunigung $g = 9.81 \text{ms}^{-2}$ haben einen Bezug zum Herunterfallen. Jedes Modell, das unterschiedliche Ergebnisse, z. B. für unterschiedliche Anfangshöhen, liefert, erfüllt alle fünf Bedingungen aus Abschn. 2.3.

Betrachten wir die Differentialgleichungen $y' = F$ oder $y'' = F$ oder $my'' = F$. Vielleicht wenden Sie ein, dass diese Gleichungen falsch sind, zumindest die ersten beiden, weil diese Differentialgleichungen nicht so sind, wie Sie sie kennen. Die Naturwissenschaften haben sich zu oft geirrt, um etwas für falsch zu erklären, nur weil es nicht so aussieht, wie wir es kennen. Denken Sie an das geozentrische Weltbild, das nach der Mathematisierung durch Ptolemäus (100–160) für mehr als tausend Jahre sehr genaue Vorhersagen über den Stand der Planeten machen konnte. Das Argument, dass die Differentialgleichungen zum Herunterfallen von Dingen nicht so aussehen, wie wir sie kennen, eignet sich also nicht, um die Modelle hinter den Gleichungen für falsch zu erklären, selbst wenn wir und die absolute Mehrheit aller Forschenden von den Gleichungen der klassischen Mechanik sehr überzeugt sind.

Ein viel besseres Argument besteht darin, dass alle drei Differentialgleichungen für positive Massen $m > 0$ und mit $g > 0$ positive Terme auf der rechten Seite liefern. Wir erhalten also in allen drei Fällen $y' > 0$ bzw. $y'' > 0$. Aus $y' > 0$ folgt, dass die Höhe $y(t)$ wächst. Aus $y'' > 0$ folgt, dass ein Körper, der mit $y'(0) = 0$ startet, eine positive Geschwindigkeit bekommt und nach oben steigt. Für eine nach oben zeigende y-Achse gibt somit keine der drei Differentialgleichungen einen Erklärungs- oder Beschreibungsansatz für das Herunterfallen. Als Modelle für das Herunterfallen sind diese Gleichungen falsch.

Sie mögen einwenden, dass die y-Achse nach unten zeigen könnte. Das stimmt. Aber dann wäre $y(t)$ nicht die Höhe über dem Erdboden. Wir könnten die Modelle in dieser Vorzeichenfrage retten, müssten uns dazu aber auf einen Begriff der Höhe $y(t)$ einlassen, der mit dem Fallen wächst. In anderen Begriffen, also mit einem anderen Bezug zum beobachteten Phänomen, wird dieselbe Gleichung zu einem anderen Modell.

Die ersten beiden Gleichungen können wir auch mit dem geänderten Höhenbegriff bzw. mit einem korrigierten Vorzeichen als falsch einstufen. Überlegen Sie, wie Sie Widersprüche zu Beobachtungen aufzeigen.

Modelle, die Beobachtungen falsch wiedergeben oder die Vorhersagen machen, die sich als falsch herausstellen, sind falsche Modelle und ungeeignet zur Beschreibung unserer Beobachtungen, womit wir wieder beim Falsifikationismus sind. Wir können – zumindest theoretisch – Modelle falsifizieren, indem wir aufzeigen, dass ihre Vorhersagen im Widerspruch zu Beobachtungen stehen.

Die Einschränkung, dass Modelle zumindest theoretisch falsifizierbar sind, ist notwendig. Denn es gibt Modelle für weit entfernte oder zeitlich sehr weit zurückliegende Phänomene. Oft haben wir nicht genügend Beobachtungen, um diese Modelle kritisch zu hinterfragen, und wir können kurzfristig auch nicht auf neue Beobachtungen hoffen. Denken Sie an den Urknall, die Entstehung der ersten komplexeren Moleküle im Ur-Ozean oder physikalische Vorgänge in den Tiefen unseres Universums. Trotzdem sind Versuche, auch solche entfernten Vorgänge und Phänomene durch Modelle, die akzeptierte Mechanismen kombinieren, zu beschreiben, Teil unserer wissenschaftlichen Erkenntnissuche.

2.4.2 Ockhams Rasiermesser

Das schillernde Prinzip von Ockhams Rasiermesser, das nach Wilhelm von Ockham (1288–1347) benannt ist, beschreibt eher ein erkenntnistheoretisches oder wissenschaftstheoretisches Prinzip als ein konkretes Werkzeug, wie das Rasiermesser vermuten lassen könnte. Es geht darum, dass Erklärungen, also Modelle, einfach sein sollen. Ein anderer Name für Ockhams Rasiermesser ist das Prinzip der Sparsamkeit. Strenggenommen ist das Prinzip älter als Wilhelm vom Ockham. Schon Aristoteles (384–322 v. Chr.) hat die Idee diskutiert, einfache Erklärungen zu bevorzugen. Allerdings glaubte man damals, über die Welt oder die Natur sagen zu können, dass sie nach einfachen Grundregeln funktionieren müsse. Warum aber sollten wir uns dessen sicher sein?

Meist wird das Prinzip so formuliert, dass unter mehreren Erklärungen einer Beobachtung die einfachste, also sparsamste Erklärung zu bevorzugen ist. Einfachheit wird dabei mit möglichst wenigen Zutaten wie Variablen, Parametern oder Gleichungen assoziiert, ohne dass es eine konkrete Definition der Einfachheit gibt. Etwas versteckt wird mit dem Prinzip von Ockhams Rasiermesser vermittelt, dass es überhaupt Erklärungen für die Beobachtungen gibt, und von diesen Erklärungen schneidet das Messer die unnötig komplizierten Anteile weg.

Das Prinzip von Ockhams Rasiermesser ist philosophisch intensiv diskutiert worden. Eine bedenkenswerte Kritik besteht darin, dass wir Erklärungen für einfach halten, die uns vertraut sind, sodass die Forderung „Keep it simple and stupid/straightforward." unter der Ockhams Rasiermesser als KISS-Prinzip wieder auftaucht, dazu führen kann, neuen Erklärungen gegenüber weniger aufgeschlossen zu sein. Tatsächlich neigt die wissenschaftliche Welt dazu, bestehende Erklärungsansätze zu verwenden.

Hier stellen wir das Prinzip der Sparsamkeit oder eben Ockhams Rasiermesser an einem unmathematischen Beispiel dar. Wir beobachten an einem Sonntagmorgen zwischen den Mülltonnen an einem Mehrparteienhaus eine Tragetasche mit leeren Flaschen. Zwei Straßenecken weiter steht der nächste Altglas-Container, und wir wissen, dass die Müllabfuhr die Tragetasche mit den Flaschen stehen lassen wird. Auf der Suche nach Erklärungen für die Beobachtung vergleichen wir drei mögliche Erklärungen.

Zum einen könnte es sein, dass eine freundliche Mietpartei des Hauses am Sonntag ihr Altglas im dafür vorgesehenen Container entsorgen wollte. Allerdings ist ihr vor dem Haus eingefallen, dass am Altglas-Container die Bitte steht, wegen des Lärms nur werktags Flaschen einzuwerfen. Hin- und hergerissen von der bangen Frage,

2.4 Gibt es falsche Modelle?

was zu tun sei, wurde die Tragetasche mit den Flaschen zwischen den Mülltonnen bis zum nächsten Werktag geparkt. Sicher werden die Flaschen bald weggebracht.

Die zweite Erklärung könnte darin bestehen, dass jemand aus den Flaschen einen Flaschen-Parcours basteln will oder diese für die Dekoration einer Imbissbude in einer Kleingartenanlage braucht. Wegen eines Anrufs musste dieser Jemand seine Pläne ändern und hat die Tragetasche mit den Flaschen zwischen den Mülltonnen abgestellt, weil sie dort nicht verschwinden würde. Sicher wird dieser Jemand seinen Plan spätestens am nächsten Wochenende fortsetzen und die Tragetasche abholen.

Die dritte Erklärung besteht darin, dass eine Mietpartei aus dem Haus zu faul war, die Flaschen wegzubringen und diese im Schutz des dunklen Sonntagmorgens vors Haus gestellt hat. Folgerichtig würden die Flaschen für immer dort stehen bleiben, sollte sich niemand erbarmen, sie wegzubringen.

Vermutlich fällt es Ihnen nicht schwer, sich für eine Erklärung zu entscheiden, und wahrscheinlich entscheiden Sie sich für die dritte, weil sie die einfachste und damit wahrscheinlichste Erklärung ist. Schauen Sie auch auf die unterschiedlichen Vorhersagen über die zukünftige Entwicklung der Tragetasche mit den leeren Flaschen. In Abhängigkeit davon, ob wir annehmen, dass die Flaschen gebraucht werden oder unhöflich entsorgt wurden, ergeben sich unterschiedliche Implikationen für unser Handeln.

Interessant ist auch, dass die beiden ersten Erklärungen selbst dann gerettet werden können, wenn die Flaschen nicht verschwinden. Mit einer nächsten Verkomplizierung, beispielsweise der, dass derjenige, der die Flaschen abgestellt hat, nun im Krankenhaus ist, könnten wir jede der Erklärungen verteidigen, auch wenn die Vorhersage nicht eintrifft. Die Erklärung wird zu einer immer komplizierteren Geschichte. Blicken Sie auf die Indizien zurück, also eigentlich nur auf die Tragetasche mit den leeren Flaschen am Sonntagmorgen neben den Mülltonnen, und rekonstruieren Sie einen wahrscheinlichen Tathergang.

An diesem Beispiel erkennen wir eine weitere Schwierigkeit von Ockhams Rasiermesser. Die dritte Erklärung – ja genau, die mit der Faulheit – ist gewiss einfacher als die erste und einfacher als die zweite Erklärung. Aber unter den ersten beiden Erklärungen können wir kaum die einfachere der beiden auswählen. Beide sind etwa gleich kompliziert.

Erklärungen oder Modelle hinsichtlich ihrer Einfachheit zu vergleichen, ist nur in sehr klar abgegrenzten Auswahlen von Modellen möglich, in denen die Einfachheit formalisiert werden kann, zum Beispiel durch die Anzahl der Parameter oder die Anzahl der Gleichungen, wobei die Gleichungen selbst wieder unterschiedlich kompliziert sein können. In klar abgegrenzten Auswahlen von Modellen versuchen sogenannte Informationskriterien zu quantifizieren, eine um wie viel bessere Erklärung ein komplizierteres Modell erlaubt.

2.4.3 Wie steht es mit richtigen Modellen?

Mittlerweile sind wir uns sicher, dass es Modelle gibt, die auf vielfältige Weise falsch oder ungeeignet sind. Jetzt fragen wir uns, ob es möglich ist, von einem Modell zu sagen, dass es richtig sei.

Ein Modell könnte alle Beobachtungen, die wir zu einem Phänomen haben, erklären und außerdem Vorhersagen machen, die bisher alle mit akzeptabler Genauigkeit eingetreten sind. Wir würden Zutrauen zu diesem Modell fassen. Trotzdem ist nicht ausgeschlossen, dass wir etwas übersehen haben, z. B. unbekannte Mechanismen, mit denen die Beobachtungen besser und einfacher erklärt wird.

In einfachen Fällen wie der abgestellten Tragetaschen mit den Flaschen genügt ein wenig Phantasie, um sich andere Erklärungen auszudenken. Aber auch wissenschaftliche Theorien sind nicht davor gefeit, wichtige Aspekte zu übersehen oder noch nicht zu kennen. In der medizinischen Forschung werden beständig neue Mechanismen und neue biochemische Verbindungen gesucht, gefunden und diskutiert, die unseren Blick auf die Erklärungsmodelle verändern. Wir können nie sicher sein, dass die aktuellen Modelle und Erklärungen richtig sind, selbst wenn sie gut funktionieren, also die Beobachtungen gut wiedergeben und Vorhersagen machen, die wir als richtig akzeptieren.

Die Aussage, dass es keine Modelle gibt, über die wir sagen, dass sie richtig sind, heißt jedoch nicht, dass die vorhandenen und verwendeten Modelle, Erklärungen und Theorien falsch sind. Hoffentlich niemand kommt auf die Idee, die klassische Mechanik, auf deren Grundlage die Menschheit Maschinen, Brücken und Schiffe baut, ernsthaft in Zweifel zu ziehen. Die klassische Mechanik ist sogar eine sehr bewährte Theorie, deren Implikationen millionenfach erfolgreich waren und sind.

Auf der anderen Seite ist die klassische Mechanik eine Theorie, die Begriffe und Zusammenhänge verwendet, die unserem Denken entstammen. Wir haben kein Buch der Natur, in dem die Begriffe und Zusammenhänge stehen, und typischerweise glauben wir auch nicht, dass es ein solches Buch gibt und wir nur keinen Zugang dazu haben. Von einem abstrakten Standpunkt aus ist die Frage sehr berechtigt, was die klassische Mechanik von einer Hypothese über seltene Krankheiten, neue Erreger oder bislang unbekannte medizinische Phänomene grundlegend unterscheidet. Auch dafür sucht die Forschung nach Erklärungen. Hier wiederum würde niemand auf die Idee kommen, die aktuell bestehenden Erklärungen für ausgereift zu halten. Denken Sie an die unzähligen Zeitschriftenartikel, die sich mit der Frage beschäftigen, warum Menschen übergewichtig werden. Woche für Woche werden wissenschaftliche Erklärungen für Ratgeber aufgearbeitet. Hoffentlich glaubt niemand, dass einer der bestehenden Erklärungsversuche für die Entstehung von Übergewicht absolut richtig ist.

Statt über die vermeintliche Richtigkeit von Modellen, also die Übereinstimmung mit realen Vorgängen, nachzudenken, wollen wir lieber von erklärungsmächtigen Theorien und Modellen innerhalb eines Gültigkeitsbereichs sprechen. Diese Modelle und Theorien erklären Beobachtungen erfolgreich und machen zutreffende Vorhersagen. Dadurch werden sie validiert, also unterstützt, aber nicht als Modell bestätigt. Denn sobald wir Widersprüche zu anderen neueren Beobachtungen finden, was nie ausgeschlossen ist, falsifizieren wir die Modelle. Zugegeben, bei der klassischen Mechanik ist dies sehr unwahrscheinlich. Diskutieren Sie die Frage der Richtigkeit von Modellvorstellungen lieber an ärztlichen Diagnosen und rekonstruierten Tathergängen als an der Mechanik.

2.5 Hat jede Modellierung ein Ziel?

Ja und nein. Das Erstellen einer Diagnose hat das Ziel, die Krankheit oder die Ursache des Unwohlseins zu bestimmen. Sollte dagegen der behandelnden Ärztin noch eine Leberzirrhose für die Facharztausbildung fehlen, wäre es ein unzulässiges Ziel, die Symptome des nächstmöglichen Patienten als Leberzirrhose zu interpretieren.

Ganz ähnlich verhält es sich bei der Rekonstruktion eines Tathergangs. Das Ziel besteht darin, den tatsächlichen Hergang zu rekonstruieren. Sollte das Ziel der Untersuchungen jedoch darin bestehen, einen von den Ermittlungsbehörden vermuteten hypothetischen Tathergang zu unterstützen, so besteht die Gefahr, dass diejenigen Indizien stärker gewertet werden, die die Hypothese stützen, als diejenigen, die sie vielleicht falsifizieren. In vielen Krimis gibt es einige Beamte, die sich zu schnell auf jemand Schuldigen festgelegt haben. Beruhigender Weise werden sie oft kurz vor Ende davon überzeugt, dass eine ergebnisoffene Ermittlungsarbeit erfolgreicher ist.

Exakt so verhält es sich mit der Modellierung. Beim Versuch, einen Ausschnitt der Realität oder dem, was wir dafür halten, durch ein mathematisches Modell zu beschreiben, gibt es natürlich das Ziel, diesen Ausschnitt möglichst gut, möglichst genau, möglichst umfassend oder – wenn Sie es so ausdrücken wollen – möglichst realistisch zu beschreiben. Dieses Ziel formulieren wir so, dass ein Forscher oder eine Forscherin seiner Neugier auf möglichst sorgfältige Weise nachgehen möchte.

Sollte hingegen das Ziel der Modellierung darin bestehen, eine bestimmte Hypothese zu unterstützen, so verändert sich die wissenschaftliche Neugier. Ein solches Modellierungsziel wird die Erstellung eines Modells beeinflussen. Wenn die Hypothese nicht völlig unhaltbar ist, so wird ein phantasiebegabter Mensch ein Modell finden, das die gewünschte Hypothese zu stützen scheint.

Betrachten Sie eine Bildergeschichte ohne Text, z. B. einen Kurzcomic aus einem Sprachkurs, bei dem Sie eine Geschichte zu den Bildern erzählen sollen. Meist suggerieren die Bilder eine eindeutige Geschichte, weil der Spracherwerb im Vordergrund steht. Stellen wir uns vor, die Bilder seien durcheinander geraten. Mit etwas Phantasie finden Sie zu fast jeder Reihenfolge der Bilder eine abenteuerlich, witzige oder phantastische Geschichte. Die Erstellung eines Modells können wir damit vergleichen, die Bilder sinnvoll zu sortieren. Diese Aufgabe gut zu erfüllen, ist bereits ein anspruchsvolles Ziel. Wenn das Ziel aber darin besteht, eine bestimmte Hypothese zu unterstützen, so werden wir die Bilder wahrscheinlich in eine andere Reihenfolge bringen und eine andere Geschichte dazu erzählen. Die Hypothese beeinflusst das Modell.

Beispiel 2.1
Rocco, der vor einer Bar auf Tim wartet und dabei immer ärgerlicher auf und ab läuft, wirft ab und zu einen Blick durchs Fenster der Bar. Er sieht, wie sich die Bar füllt. Ihm fällt eine Frau auf, die allein in die Bar geht. Wir geben ihr einen Namen und wählen vier Bilder für das Kurzcomic.

A Susanne betritt die Bar.
B Susanne sitzt am Tresen und lacht übers ganze Gesicht.
C Susanne trinkt einen rot schimmernden Negroni.
D Susanne schüttelt den Kopf.

Die Erstellung einer Geschichte zu den vier beobachteten Bildern illustriert den Modellierungsprozess. Rocco kennt die Reihenfolge der Bilder. Er hat beim Warten viel Zeit und bastelt sich zur Beobachtung **ABCD** eine Erklärung des Geschehens: Susanne kennt den Barmann. Beide haben sich freundlich begrüßt. Susanne hat beim Plaudern mit dem Barmann einen Negroni getrunken und auf die Frage, ob sie noch einen Cocktail möchte, den Kopf geschüttelt. Rocco hat jetzt ein Modell für den Geschehensablauf, weiß aber nicht, wie es wirklich war – und es geht ihn auch nichts an.

Nebenbei hat Rocco, um seinem Ärger über die lange Wartezeit Luft zu machen, Tim Beschreibungen der vier Szenen aufs Handy geschickt. Allerdings ist bei der Übermittlung etwas schiefgegangen. Vielleicht war die technische Störung auch schuld daran, dass Tim seine Verspätung nicht mitteilen konnte. Die Beschreibungen **A** bis **D** sind auf Tims Mobiltelephon durcheinander gekommen.

Wenn Tim ein Modell des Geschehensablaufs rekonstruieren will, ohne Rocco nach der Reihenfolge zu fragen, so steht er vor der Aufgabe, die vier Szenen in eine sinnvolle Reihenfolge zu bringen. Auf den ersten Blick könnte man denken, dass **A** am Anfang stehen muss, weil die anderen Situationen in der Bar spielen. Aber beispielsweise die Reihenfolge **CDAB** wird sinnvoll, wenn der Barmann von einem funkelnden Spielzeugsaurier im Kellerfenster erzählt hat, Susanne nach einigem Zweifel hinausgegangen ist, um nachzusehen, und dann über den Prank des Barmanns lacht.

Tim muss bei der Auswahl der sinnvollsten Geschichte entscheiden, ob Susanne an diesem Abend einmal oder häufiger durch die Tür in die Bar geht, ob sie mit dem Barmann bekannt ist oder nicht und ob der Barmann vor dem Kopfschütteln „Erwartest Du noch jemanden?", „Noch einen?" oder „Bist Du glücklich?" oder noch etwas anderes gefragt hat. Sie finden sicher zu jeder der 24 Permutationen der vier Bilder eine kleine Geschichte.

Wenn Tim aber die Hypothese unterstützen möchte, dass es traurig sei, allein in eine Bar zu gehen, so wird er zu einem Erklärungsmodell neigen, dass diese These unterstützt. Die beobachtete Reihenfolge **ABCD** würde mit einer komplizierteren Geschichte passen. Einfacher wäre **ACDB**: Susanne betritt die Bar, trinkt allein einen Negroni, der Barmann fragt, ob noch jemand kommt, und erzählt als guter Gastgeber eine lustige Geschichte, um den einsamen Gast aufzuheitern. Die Geschichten wären andere, wenn das Modellierungsziel darin besteht, die Hypothese der Traurigkeit eines Barbesuchs als Einzelperson zu belegen.

Als Letztes bemerken wir, dass der Barmann und Susanne das tatsächliche Geschehen kennen. Niemand würde bezweifeln, dass es einen wahren oder richtigen Geschehensablauf gibt. ∎

Zum Erstellen eines Modells verwenden wir die vorhandenen Beobachtungen und meistens etwas Vorwissen, das es uns erst ermöglicht, die Beobachtungen für prinzipiell erklärbar zu halten. Wir stützen uns also auf eine vorhandene Theorie. Die Beobachtungen und das theoretische Vorwissen bilden den Input, während das fertige Modell der Output der Modellierung ist. Wenn wir durch eine Hypothese, die wir unterstützen wollen, den Input erweitern, so erhalten wir typischerweise ein anderes Modell. Im besten Fall zeigt dieses andere Modell nur eine kleine Tendenz auf die gewünschte Hypothese. Es kann jedoch auch eine Fehldiagnose, eine Rechtsbeugung, also eine reine Verfälschung sein.

Deshalb werden wir uns bemühen, bei der Erstellung von Modellen nur der ergebnisoffenen wissenschaftlichen Neugier zu folgen und mögliche Hypothesen erst an dem fertigen Modell zu diskutieren. Ein festes Modellierungsziel stört die Offenheit der Modellierung.

2.6 Ist Modellierung erlernbar?

Genau wie das Erstellen von ärztlichen Diagnosen oder die kriminalpolizeiliche Rekonstruktion von Tathergängen erlernbar sind, so ist auch die Modellierung erlernbar.

Es gibt noch weitere Parallelen. In beiden Analogien brauchen wir eine breite Vorstellungskraft und am besten auch Wissen darüber, welche Krankheiten und Ursachen beziehungsweise welche Taten und Handlungen vorkommen können, also davon, wie die Wirklichkeit hinter den Symptomen und Indizien aussieht. Mit einem solchen Zugriff auf die denkbaren Hintergründe können wir schon bei der Erstellung von Diagnosen, der Rekonstruktion von Tathergängen oder der Entwicklung von Modellen abschätzen, ob die Symptome, die Indizien und die Beobachtungen von den Modellen reproduziert werden. Gleichzeitig entwickeln sich die Vorstellungskraft und das Wissen mit jedem Szenario, das wir bedenken, weiter. Wir gewinnen durch Übung immer weiter an Erfahrung.

Wir werden uns im kommenden Kap. 3 verdeutlichen, dass der erste Schritt der mathematischen Modellierung in der Auswahl der Mechanismen besteht, die im Modell auftauchen. Zu Beginn brauchen wir eine Vorstellung, welche Mechanismen am beobachteten Phänomen beteiligt sind, und diese Vorstellung sollte möglichst breit und offen sein. Dann benötigen wir Vorwissen, wie wir diese Mechanismen durch Gleichungen beschreiben und welchen Einfluss auf die Beobachtungen wir von ihnen erwarten.

Schließlich gehört etwas Mut dazu, ein mathematisches Modell aufzustellen und sich damit auf eine Auswahl von Mechanismen festzulegen. Am Ende fehlt noch die Sorgfalt, das Verhalten des neuen Modells daraufhin zu untersuchen, ob es die Beobachtungen und theoretischen Vorkenntnisse reproduziert. Wir sollten neben der mutigen Entschlusskraft also Selbstkritik gegenüber den von uns erstellten Modellen entwickeln. Und damit haben wir alle Zutaten zusammen, um das Modellieren zu lernen und zu üben.

Wie in Kap. 1 haben die meisten Modelle in diesem Buch Differentialgleichungen als Modellgleichungen. Es ist also gut, wenn wir uns mit dem typischen Lösungsverhalten von Differentialgleichungen auskennen. Einige ausgewählte Zusammenhänge finden Sie in den Abschn. 5.1.1 und 5.1.2, und eine ausführlichere Einführung in *So einfach ist Mathematik – Gewöhnliche Differentialgleichungen für Anwender* aus demselben Verlag.

Dennoch ist es auf jedem Wissensstand zu Differentialgleichungen möglich und empfehlenswert, sich damit zu beschäftigen, wie Vorgänge und Phänomene aus der von uns wahrnehmbaren Wirklichkeit mittels Differentialgleichungen beschrieben werden, sich also mit mathematischen Modellen zu beschäftigen. Trauen Sie sich, und fangen Sie an.

2.7   Ist Modellierung Mathematik?

Die etwas hinterhältige Frage, ob Modellierung Mathematik ist, wollen wir nicht abschließend beantworten. Die Antwort hängt zu stark davon ab, was Mathematik sein soll. Wenn man sich auf den Standpunkt stellt, dass Mathematik ausschließlich die Lehre von Strukturen unseres Denkens ist und dass Mathematik konsequenterweise ohne den Bezug zu realen Phänomenen auskommt, dann gehört die Modellierung nicht zur Mathematik. Mit dieser sehr einengenden Auffassung von Mathematik würde man eher sagen, dass sich die Modellierung mathematischer Methoden bedient.

In der Tat taucht das Wort Modellierung in der Klassifizierung mathematischer Arbeitsgebiete, der Mathematics Subject Classification MSC, die vom zbMATH, dem früheren Zentralblatt für Mathematik, zur thematischen Ordnung von mathematischen Veröffentlichungen genutzt wird, nicht auf.

Auf der anderen Seite ist die Modellierung nicht nur eine Anwendung der Mathematik in den unterschiedlichen angewandten Fachdisziplinen, selbst wenn in den Ingenieurwissenschaften, in der Physik, in den Wirtschaftswissenschaften und seit jüngerer Zeit auch in den Lebenswissenschaften mathematische Modelle entwickelt und als Denkumgebung verwendet werden. Ohne die mathematische Untersuchung der Modelle würden die Modellgleichungen keine Vorhersagen liefern, den Forschenden keine Einblicke in das Verhalten der modellierten Systeme erlauben und wenig zum Verständnis der untersuchten Phänomene beitragen.

Die mathematische Modellierung lebt im Spannungsfeld zwischen der Mathematik und ihren Anwendungen. Einerseits führen mathematische Modelle häufig auf neue mathematische Fragen und eröffnen manchmal sogar neue mathematische Forschungsfelder. Andererseits gibt es neue Methoden der Modellierung wie beispielsweise das Maschinelle Lernen. vgl. Kap. 6, das in seiner Grundform gänzlich ohne Hypothesen auskommt und gleichzeitig viele mathematische Teilgebiete um neue Ideen und Ansätze bereichert. Aus diesem Blickwinkel wäre es sträflich, wollte die Mathematik auf diesen Zustrom neuer Ideen verzichten.

Die Erfahrung hat auch gezeigt, dass Anwenderinnen und Anwender zwar Modelle erstellen, aber von der Zusammenarbeit mit Mathematikerinnen und Mathematikern, die für angewandte Fragestellungen offen sind, sehr profitieren. Wir möchten die Modellierung deshalb als eine Brücke zwischen der Mathematik und ihren Anwendungen betrachten.

Vielleicht könnten wir zwischen der Entwicklung mathematischer Modelle und der Analyse von Modellgleichungen unterscheiden. Bei der Erstellung von Modellen liegt das Gewicht eher auf der Seite der jeweiligen angewandten Wissenschaft, obwohl das mathematische Wissen über die erwarteten Modelleigenschaften bereits eine Rolle spielt. Bei der Analyse der Modelle sind wir dagegen direkt in der angewandten Mathematik, also in der Theorie der Differentialgleichungen, vgl. Abschn. 5.1.1, der Dynamischen System, vgl. Abschn. 5.1.2, oder in einem anderen angewandten Teilgebiet wie der Stochastik oder der Optimierung.

Als Letztes merken wir an, dass die Untersuchung des Modellierungsprozesses selbst, die wir in Kap. 4 diskutieren werden, wieder eine Diskussion von Strukturen unseres Denkens ist. Die Beobachtung besteht darin, dass Modellierung in der Realität stattfindet, und das Modell des Modellierens beschreibt diesen realen Vorgang. Folgerichtig würde man argumentieren, dass das Modell des Modellierens selbst wieder im Kerngeschäft der Mathematik liegt.

Ganz unabhängig davon, ob Sie die Modellierung zur Mathematik zählen oder nicht, ist sie interessant und spannend. Doch schauen Sie selbst, wie wir im nächsten Kapitel mathematische Modelle bauen.

Wir bauen ein Modell 3

Inhaltsverzeichnis

3.1 Zwei perfekt konkurrierende Strandkioske 76
3.2 Zwei etwas realistischere Strandkioske 81
3.3 Modellierungsaufgaben für Sie 85
3.4 Typische Fehler 94

Der monopolistische Strandkiosk, der einen Strandabschnitt mit Snacks und Getränken versorgt, hat uns in Abschn. 1.3 auf das etablierte Modell des Monopolisten aus der Mikroökonomie geführt. Wir haben diskutiert, dass die Preis-Absatz-Funktion $x = x(p)$, die die abgesetzte Warenmenge in Abhängigkeit vom Angebotspreis p beschreibt, fast unbekannt ist. Die einzige Eigenschaft von $x = x(p)$, die wir als gesichert betrachtet haben, ist ihre Monotonie, denn es gibt keinen Grund, warum Strandbesucherinnen und Strandbesucher mehr Snacks und Getränke kaufen sollten, wenn diese teurer sind. Die Ungewissheit über die tatsächliche Preis-Absatz-Funktion hat zu einem relativ einfachen mathematischen Modell für den Preisanpassungsprozess des Monopolisten geführt.

In diesem Kapitel wollen wir das Modell des Monopolisten nutzen, um in denselben Begriffen und mit denselben Mechanismen die zeitliche Entwicklung der Preise von zwei nahe beieinander liegenden Strandkiosken zu beschreiben, die miteinander um Kundschaft konkurrieren. Das Modell aus Abschn. 1.3 ist mit seinen Argumentationen und seinen Gleichungen so wunderbar einfach, dass wir die Argumente ohne besonderes volkswirtschaftliches Vorwissen auf die Entwicklung eines mathematischen Modells für konkurrierende Strandkioske übertragen können. Die mikroökonomischen Begriffe und Gedankengänge aus dem Monopol-Modell bieten uns den theoretischen Rahmen. Das Gebiet ist bewusst gewählt, weil der theoretische Rahmen übersichtlich ist und wir ohne langwieriges Studium dazu kommen, eigene Modelle zu erstellen.

Wir wollen den Modellierungsprozess erleben. Dies ist nur möglich, wenn wir ein neues Modell bauen und uns der Frage aussetzen, wie die beobachteten Phänomene

© Der/die Autor(en), exklusiv lizenziert an Springer-Verlag GmbH, DE, ein Teil von Springer Nature 2025
D. Langemann und C. Reisch, *So einfach ist Mathematik – Mathematische Modellierung*, https://doi.org/10.1007/978-3-662-69856-3_3

modelliert werden können. Ein fertiges Modell verdirbt das Erleben des Prozesses. Aber natürlich gibt es mathematische Modelle für konkurrierende Anbieter. Falls Sie das Gefühl haben, diese Modelle in- und auswendig zu kennen, so haben Sie dennoch die Chance, sich auf die hier beschriebenen Überlegungen einzulassen. Am besten verpacken Sie Ihr Wissen und holen es nach diesem Kapitel wieder hervor.

3.1 Zwei perfekt konkurrierende Strandkioske

Neben Gabis Strandperle steht seit Kurzem Heidis Strandperle, ein Imbissstand mit einem sehr vergleichbaren Angebot. Gabi hat eine Preistafel mit Preisen für Snacks und Getränke, und die Tafel an Heidis Strandperle, die über die Preise informiert, sieht ganz ähnlich aus. Doch die Preise unterscheiden sich ein wenig, und dabei geht es durcheinander. Einige der Getränke sind bei Gabi billiger und einige bei Heidi. Mit dem Essen und den anderen angebotenen Dingen verhält es sich genauso.

Die Kundinnen und Kunden müssen sich entscheiden, was sie an welchem Kiosk kaufen. Die beiden Strandperlen machen sich Konkurrenz. Es entsteht ein Markt mit zwei Anbietern und vielen Nachfragern, sodass wir ein Modell erwarten, das näher an der realistischen marktwirtschaftlichen Wirtschaftsform ist als das Monopol, das Gabis Strandperle innehatte, bevor Heidi ihre Strandperle eröffnet hat.

Mit den Idealisierungen aus Abschn. 1.3 bezeichnen wir den Preis, zu dem Gabi Waren anbietet, mit p_1 und den Preis, zu dem Heidi ihre Waren anpreist, mit p_2. Die Vorstellung eines Preises an jedem Strandkiosk wird in der Konkurrenzsituation noch fragwürdiger. Selbst wenn wir vermuten, dass die Kundinnen und Kunden sich nicht zweimal anstellen wollen, so kaufen sie doch jeweils einen individuellen Warenmix. Hier stehen uns wieder zwei Interpretationen offen. Auf der einen Seite idealisieren wir die Kioske so, dass sie beide nur eine ununterscheidbare Ware anbieten, z. B. dieselben alkoholarmen und alkoholfreien Getränke zum gleichen Flaschenpreis. Dann erscheint es klar, dass preissensible Kundschaft nur beim billigeren Kiosk einkauft. Die andere Argumentation benutzt einen Gesamt- oder Durchschnittspreis oder auch ein Preisniveau, das durch p_1 und p_2 ausgedrückt wird. Diese Argumentation erscheint mit Blick auf das Kioskangebot realistischer. Allerdings ist jetzt weniger klar, warum sich die gesamte Kundschaft mit unterschiedlichen Kaufwünschen für den Kiosk mit den billigeren Preisen entscheiden sollte. Sie sehen, dass die Erweiterung unseres Modells auf zwei Strandkioske erneut Fragen aufwirft, die für die monopolistische Strandperle von Gabi schon geklärt schienen.

Nebenbei haben wir unterstellt, dass die Kundschaft trotz aller Urlaubsgefühle preissensibel ist. Als konsequente Homini oeconomici, was zwar der lateinische Plural ist, aber zur Bezeichnung der Modellvorstellung absolut unüblich, kaufen sie streng beim billigeren Anbieter, vgl. Beispiel 1.3. Da wir wissen, dass Menschen für einige wenige Cent oder kleine Eurobeträge nicht so konsequent handeln, weichen wir diese Annahme im folgenden Abschn. 3.2 wieder auf. Hier diskutieren wir den Fall perfekter Konkurrenz: Die Kundschaft ist absolut preissensibel, und Unterschiede zwischen den beiden Strandperlen sind für die Kundinnen und Kunden nicht erkennbar.

3.1 Zwei perfekt konkurrierende Strandkioske

Der gesamte Umsatz geschieht also zum Preis

$$\bar{p} = \min\{p_1, p_2\}, \tag{3.1}$$

den wir Marktpreis nennen können, denn nur zu diesem Preis wird das abstrahierte Produkt in der Nähe der Strandkioske gehandelt. Gemäß der Preis-Absatz-Funktion $x = x(p)$, für die Gl. 1.34 den einfachsten linearen Vertreter angibt, ist die verkaufte Warenmenge

$$\bar{x} = x(\bar{p}). \tag{3.2}$$

Beide Strandkioske kaufen zum gleichen Preis q beim Großhandel ein, und die Gewinne G_1 und G_2 von Gabi und Heidi sind

$$G_1(p_1, p_2) = \begin{cases} \bar{x} \cdot (\bar{p} - q), & \text{falls } p_1 < p_2, \\ \frac{1}{2}\bar{x} \cdot (\bar{p} - q), & \text{falls } p_1 = p_2, \\ 0, & \text{falls } p_1 > p_2, \end{cases} \tag{3.3}$$

und

$$G_2(p_1, p_2) = \begin{cases} 0, & \text{falls } p_1 < p_2, \\ \frac{1}{2}\bar{x} \cdot (\bar{p} - q), & \text{falls } p_1 = p_2, \\ \bar{x} \cdot (\bar{p} - q), & \text{falls } p_1 > p_2. \end{cases} \tag{3.4}$$

Für gleiche Preise haben wir den Umsatz gerecht zwischen beiden Strandkiosken aufgeteilt, was vermutlich realistisch ist, da sich die Kioske in unserer Abstraktion außer in der Preistafel nicht unterscheiden.

Die beiden Gewinnfunktionen G_1 und G_2 in den Gln. 3.3 und 3.4 hängen von beiden Preisen ab. Wir beachten jedoch, dass Gabi nur den Preis p_1 festlegt und Heidi nur den Preis p_2. Der Preis am jeweils anderen Kiosk erscheint Gabi und Heidi als unbeeinflussbarer, von außen vorgegebener Wert. Wir schließen damit aus, dass Gabi und Heidi sich auf einen Kaffee treffen und ihre Preise absprechen. Der Ausschluss möglicher Preisabsprachen ist Teil der Annahme perfekter Konkurrenz. Wenn Gabi und Heidi sich austauschen und zusammenarbeiten, so handeln sie gemeinsam und nicht mehr jede für sich. Dann konkurrieren sie nicht mehr im wirtschaftstheoretischen Sinne. Angesichts vieler beruflicher Gemeinsamkeiten reden die echte Gabi und die echte Heidi vermutlich miteinander, aber für das Modell der Konkurrenz ist es besser, wenn wir sie uns als spinnefeind vorstellen.

Mit der Überlegung des vorigen Absatzes, was Konkurrenz bedeutet, also mit der Diskussion, wie wir das Wort Konkurrenz in detaillierte Beschreibungen des Tuns von Gabi und Heidi übersetzen, machen wir uns einen wichtigen Schritt des Modellierungsprozesses bewusst. Bei der Wirkung der Feder oder des Dämpfers in Abschn. 1.1.1 erschien es alternativlos, die linearen Zusammenhänge zwischen der Auslenkung und der rücktreibenden Federkraft anzusetzen. Aber schon bei der Räuber-Beute-Beziehung in Abschn. 1.2.1 mussten wir überlegen, wie wir ein Fressereignis in den Schaden für die Beutepopulation und den Nutzen für die Räuberpopulation übersetzen. Bei der wirtschaftlichen Anwendung der beiden Strandkioske ist es noch weniger eindeutig, was das Wort Konkurrenz bedeutet. Im vorigen Absatz haben wir die mikroökonomische Theorie als Grund angegeben, und viele, denen diese Denkweise vertraut ist, würden sagen, dass Gabi und Heidi sich natürlich nicht absprechen dürfen, weil sie sonst ein Kartell oder ein Oligopol bilden würden. Ohne Rückgriff auf die Mikroökonomie könnte man ebenso berechtigt annehmen, dass Gabi und Heidi alles machen dürfen, z. B. Absprachen treffen und sie zum Schaden der anderen brechen oder in vermeintlichen Absprachen über ihre Preise von morgen lügen oder alles andere, was man aus Betrieben mit einem schlechten Arbeitsklima kennt. Sie sehen, dass sich durch andere Interpretationen des Wortes Konkurrenz die Art des Konkurrenzkampfes und damit seine Beschreibung grundlegend ändert. Denken Sie darüber nach, wie sie die beschriebenen Hinterhältigkeiten in die Modellierung einbeziehen würden.

Hier verwenden wir den mikroökonomischen Konkurrenzbegriff und beschränken Gabis und Heidis Tun auf die Änderung der Preise als Reaktion auf das Einkaufsverhalten der Kunden und im Wissen um die aktuelle Preistafel des jeweils anderen Kiosks. Von weiteren Interaktionen von Gabi und Heidi gleich welcher Art abstrahieren wir vollständig.

Nach den Überlegungen aus Abschn. 1.3 müsste Gabi ihren Preis p_1 so verändern, dass ihr Gewinn $G_1(p_1, p_2)$ steigt. Auch Heidi würde versuchen, ihren Gewinn $G_2(p_1, p_2)$ durch die Anpassung des von ihr beeinflussbaren Preises p_2 zu maximieren. Mit Gl. 1.32 hatten wir einen pseudo-transienten Prozess der Preisanpassung vorgeschlagen. Er erhebt zwar keinen Anspruch auf quantitative Wiedergabe der realen Preisanpassung, aber er unterstellt den qualitativ zweifelsfrei richtigen Zusammenhang, dass ein Preis, dessen Erhöhung zu einer Gewinnsteigerung führt, tatsächlich erhöht wird, und umgekehrt. Die Differentialgleichung in Gl. 1.32 zeigte das von uns erwartete Lösungsverhalten.

Beim Versuch, diese Idee noch einmal zu benutzen, taucht aber die Schwierigkeit auf, dass eine kleine Preisänderung des teureren Standkiosks den Gewinn dieses Kiosks nicht verändert. Er ist weiter null. Wenn Heidi den höheren Preis auf ihrer Preistafel hat, kann sie im Gegensatz zur monopolistischen Strandperle aus Abschn. 1.3 die Richtung ihrer Preisanpassung nicht durch kleine Preisaktionen ermitteln. Wir schreiben dies in Formeln auf und nehmen ohne Beschränkung der Allgemeinheit an, dass $p_2 > p_1$ gilt. Dies beschränkt die Allgemeinheit tatsächlich nicht, denn andernfalls könnten wir die Kioske gedanklich vertauschen. Eine kleine Preisänderung $\Delta p_2 < p_2 - p_1$ führt zu $G_2(p_1, p_2 - \Delta p_2) = G_2(p_1, p_2 + \Delta p_2) = G_2(p_1, p_2) = 0$. Der teurere Anbieter muss also aus anderen Quellen erkennen, dass der Preis p_2 gesenkt werden muss, um wieder Gewinn zu machen, und zwar mindestens bis zum Preis p_1 und besser darunter. Natürlich trauen wir Heidi diese Erkenntnis zu, aber sie folgt nicht mehr aus unserem pseudo-transienten Prozess der Preisanpassung in Gl. 1.32. Gleichzeitig kann der billigere Kiosk wie ein Monopolist agieren, denn der gesamte Handel findet über den Kiosk mit dem Preis p_1 statt, solange $p_1 < p_2$ gilt.

Spannend ist die Frage, ob der günstigere Kiosk seinen Preis verändert, während der teurere Kiosk seinen Preis senkt. In Abb. 3.1 sind beide Fälle dargestellt. Auf der linken Seite hält der günstigere Kiosk seinen Preis konstant, und die Preissenkung

3.1 Zwei perfekt konkurrierende Strandkioske

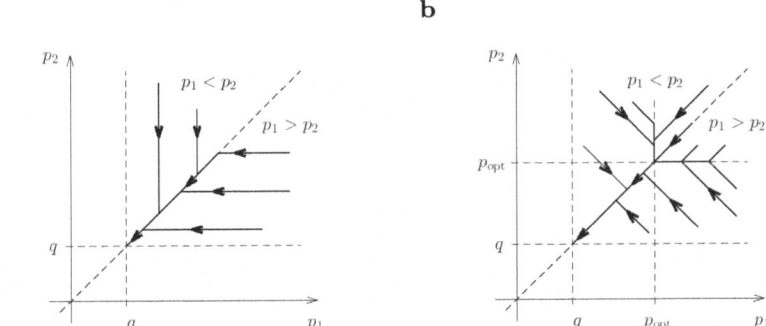

Abb. 3.1 a Phasendiagramm mit Trajektorien ($p_1(t)$, $p_2(t)$) der Preisanpassung bei perfekter Konkurrenz. Der teurere Anbieter senkt den Preis, während der günstigere Anbieter nichts tut, bis beide ihre gleichen Preise gemeinsam bis zu den Kosten q senken. **b** Trajektorien ($p_1(t)$, $p_2(t)$) für den Fall, dass der günstigere Kiosk seinen Preis wie ein Monopolist ändert, während der teurere Kiosk seinen Preis senkt

des teureren Kiosks erkennen wir im (p_1, p_2)-Phasendiagramm als horizontale und vertikale Trajektorien hin zur Diagonale. Abb. 3.1b auf der rechten Seite zeigt die Preisanpassung, die entsteht, wenn der günstigere Kiosk seinen Preis genauso schnell ändert wie der teurere Kiosk, allerdings in die Richtung, in die der Monopolist seinen Preis ändern würde. Beachten Sie, dass dies nicht dasselbe ist wie der pseudotransiente Prozess in Gl. 1.32. Würden wir dies unterstellen, so wären die Trajektorien stärker zur Diagonale hin gekrümmt.

In allen Fällen teilen sich beide Strandperlen den Gesamtgewinn, sobald sie gleiche Preise haben. Jeder einzelne Kiosk verdient mehr, wenn er ein wenig günstiger ist als der andere. Sowohl Gabi als auch Heidi haben einen individuellen Anreiz ihren Preis zu senken. Damit senken sie gemeinsam ihre Preise. Theoretisch geschieht die gemeinsame Preissenkung so lange, wie Gabi und Heidi von ihrem Gewinn leben können. Nehmen wir an, dass der Einkaufspreis die Vergütung für die Arbeit von Gabi und Heidi und für die laufenden Kosten des Kiosks bereits enthält, so senken Gabi und Heidi in ihrem eigenen Interesse ihre Preise bis auf theoretisch q. Im Grenzfall von $p_1 = p_2 = q$ würden Gabi und Heidi nichts verdienen oder – mit der Überlegung, dass q ihr Entgelt schon enthält – nur so viel, wie sie zum Leben brauchen.

Sie zeichnen die zeitlichen Verläufe der Preise $p_1(t)$ und $p_2(t)$ in ein Preis-Zeit-Diagramm, aber seien Sie nicht enttäuscht. Die entstehenden Bilder sind nicht sehr aussagekräftig, und spätestens ab dem Zeitpunkt, an dem erstmals $p_1(t) = p_2(t)$ gilt, langweilig. Probieren Sie außerdem, die Phasendiagramme in Abb. 3.1 für die Situation zu zeichnen, dass die beiden Kioske bei ihren Preisanpassungen unterschiedlich schnell vorgehen. Dadurch ändern die diagonalen Trajektorien der gemeinsamen Preisanpassung ihren Winkel.

Die Folgerung aus unserem Modell der zwei Strandperlen, dass vollständige Konkurrenz zu den minimal möglichen Preisen führt und es so möglich macht, dass die Kundinnen und Kunden die größtmögliche Warenmenge für ihr Geld erhalten, ist die grundsätzliche Verheißung der Marktwirtschaft. Im Einzelhandel mit Standard-Lebensmitteln scheint sie zu stimmen. Die Handelsketten haben sehr geringe Margen auf ihren Umsatz. Und auch mit Strandkiosken wird man nicht reich.

Zum Schluss bemerken wir, dass die Idee des pseudo-transienten Prozesses der Preisanpassung, der zur Differentialgleichung in Gl. 1.32 geführt hatte, so verallgemeinert werden kann, dass auch die Trajektorien mit den Knicken aus Abb. 3.1 als eine Gleichung geschrieben werden können, bei der die Änderung der Preise p_1 und p_2 von den Preisen selbst abhängt. Beispielsweise könnten wir in Anlehnung an die Ableitung der Gewinne nach den Preisen die Richtungen $D_1 = D_1(p_1, p_2)$ und $D_2 = D_2(p_1, p_2)$ einführen, in die die Preise geändert werden. Wie bei den Gl. 3.3 und 3.4 verhalten sich beide Richtungen spiegelsymmetrisch und wir notieren nur D_1. Wir notieren

$$D_1(p_1, p_2) = \begin{cases} -1 & \text{für } p_1 \geq p_2, \\ 0 & \text{für } p_1 < p_2 \text{ oder } p_1 = q \end{cases}$$

für den Fall, dass der billigere Anbieter seinen Preis nicht verändert, während der teurere seinen Preis senkt, vgl. Abb. 3.1a, und

$$D_1(p_1, p_2) = \begin{cases} -1 & \text{für } p_1 \geq p_2 \text{ oder } p_1 > p_{\text{opt}}, \\ 0 & \text{für } p_1 = q, \\ 1 & \text{für } p_1 < p_{\text{opt}} \text{ und } p_1 < p_2 \end{cases}$$

für den Fall, dass der billigere Anbieter in diesen Phasen seinen Preis wie der Monopolist in Richtung des Monopolpreises p_{opt} ändert.

Ohne besonders viel Phantasie kann man $p_1' = kD_1(p_1, p_2)$ und $p_2' = kD_2(p_1, p_2)$ als Differentialgleichungen mit unstetigen rechten Seiten interpretieren. Durch die Wahl von D_1 und D_2 in Anlehnung an realistische Preisanpassungsprozesse ist die Lösung dennoch eindeutig und zweifelsfrei lesbar. Der Parameter k enthält wieder die Geschwindigkeit, mit der der pseudo-transiente Prozess verläuft. Mit dieser Notation fällt es Ihnen sicher leicht, über unterschiedlich schnelle Reaktionen von Gabi und Heidi, also über die Auswirkung von unterschiedlichen k_1 und k_2 nachzudenken.

Alternativ könnte man zeitdiskrete Systeme verwenden, bei denen die Preise in Schritten angepasst werden. Damit wird die Beschreibung mit Blick auf die kleinsten verwendeten Geldstücke realistischer. An einem Strandkiosk finden Sie meistens Preise, die auf glatte Zehn-Cent-Beträge enden. Erfinden Sie eine Preisanpassung in Schritten zu zehn Cent, und mit dem Konkurrenzmodell ist es besonders einfach. Drücken Sie dazu den neuen Preis p_1^{neu} nach einer Preisänderung durch den vorigen Preis p_1^{alt} und die Richtung des Preisschritts D_1 aus – und natürlich für den zweiten Kiosk entsprechend.

3.2 Zwei etwas realistischere Strandkioske

Wir kennen jetzt Gabis Strandperle als Monopol und zwei perfekt konkurrierende Strandperlen von Gabi und Heidi. Beide Modelle benutzen Abstraktionen und vereinfachte Beschreibungen von Wirkmechanismen, die wir nicht vollständig kennen oder für die wir zumindest keine quantitative Beschreibung haben. Trotzdem führten sie auf interessante Fragestellungen, und wir können den Eindruck haben, dass sie die Preisanpassung eines Monopolisten wie auch die Preisanpassung bei perfekter Konkurrenz erklären. Besonders schön ist die Tatsache, dass sich die beiden Modelle in Abschn. 1.3 und im vorigen Abschn. 3.2 auf dieselbe Grundidee des Homo oeconomicus stützen. Diese Grundidee oder dieses Grundprinzip wirkt fast wie ein Naturgesetz, auf das sich die Mikroökonomie stützt. Die Unterschiede der Modelle ergeben sich aus der Anzahl der Strandkioske, und alles andere, einschließlich der sehr unterschiedlichen Preisanpassung folgt aus diesem kleinen zahlenmäßigen Unterschied.

Hier setzen wir die Modellierung fort und weichen die perfekte Konkurrenz etwas auf. Wir können von einer imperfekten Konkurrenz sprechen. Wir nehmen also an, dass die Kundinnen und Kunden nicht als perfekte Homo oeconomicus agieren, sondern kleine Preisunterschiede zwischen Gabis und Heidis Strandperle weniger bedeutend finden als größere. Wir stellen uns vor, dass angesichts des Warenmixes, der Form der Terrasse vor dem Kiosk oder anderer kleiner nichtfinanzieller Einflüsse der teurere Kiosk trotzdem etwas verkaufen kann. Allerdings wird sein Anteil an der gesamten verkauften Warenmenge immer kleiner, je größer der Preisunterschied ist.

Sie finden dieses Verhalten in der Realität wieder. Wenn Sie nur sehr wenig kaufen wollen oder müssen, beispielsweise weil Sie ein Produkt bei Ihrem Wochenendeinkauf vergessen haben, so sind Sie vermutlich bereit, im nahegelegenen kleinen Laden etwas mehr Geld für das vergessene Produkt auszugeben. Je größer aber der Preisaufschlag ist, umso geringer ist Ihre Bereitschaft, das Produkt erneut dort zu kaufen.

Einerseits können wir ein Modell, das die Aufteilung der gesamten verkauften Warenmenge in Abhängigkeit von einer mittleren Preisdifferenz berücksichtigt, als realistisch empfinden. Das Modell enthält einen zusätzlichen Mechanismus, nämlich den der Aufteilung bei imperfekter Konkurrenz. Andererseits sind keine Aussagen verfügbar, wie die Warenmenge aufgeteilt wird. Es ist auch bei einigem Nachdenken schwierig, sich eine experimentelle Studie vorzustellen, die diesen Mechanismus quantifiziert. Damit erscheint das Modell, das einen Zusammenhang verwendet, den wir nicht genau kennen, weniger realistisch. Sie sehen, dass die Frage, wie realistisch ein Modell ist, zwiespältig ist. Eine Landkarte im Maßstab 1:1 ist möglicherweise realistisch, aber gleichzeitig und in mehrerlei Hinsicht völlig absurd.

Wir probieren es aus und schauen, was wir herausbekommen. Gabis Preis ist p_1, und Heidis Preis ist p_2. Wir brauchen eine Vorschrift, wie sich die gesamte gekaufte Warenmenge, die wir wieder mit $\bar{x}$ bezeichnen, auf die Strandperlen verteilt, auch wenn wir nicht genau wissen, wie es wirklich funktioniert. An einer solchen Stelle sind Ideen gefragt, und wir machen uns noch einmal bewusst, dass wir die Ideen aus den uns bekannten mathematischen Grundlagen ziehen. Je mehr wir wissen, umso eher finden wir eine gute Idee. Hier schlagen wir eine gewichtete Aufteilung vor, sodass sich die Warenmengen x_1 und x_2 mit $x_1 + x_2 = \bar{x}$ ergänzen. Auf dem kleineren Preis soll das höhere Gewicht liegen. Wir wählen eine streng monoton fallende Funktion $w = w(p)$ und bilden die Gewichte

$$w_1 = w(p_1) \text{ und } w_2 = w(p_2). \tag{3.5}$$

Sie erfüllen nun $w_1 > w_2$ für $p_1 < p_2$. Für gleiche Preise $p_1 = p_2$ erhalten wir gleiche Gewichte $w_1 = w_2$. Das passt dazu, dass es bei gleichen Preisen der Kundschaft egal ist, ob sie bei Heidi oder bei Gabi kauft. Es entsteht

$$x_1 = \frac{w_1 \bar{x}}{w_1 + w_2} \text{ und } x_2 = \frac{w_2 \bar{x}}{w_1 + w_2}. \tag{3.6}$$

Denken Sie über die Verbindung zum Schwerpunkt zweier Massepunkte nach. Bevor wir weitergehen, prüfen wir, ob Gl. 3.6 mit einer streng monoton fallenden Funktion $w = w(p)$ die gewünschten Eigenschaften hat. In der Tat ergänzen sich $x_1 + x_2 = \bar{x}$, und für festes $\bar{x}$ und festes p_2 gilt: Steigt p_1, so verkleinert sich w_1, und x_1 sinkt. Folglich steigt dann x_2, und alle Eigenschaften, die wir uns gewünscht haben, gelten tatsächlich.

Nun wählen wir die streng monoton fallende Gewichtsfunktion beispielsweise als $w(p) = e^{-\nu p}$ mit dem Parameter ν. Sie ist einfach zu berechnen und für alle p auswertbar. Da wir keinerlei Anhaltspunkte für eine korrekte Gewichtsfunktion haben, die darüber hinausgehen, dass w monoton fallend ist, weil beim teureren Anbieter weniger Nachfrage ist, nennen wir ein solches Modell ein phänomenologisches Modell. Es bildet das Phänomen qualitativ richtig ab, erhebt aber keinen Anspruch auf quantitative Übereinstimmung mit der Wirklichkeit. Den Parameter ν interpretieren wir als Nähe der Kundinnen und Kunden zum perfekten Homo oeconomicus oder als Preissensibilität. Je größer ν, desto stärker werden Preisunterschiede bestraft. In der Tat gilt der Grenzübergang

$$\lim_{\nu \to \infty} x_1 = \lim_{\nu \to \infty} \frac{e^{-\nu p_1} \bar{x}}{e^{-\nu p_1} + e^{-\nu p_2}} = \begin{cases} \bar{x} & \text{für } p_1 < p_2, \\ \frac{1}{2}\bar{x} & \text{für } p_1 = p_2, \\ 0 & \text{für } p_1 > p_2. \end{cases}$$

Für immer preissensiblere Kundinnen und Kunden geht die imperfekte Konkurrenz in die perfekte Konkurrenz aus Abschn. 3.1 über. Eine schöne Eigenschaft. Denken Sie darüber nach, welche anderen Eigenschaften die gewählte Gewichtsfunktion mit sich bringt. Beispielsweise wird ein relativer Preisunterschied mit diesem Faktor immer gleich stark bestraft. Allerdings liegt die Vermutung nahe, dass der absolute Preisunterschied bei höheren Preisen eine wichtige Rolle spielt. Eine 5 % teurere Fassbrause würden Sie möglicherweise kaufen, ohne mit der Wimper zu zucken, aber ein 5 % teureres Auto könnte Sie zum Nachdenken bringen. Finden Sie andere Gewichtsfunktionen w. Für unsere Strandkioske wollen wir es bei der fallenden Exponentialfunktion belassen.

3.2 Zwei etwas realistischere Strandkioske

Der Durchschnittspreis der gehandelten Waren ist nun

$$\bar{p} = \frac{x_1 p_1 + x_2 p_2}{x_1 + x_2} = \frac{w_1 p_1 + w_2 p_2}{w_1 + w_2}, \quad (3.7)$$

womit wir wieder an den Schwerpunkt zweier Massepunkte erinnert werden. Der durchschnittliche Preis $\bar{p}$ hat den Namen Marktpreis insbesondere dann verdient, wenn die Preise p_1 und p_2 nicht zu sehr voneinander abweichen. Falls doch, haben wir bereits nachgewiesen, dass fast der gesamte Handel zum niedrigeren Preis geschieht. Es wäre ebenfalls gerechtfertigt, den deutlich niedrigeren Preis den Marktpreis zu nennen.

Jetzt fragen wir uns, wie wir die gesamt verkaufte Warenmenge $\bar{x}$ in Formeln fassen. Einerseits können wir aus den Preisen p_1 und p_2 oder aus dem Marktpreis $\bar{p}$ die verkaufte Warenmenge gemäß der unterstellten Preis-Absatz-Funktion, die auch in Gl. 3.2 benutzt wurde, ausrechnen. Andererseits sollten wir vorsichtig sein, weil wir gleich zu Anfang der Überlegungen dieses Abschnitts die gesamte Warenmenge $\bar{x}$ verwendet haben, um sie in Gl. 3.6 aufzuteilen. Allgemein gesprochen haben wir eine Größe, nämlich $\bar{x}$, erst benutzt, um andere Werte auszurechnen, nämlich hier die Anteile x_1 und x_2 und schließlich den Marktpreis. Und dann benutzen wir die ausgerechneten Werte, um die ursprüngliche Größe zu spezifizieren. Das riecht nach einem Zirkelschluss, und davor sollten wir uns hüten. Hier wurden jedoch keinerlei Eigenschaften von $\bar{x}$ verwendet. Die Größe von $\bar{x}$ war für die Aufteilung unerheblich. Wir hätten ebenso gut die feste Warenmenge 1 aufteilen können und hätten die gefährliche Nähe zu einem Zirkelschluss vermieden.

Nun stehen uns zwei Argumentationen für die gesamte Warenmenge offen. Zum einen nutzen wir Gl. 3.6 und erhalten $\bar{x} = x(\bar{p})$. Zum anderen sehen wir, dass zum Preis p_1 die Warenmenge $x(p_1)$ und zum Preis p_2 die Warenmenge $x(p_2)$ verkauft würde, wenn für alle nur einer der Preise p_1 oder p_2 gültig wäre. Die Kundschaft teilt sich jedoch im Verhältnis $w_1 : w_2$ auf die beiden Preise auf, und die gesamte verkaufte Warenmenge ist das gewichtete Mittel

$$\bar{x} = \frac{w_1 x(p_1) + w_2 x(p_2)}{w_1 + w_2}. \quad (3.8)$$

Sie prüfen bestimmt, dass für eine lineare Preis-Absatz-Funktion wie in Gl. 1.34 dasselbe herauskommt, und wir sorglos $\bar{x} = x(\bar{p})$ verwenden können. Für allgemeinere Preis-Absatz-Funktionen muss dies nicht gelten, und Gl. 3.8 ist die vernünftigere Wahl.

Wir prüfen, ob wir einen Weg durch unseren Gleichungsdschungel finden: Für gegebene Preise p_1 und p_2 auf den Preistafeln von Gabis und Heidis Strandperle berechnen wir mit Gl. 3.5 und der gewählten monoton fallenden Funktion $w = w(p)$ die Gewichte w_1 und w_2. Mit der Preis-Absatz-Funktion $x = x(p)$ und Gl. 3.8 bestimmen wir die insgesamt verkaufte Warenmenge $\bar{x}$. Schließlich nutzen wir Gl. 3.6, um die Warenmengen x_1 und x_2 auszurechnen, die Gabi und Heidi in unserem Modell verkaufen. Wir haben unsere Gleichungen also so aufgestellt, dass wir aus den Preisen p_1 und p_2 eindeutig auf die Warenmengen $x_1 = x_1(p_1, p_2)$ und

$x_2 = x_2(p_1, p_2)$ kommen. Das ist ein schöner Erfolg, aber bitte beachten Sie, dass die technische Anwendbarkeit der Gleichungen nichts darüber aussagt, wie nahe diese Zahlenwerte der Wirklichkeit sind. Sie verhalten sich lediglich qualitativ oder phänomenologisch richtig, und dies ist nur eine schwache Bedingung für ihre Aussagekraft.

Mit dem Umsatz und der jeweiligen Gewinnspanne geben wir den Gewinn von Gabi und Heidi in

$$G_1(p_1, p_2) = x_1(p_1 - q) \quad \text{und} \quad G_2(p_1, p_2) = x_2(p_2 - q) \qquad (3.9)$$

an, vgl. 1.30, und die Gewinne G_1 und G_2 hängen beliebig oft differenzierbar von den Preisen p_1 und p_2 ab. Wir formulieren unter Verwendung derselben Ideen wie in Abschn. 1.3 den pseudo-transienten Preisanpassungsprozess

$$p_1'(t) = k_1 \frac{\partial}{\partial p_1} G_1(p_1(t), p_2(t)) \quad \text{und} \quad p_2'(t) = k_2 \frac{\partial}{\partial p_2} G_2(p_1(t), p_2(t)). \qquad (3.10)$$

Die Verwendung der partiellen Ableitungen ergibt sich daraus, dass jeder Kiosk nur seinen eigenen Preis ändern kann. Wenn also Preisaktionen ergeben, dass G_1 mit wachsendem p_1 steigt, so wird Gabi versuchen, ihren Preis p_1 zu erhöhen. Gleichzeitig tut Heidi dies mit ihrem Preis p_2, und die Trajektorien $(p_1(t), p_2(t)) \in \mathbb{R}^2$ sehen Sie in Abb. 3.2.

Bei preissensiblen Kundinnen und Kunden ergeben sich Trajektorien, die mit $\nu \to \infty$ immer stärker denen in Abb. 3.1 zur perfekten Konkurrenz ähneln. Das hatten wir erwartet. Für weniger preissensible Kundinnen und Kunden finden wir eine überraschende Situation. Wenn Gabi ihre Preise erhöht, kaufen zwar etwas weniger Leute bei ihr ein, aber es sind nicht viel weniger, und ihr Gewinn steigt. Allerdings zieht Heidi nach, die zugewonnenen Kundinnen und Kunden wechseln wieder, aber auch für Heidi hat die Preiserhöhung mehr Einfluss auf ihren Gewinn als

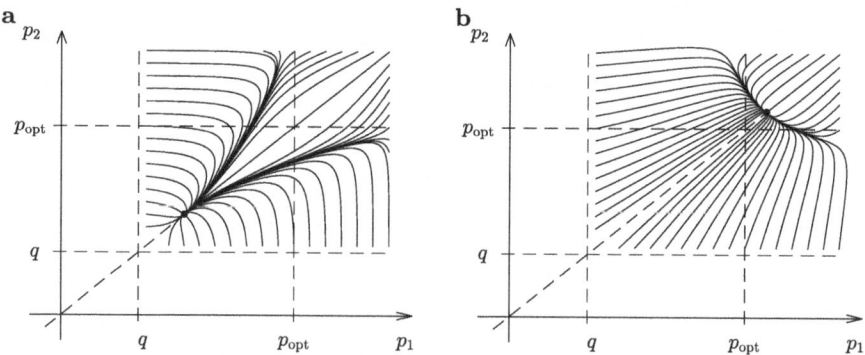

Abb. 3.2 a Trajektorien $(p_1(t), p_2(t))$ der Preisanpassung bei imperfekter Konkurrenz und preissensibler Kundschaft mit $\nu = 3$. Der teurere Anbieter senkt den Preis, bis der günstigere Anbieter mitziehen muss, und beide gemeinsam bei einem Preis oberhalb von q enden. **b** Trajektorien $(p_1(t), p_2(t))$ für preisunsensible Kundinnen und Kunden mit $\nu = 0.3$. Es kann passieren, dass der Marktpreis (Punkt) über den Monopolpreis steigt

der kleine Verlust der Kundschaft. Für Gabi und für Heidi erscheint die Preiserhöhung individuell vorteilhaft, und ohne Absprache oder Kartell steigen die Preise über den Monopolpreis p_{opt} hinaus. Dies haben sie der Kundschaft zu verdanken, die zu faul ist, den günstigeren Preis zu ermitteln. Letztlich geht dies zu Lasten aller. Die Kundinnen und Kunden bekommen weniger für ihr Geld, der Gesamtumsatz sinkt, und Gabi und Heidi teilen sich einen Gewinn, der kleiner als der des Monopolisten ist.

Die beschriebene Situation ist das glatte Gegenteil der Verheißung der Marktwirtschaft. Sie ist zum Schaden aller. Das will keiner. Vielleicht denken Sie jetzt, dass die Kundinnen und Kunden selten zu faul oder zu unfähig sind, die Preise zu vergleichen. Im Allgemeinen haben Sie recht. Aber in beliebten Ferienregionen, in denen die Unterkünfte teuer sind, weil sie rar sind, schauen die Menschen, die dort Urlaub machen, nicht auf die kleinen Preisunterschiede der Restaurants. Es zählt eher das Erlebnis als der Preis. Oft sind die Urlauberinnen und Urlauber sogar froh, überhaupt einen Tisch in einem Restaurant bekommen zu haben und bezahlen, ohne mit der Wimper zu zucken, Preise, über die sie sich zu Hause aufregen würden. Sie haben aus ihrer Sicht auch keine andere Wahl, als preisunsensibel zu sein. Als Entschuldigung vor sich selbst, sagen sie sich vielleicht, dass der Urlaub ohnehin teuer ist und dass sie sich von dem hohen Preis nicht die Urlaubsstimmung verhageln lassen wollen. Mit unserem Modell der unvollständigen Konkurrenz können wir diese Beobachtung qualitativ nachvollziehen.

Beachten Sie im Rückblick bitte, dass die hier vorgestellten Überlegungen Vorschläge sind und keinesfalls alternativlos. Natürlich ist es schwierig, sich andere Beschreibungen auszudenken, wenn man einmal eine funktionierende kennt. Probieren Sie es trotzdem. Oder versuchen Sie, das Modell zur Preisbildung von Gabis und Heidis Strandperlen um andere Mechanismen zu erweitern. Nur Mut, es macht Spaß.

Neben der Erweiterung der Modelle zu den Strandperlen empfehlen wir Ihnen im nächsten Abschnitt einige Anwendungen. Suchen Sie Modelle und modellhafte Beschreibungen für die Anwendungen. Durch eigenes Probieren und Nachdenken über Anwendungen, für es noch keine Modelle gibt, lernt man das mathematische Modellieren. Sie schaffen es.

3.3 Modellierungsaufgaben für Sie

In Kap. 1 haben Sie kleine Modellierungsaufgaben im Text gefunden. Hier beschreiben wir sechs Anwendungen, an denen Sie das Modellieren üben. Sie sind so ausgewählt, dass unterschiedliche Modelle und unterschiedliche Techniken anwendbar sind. Bei den ersten Aufgaben werden Sie weniger Spielraum empfinden, doch bei den späteren ist es zu Beginn immer weniger deutlich, welche Modelle entstehen können. Insbesondere gibt es keine besten oder etablierten Modelle wie für den Federschwinger in Abschn. 1.1.1 oder das Räuber-Beute-System in Abschn. 1.2.1. Sie sind gefragt. Entwickeln Sie Modelle, und schreiben Sie Modellgleichungen auf. Denken Sie darüber nach, wie sich die Lösungen Ihrer Modellgleichungen verhalten. Erstellen Sie Simulationen und prüfen Sie, ob Ihre Gleichungen die erwarteten Lösungen haben. Vielleicht entdecken Sie etwas Überraschendes.

3.3.1 Mensch ärger Dich nicht

Das Brettspiel „Mensch ärger Dich nicht" hat einfache Regeln, die kleine Kinder verstehen. Diese Regeln ähneln Befehlen eines Computer-Programms. Man würfelt, und in vielen Fällen hat man keine Auswahl, sondern man ist verpflichtet, genau die eine mögliche Figur zu setzen. Aber in einigen Fällen hat der Spieler oder die Spielerin die Wahl zwischen mehreren Spielfiguren, die gesetzt werden können. Diese wenigen Momente sind die, bei denen der Mensch oder vielmehr seine Spielstrategie das Spielgeschehen beeinflusst. Mit einem Computer-Programm könnten wir versuchen herauszufinden, wie erfolgsträchtig eine Spielstrategie ist.

Dazu programmieren wir das Brettspiel und vier virtuelle Spielparteien. Eine Variante besteht darin, die Spielfelder des Ringweges von Nr. 1 bis Nr. 40 zu nummerieren. Die erste Spielpartei setzt zum Feld Nr. 1 hinaus, die zweite zum Feld Nr. 11 usw. Eine Spielsituation beschreiben wir durch die sechzehn Positionen der jeweils vier Figuren der vier Spielparteien, z. B. durch die Variablen $A_1, \ldots, A_4$ für die erste Spielpartei bis $D_1 \ldots, D_4$ für die vierte Spielpartei. Jede dieser Variablen kann die Werte 1 bis 40 für die vierzig Felder des Ringweges annehmen, den Wert 0 für das Ausgangsfeld und die Werte 41 bis 44 für die jeweiligen Zielfelder der Spielpartei.

Eine zulässige Spielsituation, bei der auf jedem Feld des Ringweges und der Zielfelder nur eine Figur steht, ist eine Belegung der sechzehn Variablen $A_1, \ldots, D_4$ mit den Feldern. Dabei darf jedes Feld 1 bis 40 des Ringwegs nur einmal vorkommen. Die Felder 41 bis 44 dürfen innerhalb einer Partei nur einmal vorkommen. Nur die Nr. 0 für das Ausgangsfeld darf beliebig oft auftreten.

Jetzt brauchen Sie einen virtuellen Würfel. Meistens steht ein Befehl zur Verfügung, der eine gleichverteilte Pseudo-Zufallszahl auf den natürlichen Zahlen – in diesem Fall von 1 bis 6 – ausgibt. Das ist der Würfel. Gibt es in der von Ihnen bevorzugten Programmierumgebung nur eine gleichverteilte Gleitkomma-Pseudozufallszahl im Intervall $z \in [0, 1]$, so liefert das aufgerundete Sechsfache $\lceil 6z \rceil$ den virtuellen Würfel mit gleichwahrscheinlichen 1 bis 6. Sollte $\lceil 6z \rceil$ tatsächlich null sein, so würfeln Sie noch einmal.

Einen Teil der Spielregeln setzen Sie jetzt in die Bestimmung der zulässigen Spielzüge um, und das ist die eigentliche Modellierungsaufgabe. Tatsächlich probiert das Programm vermutlich aus, ob die entstehende Spielsituation beim Bewegen einer Figur der Spielpartei, die am Zug ist, immer noch zulässig ist, d. h. dass keine zwei Figuren auf einem Feld stehen, ggf. in den Zielfeldern keine Figur übersprungen wird usw. Versuchen Sie vor der Umsetzung im Programm die Spielregeln als Belegung der Variablen $A_1, \ldots, D_4$ zu formulieren, und die Implementierung vereinfacht sich deutlich.

Die Spielstrategie äußert sich darin, welcher der zulässigen Züge ausgewählt wird. Eine Strategie könnte darin bestehen, von den fremden Figuren, die man schlagen kann, die am weitesten fortgeschrittene Figur zu schlagen. Keine Sorge, Ihr Computer-Programm wird sich nicht ärgern. Eine andere Strategie könnte darin bestehen, die am weitesten fortgeschrittene eigene Figur zu befördern – sozusagen die positive Variante der zerstörerischen ersten Strategie. Als dritte Strategie könnte man versuchen, die eigenen Figuren möglichst weit weg von den fremden Figuren zu platzieren, auf dass sie möglichst nicht geschlagen würden. Ihnen fallen sicher noch mehr Strategien ein.

Wenn nun drei Spielparteien einen zufälligen der zulässigen Züge wählen und die vierte Spielpartei eine der genannten Strategien verfolgt, kann das Computerprogramm durch eine Simulation sehr vieler Spiele ermitteln, wie viel häufiger oder seltener die vierte Spielpartei gewinnt. Damit wird ermittelt, ob die Strategie eher erfolgversprechend ist oder zu mehr Niederlagen führt. Natürlich probiert das Programm nur eine endliche Anzahl Spiele aus, aber es ist schnell. Sie können das Programm tausend oder zehntausend Spiele durchspielen lassen und mitzählen, welche Spielpartei wie oft gewinnt.

Eine solche Simulation, bei der eine große Stichprobe von möglichen Spielen durchgespielt wird, nennt man Monte-Carlo-Simulation. Der Name kommt von der Idee, dass jemand die Gewinnchance eines Chips auf Rot beim Roulette nicht durch theoretische Überlegungen als 18 : 37, also 48,65 %, ermittelt, sondern indem er eine Stichprobe von vielen Chips auf Rot am Roulette-Tisch spielt und zählt, wie oft er gewinnt. Das tut die Monte-Carlo-Simulation, eben nur virtuell. Ach so, Monte Carlo ist ein 28 Hektar großer Stadtbezirk von Monaco, in dem das berühmte und traditionsreiche Spielcasino steht.

Später können Sie untersuchen, ob derjenige, der die erste Figur setzen darf, einen Vorteil hat, ob die Erfolgsaussichten der Spielstrategien sich ändern, wenn drei Parteien „Mensch ärger Dich nicht" spielen, oder ob die Gewinnwahrscheinlichkeit mit der Anzahl der Sechsen korreliert, die eine Spielpartei würfelt. Sicher fallen Ihnen noch mehr Thesen ein, die Sie prüfen und ergründen können.

3.3.2 Kind auf der Schaukel

Eine Schaukel, wie Sie sie von Kinderspielplätzen kennen, führt auf die Bewegungsgleichung des Pendels, die der des Federschwingers in Gl. 1.6 sehr ähnlich ist. Wenn Sie die Auslenkung der Schaukel aus der Vertikalen mit dem Winkel $\varphi = \varphi(t)$ beschreiben, kommen Sie im ungedämpften Fall auf die nichtlineare Differentialgleichung

$$\ell \varphi'' = -g \sin \varphi \quad \text{oder} \quad \Theta \varphi'' = -mg \cdot \ell \sin \varphi$$

mit der Fallbeschleunigung g, der Länge ℓ der Schaukel und dem Trägheitsmoment $\Theta = m\ell^2$ mit der Masse m. Auf der rechten Seite der zweiten Form der Differentialgleichung steht das rücktreibende Drehmoment als Produkt aus der Schwerkraft $-mg$ und dem Hebelarm $\ell \sin \varphi$. Machen Sie wie immer eine Skizze.

Ergänzt um eine Dämpfung D, die der Winkelgeschwindigkeit φ' entgegenwirkt, und um ein eingeprägtes Drehmoment $M(t) = \ell p(t)$ mit der Kraft $p(t)$ orthogonal zum Radius entsteht die Bewegungsgleichung

$$\Theta \varphi'' + D\varphi' + mg\ell \sin \varphi = M(t). \qquad (3.11)$$

in der Sie die Analogie zu Gl. 1.6 erkennen. Überprüfen Sie die Einheiten der auftretenden Größen.

Die hiesige Modellierungsaufgabe besteht darin, eine realistische Beschreibung für das Drehmoment $M = M(t)$ zu finden, die das Anstupsen der Schaukel durch ein Elternteil modelliert. Das Elternteil, das dem schaukelnden Kind jeweils einen kleinen Stups gibt, damit die Schaukel immer höher und höher fliegt, steht auf einer Seite, z. B. beim negativen φ, und bringt das Drehmoment immer dann auf, wenn die Schaukel gerade wieder in die andere Richtung beschleunigt, also wenn φ' positiv aber klein ist und wenn gleichzeitig φ negativ ist. Zusätzlich ist der Stups wohldosiert, die zugefügte Energie ist also jeweils klein und immer ähnlich groß.

Schreiben Sie ein kleines Simulationsprogramm, und probieren Sie aus, wie hoch die Schaukel wird. Ab einer gewissen Schaukelhöhe wird die zugeführte Energie durch die Dämpfung wieder vollständig dissipiert.

3.3.3 Kiste auf dem Schlitten

Erstellen Sie ein Modell für den Versuch, eine Getränkekiste auf einem Schlitten zu transportieren. Denken Sie dabei an die Möglichkeit, den Schlitten so vorsichtig zu ziehen, dass die Kiste, die ohne Befestigung auf dem Schlitten steht, auch auf dem Schlitten liegen bleibt. Berücksichtigen Sie auch das weniger empfehlenswerte Szenario, dass ein kräftiger Ruck am Zugseil die Getränkekiste hinter dem Schlitten in den Schnee fallen lässt.

Beginnen Sie mit einer Skizze, in der Sie ähnlich wie beim Federschwinger in Abb. 1.1 den Schlitten und die Kiste durch zwei Rechtecke darstellen, die sie als Massepunkte mit den Massen m_1 und m_2 interpretieren. Der Schlitten steht auf der ebenen Schneeunterlage, und die Getränkekiste steht auf dem Schlitten. Die eindimensionalen Ortskoordinaten der Massepunkte bezeichnen wir mit $y_1 \in \mathbb{R}$ und $y_2 \in \mathbb{R}$.

Als Nächstes beschäftigen wir uns mit den wirkenden Kräften. Zuerst ziehen Sie mit der Kraft p am Zugseil und zwar ohne Beschränkung der Allgemeinheit in positive Richtung. Es gilt also $p > 0$. Dann wirkt zwischen dem Schlitten und dem Schnee eine Reibkraft F_1, die der Bewegung des Schlittens entgegenwirkt, ihn also bremst, d. h. $F_1 < 0$ für $y_1' > 0$. Schließlich wirkt zwischen dem Schlitten und der Kiste eine Reibkraft F_2. Wenn Sie am Schlitten ziehen, so wird auch die Kiste nach vorn beschleunigt, also wirkt in diesem Fall eine positive Kraft auf die Kiste. Gleichzeitig wirkt die Gegenkraft $-F_2$ auf den Schlitten. Das passt dazu, dass es schwerer ist, einen Schlitten mit einer Getränkekiste darauf zu ziehen als ohne. Sie sehen, dass wir mit dem Zusammentragen der Kräfte die Vorzeichen der Kräfte geprüft haben.

3.3 Modellierungsaufgaben für Sie

Wir erhalten die Bewegungsgleichungen

$$m_1 y_1'' = p + F_1 - F_2,$$
$$m_2 y_2'' = F_2, \qquad (3.12)$$

und beim ruhigen Ziehen mit $p > 0$ gilt $y_1' > 0$ und $y_2' > 0$ sowie $F_1 < 0$ und $F_2 > 0$. Die Reibung zwischen Schlitten und Kiste überträgt die Zugkraft auf die Kiste, aber die Reibung zwischen dem Schlitten und dem Schnee bremst das Gefährt.

Die spannende Frage besteht nun darin, wovon die Reibkräfte F_1 und F_2 abhängen. Es scheint einleuchtend, dass sie proportional zur Kraft sind, mit der die Körper aneinandergepresst werden, also $F_2 \sim m_2 g$ mit der Fallbeschleunigung $g \approx 9.81\,\text{m/s}^2$ und $F_1 \sim (m_1 + m_2)g$, weil Kiste und Schlitten auf den Schnee drücken. Der Proportionalitätsfaktor zwischen der Aufstandskraft und der Reibkraft heißt Reibkoeffizient μ, und er hängt – natürlich unter anderem – von der Geschwindigkeit ab, mit der sich die beiden Körper gegeneinander bewegen. Es gilt also $\mu_1 = \mu_1(y_1')$ und $\mu_2 = \mu_2(y_2' - y_1')$, weil die Differenz $s = y_2' - y_1'$ die Relativgeschwindigkeit der Kiste zum Schlitten ist, die in technischen Anwendungen Schlupf genannt wird. Der Schlupf zwischen dem Schlitten und der unbewegten Schneeunterlage ist gerade y_1', sodass wir diese Bezeichnung weiter verwenden. Die Reibkraft wirkt dem Schlupf entgegen, und es gilt $F_2 = -\mu_2(s)m_2 g$ und $F_1 = -\mu_1(y_1')(m_1 + m_2)g$.

Nun ist nur noch die Frage offen, wie die Reibkoeffizienten vom Schlupf abhängen. Unter den Phänomenen der klassischen Physik ist die Reibung zwischen zwei Körpern bis heute eines der am wenigsten gut verstandenen. Es gibt keine geschlossene Theorie der Reibung, aber es gibt einige Ansätze. Sie könnten sich mit Reibgesetzen beschäftigen, oder Sie können ein paar Plausibilitätsüberlegungen anstellen.

Zuerst fällt auf, dass die beiden Reibphänomene unterschiedlich sind. Der Schlitten gleitet auf Schnee. Das Gleiten auf nicht zu kaltem Schnee oder Eis beruht darauf, dass eine kleine Schicht Schnee unter dem Schlitten für einen kurzen Moment schmilzt und die Kufen auf dem Wasserfilm gleiten. Der Wasserfilm wirkt als Schmiermittel, und es klingt plausibel, dass die Reibkraft mit der Relativgeschwindigkeit wächst. Aus dieser Überlegung stammt die konstitutive Gleichung für geschmierte Reibung $\mu(y_1') = \mu_R y_1'$ mit $\mu_R > 0$, welche auch für Rollreibung verwendet wird. Übrigens findet sich die Proportionalität $\mu_1 \sim y_1'$ in experimentellen Untersuchungen nur näherungsweise wieder, und andere Zusammenhänge in der konstitutiven Gleichung, z.B. gesättigte Kurven, wären ebenso begründbar.

Die Reibung zwischen der Kiste und dem Schlitten ist von anderer Natur, denn üblicherweise ist die Kontaktfläche nicht geschmiert. Wenn wir uns kurz vorstellen, dass der Schlitten und die Unterseite der Kiste eingeölt wären und wir dieselbe lineare konstitutive Gleichung zwischen μ_2 und s verwenden würden, dann müsste $s < 0$ sein, um ein positives F_2 zu erhalten, welches auch die Kiste beschleunigt. Allerdings bedeutet ein Schlupf $s < 0$, dass sich die Getränkekiste langsamer bewegt als der Schlitten. Bei einem solchen Reibgesetz würde die Kiste nach hinten gleiten und zwar unabhängig davon, wie sanftmütig wir am Zugseil ziehen. Dieses Modell würde ein unrealistisches Verhalten liefern.

Zur Modellierung der trockenen Reibung zwischen Schlitten und Kiste können wir das Coulombsche Reibgesetz verwenden, das zwischen Haft- und Gleitreibung unterscheidet. Im Fall des Haftens, also für $s = 0$, nimmt $\mu_2(s)$ einen Wert aus dem Intervall $[-\mu_H, \mu_H]$ mit dem Haftreibungskoeffizienten μ_H an. Im Falle des Gleitens ist $\mu_2(s) = \mu_G \operatorname{sgn} s$ im Betrag gleich dem Gleitreibungskoeffizienten μ_G, zeigt aber dem Schlupf entgegen. Die Beschreibung von Reibphänomenen hat uns schon bei den ersten Schritten auf einen komplizierten Zusammenhang zwischen dem Schlupf und den möglichen Reibkräften geführt, der nicht einmal ein funktionaler Zusammenhang ist.

Der Gewinn aus der Verwendung des relativ komplizierten Coulombschen Reibgesetzes liegt darin, dass Gl. 3.12 Lösungen mit $y_1' = y_2'$ hat, bei denen die Kiste auf dem Schlitten stehen bleibt. Die Addition beider Bewegungsgleichungen liefert wegen $y_1'' = y_2''$ dann $(m_1 + m_2)y_1'' = p + F_1$. Am Zugseil muss die Kraft aufgebracht werden, um beide Massen zu beschleunigen. Solange die Trägheitskraft $m_2 y_2''$ der Kiste im Betrag kleiner ist als die maximale Haftreibungskraft $\mu_H m_2 g$, d.h. $|y_2''| < \mu_H g$, bleibt die Kiste ohne Schlupf auf dem Schlitten liegen. Wenden Sie dagegen eine Kraft auf, die zu einer größeren Beschleunigung y_2'' führen müsste, so gleitet die Kiste und fällt vom Schlitten.

Damit haben Sie alles zusammengetragen, um die Bewegungsgleichungen in Gl. 3.12 numerisch lösen zu können, selbst wenn die trockene Reibung sicher noch etwas Nachdenken erfordert. Als Letztes könnten Sie überlegen, dass jemand, der einen Schlitten zieht, keine vorgegebene Kraft $p = p(t)$ aufbringt, sondern dass er sie ähnlich wie im Abschn. 3.3.2 der Bewegung des Systems anpasst. Zum Beispiel ist eine Wunschgeschwindigkeit v denkbar, und p wird vergrößert, wenn $y_1 < v$ ist. Wenn die tatsächliche Geschwindigkeit sich der Wunschgeschwindigkeit nähert, lässt die Zugkraft wieder etwas nach. Machen Sie sich Gedanken, wie Sie dieses natürliche Verhalten in Gleichungen übersetzen, und spielen Sie mit den numerischen Lösungen von Gl. 3.12 ein wenig herum, bis die Bewegungsgleichungen ein plausibles Verhalten des Schlittens wiedergeben.

Diese Modellierungsaufgabe lädt zu vielen Erweiterungen des Modells ein. Eine mögliche Erweiterung besteht darin, auch zwischen dem Schlitten und dem Schnee Haftreibung anzunehmen. Wenn der Schlitten steht, sinkt er ein wenig ein und muss mit einem kleinen Ruck wieder in Bewegung gebracht werden. Jetzt wird es schwieriger, die Kraft p so zu steuern, dass die Getränkekiste auf dem Schlitten bleibt.

Das Szenario ändert sich noch stärker, wenn man einen unebenen Untergrund mit einer zusätzlichen Vertikalbewegung des Schlittens, der dem Untergrund folgt, zulässt. Fragen Sie sich, wie sie modellieren können, dass die Kiste auf dem Schlitten hüpft, wenn er über einen Huckel fährt. Zum Schluss könnten Sie untersuchen, ob es gelingt, den Schlitten einen Berg hinunterrutschen zu lassen, ohne dass die Kiste hinunterfällt.

3.3.4 Schnelle Fahrt

Betrachten Sie ein Kraftfahrzeug mit einem Tank fester Größe. Je schneller das Auto fährt, umso häufiger muss es zum Tanken anhalten. Bestimmen Sie die optimale Fahrgeschwindigkeit, um unter Berücksichtigung der Tankpausen möglichst schnell ans Ziel zu kommen.

Diese Modellierungsaufgabe wirkt auf den ersten Blick ein wenig albern, denn kaum jemand würde so schnell fahren, dass soviel Kraftstoff verbraucht wird, dass die Tankpausen für die Reisezeit von ernsthafter Bedeutung sind. Außerdem wäre dies zutiefst unökologisch.

Über die Bugatti-Modelle geistern unterschiedliche Zahlen durch die automobilbegeisterte Presse, und eine davon ist, dass diese hochgezüchteten Fahrzeuge bei einer Geschwindigkeit von $v = 400$ km/h etwa 100 L Benzin auf 100 km verbrauchen würden. Der Fahrer müsste den Tank mit einem Fassungsvermögen von etwa $L = 100$ l nach 15 min auffüllen. Selbst wenn man dafür nur eine Zeit von $\tau = 5$ min veranschlagt, kommt dieses Fahrzeug in einer Stunde lediglich auf 300 km und drei Tankstopps, also auf eine effektive Geschwindigkeit von $v_{\text{eff}} = 300$ km/h. Angesichts solcher Zahlen könnte man sich spaßeshalber fragen, bei welcher Fahrgeschwindigkeit v die effektive Fahrgeschwindigkeit $v_{\text{eff}} = v_{\text{eff}}(v)$ maximal ist. Übrigens sprechen einige Pressemeldungen davon, dass bei voller Last auf dem Motor der Tank in nur 8 Minuten leer ist. Wir präzisieren unsere Aufgabe dahin, dass wir von der Phase der Beschleunigung und des Verlangsamens absehen. Wir nehmen modellhaft an, dass das Fahrzeug aus dem Stand instantan mit der Geschwindigkeit v fährt und auch ebenso aus dieser Geschwindigkeit plötzlich zum Stehen kommt.

Zuerst brauchen wir einen Zusammenhang zwischen der Fahrgeschwindigkeit und dem Benzinverbrauch. Jeder weiß, dass bei schnellerer Fahrt ein höherer Luftwiderstand überwunden werden muss und dass deshalb mehr Energie benötigt wird. Suchen Sie beispielsweise im Internet nach einem quantifizierten Zusammenhang. Sie werden erstaunt sein, wie vielfältig die Angaben sind. Es wird Ihnen noch häufiger begegnen, dass Zusammenhänge, von denen man glauben kann, sie seien längst endgültig erforscht, bei genauerem Hinschauen nur recht vage bekannt sind.

Wir können als gesichert annehmen, dass der Luftwiderstand, also die zu überwindende Kraft, mit dem Quadrat der Geschwindigkeit steigt. Gleichzeitig fährt man in gleicher Zeit weiter. Die bei der Überwindung des Luftwiderstands verrichtete Arbeit steigt somit mit der dritten Potenz der Fahrgeschwindigkeit v. Diese Arbeit wird aus der Verbrennung des Kraftstoffs gewonnen, sodass der geschwindigkeitsabhängige Anteil des Kraftstoffverbrauchs mit v^3 wächst. Damit fangen Sie an. Später überlegen Sie, welche Einflüsse außerdem berücksichtigt werden sollen.

Unsere Überlegung passt dazu, dass die dritte Potenz der Maximalgeschwindigkeit eines Autos zur Motorleistung ungefähr proportional ist. Während für die obigen 400 km/h etwa 1000 PS benötigt werden, erreicht ein heutiger Mittelklassewagen mit 150 PS durchaus 200 km/h. Der Trabant kam mit 26 PS immerhin auf 100 km/h, hatte aber eine aerodynamisch sehr ungünstige Form. Sie sehen, dass die Proportionalität nicht ganz stimmt, dass wir sie aber als groben Richtwert akzeptieren können.

Nun folgt der Rest aus reiner Rechnung. Die zurückgelegte Wegstrecke verhält sich wie $s \sim L/v^3$. Man benötigt die Zeit $t = s/v \sim L/v^4$ plus τ zum Tanken. Damit berechnen Sie einen Ausdruck für die effektive Geschwindigkeit v_{eff}. Für kleine Geschwindigkeiten ist v_{eff} fast dasselbe wie v. Aber für sehr große v wird das wiederholte Tanken so viel Zeit in Anspruch nehmen, dass v_{eff} gegen null strebt. Irgendwo dazwischen ist das Maximum. Ach so. Um Zahlenwerte auszurechnen, brauchen Sie eine Näherung für den Proportionalitätsfaktor, aber das schaffen Sie.

Diese Überlegung ist nicht so albern, wie sie auf den ersten Blick erscheint. Für einen nachhaltigen und energieeffizienten Flugverkehr, der idealerweise mit erneuerbaren Energien, also elektrisch, betrieben wird, benötigt man unter anderem Überlegungen zu optimalen Reisegeschwindigkeiten und Zwischenstopps.

Wiederum nur zum Spaß könnten Sie sich fragen, wie teuer Ihre Frisur pro Tag ist. Längere Haare frisieren zu lassen, ist teurer, und gleichzeitig sind Langhaarfrisuren im Allgemeinen etwas toleranter. Sie müssen also seltener zum Friseur. Falls gerade Sie in der privilegierten Lage sind, alle 50 Tage für 12 EUR zum Friseur zu gehen, empfehlen wir einen Blick auf die Preistafeln von innerstädtischen Damenfriseuren. Viel Spaß.

3.3.5 Trampelpfade

Fußgängerinnen und Fußgänger folgen bei der Auswahl ihrer Wege zwei leicht unterschiedlichen Prinzipien. Einerseits wollen sie möglichst schnell und möglichst bequem, also auf dem kürzesten Weg, zu ihrem Ziel. Andererseits bevorzugen sie vorhandene Wege, nicht zuletzt, weil es meistens einfacher ist, auf angelegten Wegen zu gehen als über eine Wiese oder ein Feld.

Versuchen Sie dieses Verhalten durch Gleichungen zu beschreiben, indem Sie die Antriebe für die Wegewahl durch Kräfte beschreiben, die an den Fußgängern ziehen. Diese Kräfte könnten von der Entfernung zum Ziel, von der Wegbeschaffenheit und vielem anderen abhängen. Die Summe der Kräfte verursacht Beschleunigungen, also gegebenenfalls Richtungsänderungen. Allerdings werden Menschen bei einem Spaziergang oder einer Besorgung nicht schneller, wenn das Ziel näher kommt - zumindest nicht viel. Ähnlich wie in Abschn. 1.2.3, wo das Populationswachstum sich auf die Kapazität K zubewegt, sollte in der Art einer Dämpfungskraft ein Mechanismus dafür sorgen, dass die Menschen bei einer konstanten Geh-Geschwindigkeit $v_{\text{geh}} \approx 5\,\text{km/h}$ bleiben. Solche eine künstliche Kraft könnte die Form

$$\dot{\mathbf{v}} = \mathbf{F}(t, \mathbf{x}, \mathbf{v}, \ldots) - \beta \frac{\mathbf{v}}{\|\mathbf{v}\|_2} \left(\|\mathbf{v}\|_2 - v_{\text{geh}} \right)$$

mit dem Ortsvektor $\mathbf{x} \in \mathbb{R}^2$ und dem Geschwindigkeitsvektor $\dot{\mathbf{x}} = \mathbf{v} = \mathbf{v}(t) \in \mathbb{R}^2$ haben. Dabei enthält $\mathbf{F}$ die Kräfte, die Sie modellieren. Der Subtrahend enthält neben der Intensität $\beta > 0$ die normierte Richtung der aktuellen Geh-Bewegung sowie in den Klammern einen Term, der positiv ist, wenn die aktuelle Geschwindigkeit $\|\mathbf{v}\|_2$ größer als die Wunschgeschwindigkeit v_{geh} ist. Dann bremst die künstliche Dämpfungskraft.

Bedenken Sie bitte, dass es keine etablierte Theorie gibt, nach welchen Gesetzmäßigkeiten Fußgängerinnen und Fußgänger Trampelpfade ausbilden, aber es gibt vielfältige Beobachtungen dazu. Sie sind in der Wahl Ihrer modellhaften Beschreibung also sehr frei. Überlegen Sie, ob Ihre Modellgleichungen wiedergeben, dass Trampelpfade gern Ecken abschneiden, aber typischerweise nicht knapp neben einem angelegten Weg verlaufen, selbst wenn dies eine kleine Abkürzung wäre. Gibt Ihr Modell dies wieder? Viel Spaß beim Experimentieren.

3.3.6 Partnervermittlung

Die schwierigsten, aber auch interessantesten Modellierungsaufgaben entstehen aus Fragestellungen, bei denen weder eine geeignete quantitative Beschreibung der beobachtbaren Eigenschaften und Phänomene noch ein Überblick über die beteiligten Mechanismen vorhanden ist, es aber gleichzeitig so aussieht, als ob es Gesetzmäßigkeiten gibt, die die Beobachtungen erklären.

Eine solche Fragestellung, die zugleich für viele Menschen sehr bedeutsam ist, besteht darin, welche Menschen sich wie und warum zu freundschaftlichen oder partnerschaftlichen Paaren zusammenfinden. Über mögliche Gründe, Anlässe und Ursachen gibt es zwar viele Mutmaßungen, aber wenige gesicherte Erkenntnisse.

Trotzdem glaubt fast niemand, dass ein Liebesbote namens Amor, Cupido oder Eros wahllos Pfeile auf zwei Menschen schießt, die sich daraufhin ineinander verlieben. Vielmehr vertrauen viele auf Partnerbörsen, die ihren Kunden und Kundinnen teilweise gegen erhebliche Gebühr versprechen, nach der Erhebungen einiger Daten systematisch langanhaltend glückliche Paare zusammenzubringen. Auch wenn es sehr ungleiche glückliche Paare gibt, so scheinen doch ein ähnlicher sozioökonomischer Status, ein gleiches Bildungsniveau, gemeinsame Hobbies und etwa vergleichbare körperliche Attraktivität häufige Zutaten einer erfolgreichen Paarbildung zu sein. Es scheint also Eigenschaften zu geben, die die Paarfindung befördern, und die naturwissenschaftliche Neugier ist hier herausgefordert zu ergründen, wie die Paarfindung funktioniert.

Versuchen Sie sich – natürlich nur theoretisch und im Sinne der Modellierung – an einer Vermittlung von Menschen, die hoffentlich mit höherer Wahrscheinlichkeit zueinander finden, als rein zufällige Kombinationen von zwei Menschen. Da es keine belastbare Theorie gibt, haben Sie völlig freie Hand. Erheben Sie gedanklich die Daten, die Sie für wichtig halten, und denken Sie darüber nach, wem Sie wen vorschlagen, und damit darüber, welche Mechanismen den Paarfindungsprozess beschreiben könnten. Entwickeln Sie also eine unromantische Modellvorstellung für das Funktionieren eines Kennenlernens, einer Paarbeziehung und alles, was Ihnen in diesem Zusammenhang einfällt, und vergessen Sie nicht, die Ergebnisse Ihrer Modelle daraufhin zu prüfen, ob sie realistisch und plausibel sind.

Wenn Ihre Modelle auch nur etwas treffsicherer sind als Dates, die auf einer kostenlosen Online-Plattform vereinbart werden, und wenn Ihre Erklärung etwas aussagekräftiger ist als die Nullaussage „Die Chemie muss halt stimmen.", erleichtern Sie vielen Menschen das Leben. Vielleicht.

Ein anderes Gebiet, auf dem viele Erklärungen angeboten werden und für das es dennoch keine belastbare Theorie gibt, ist der Fußball oder jedes andere Ballspiel. Denken Sie über ein Modell nach, das die Gewinnchancen eines Teams am nächsten Spieltag in Abhängigkeit von den Ergebnissen des jetzigen Spieltags beschreibt.

3.4 Typische Fehler

Bei der Diskussion um mathematische Modelle begegnet man einigen gut gemeinten Absichten immer wieder, die jedoch, wenn sie zu intensiv ausgelebt werden, zu typischen Fehlern werden. Mittlerweile haben Sie über genügend viele Modelle nachgedacht, um die drei hier besprochenen typischen Fehler wiederzukennen und schon dadurch zu vermeiden, dass Sie diese Fehler kennen.

3.4.1 Das übermächtige Modellierungsziel

Einerseits entwickeln wir ein mathematisches Modell, um etwas über ein Phänomen, das uns interessiert, herauszubekommen. Wir bauen das Modell nicht ohne Grund. Meistens haben wir eine Frage, und wir suchen Erklärungen für unsere Beobachtungen. Meistens haben wir neben dem Interesse eine oder mehrere Thesen für die Erklärung, die wir testen möchten.

Beispielsweise könnten wir uns fragen, warum Menschen übergewichtig werden. Der Anteil übergewichtiger Menschen ist in vielen Ländern groß, und Übergewicht ist ein gesundheitlicher Risikofaktor, der das Gesundheitswesen belastet. Das Phänomen ist in diesem Beispiel die Entwicklung von Übergewicht. Die Beobachtung besteht darin, dass der Anteil übergewichtiger Menschen recht hoch ist, und der Grund für die mathematische Modellierung dieses Phänomens liegt in der gesundheitlichen und wirtschaftlichen Bedeutung. Thesen zur Entstehung von Übergewicht gibt es in großer Zahl in jedem Zeitschriftenkiosk. Neueste Studien beweisen angeblich jede These, vgl. Abschn. 2.3, obwohl keine noch so gute Studie eine These beweisen kann. Doch strenggenommen weiß niemand genau, warum so viele Menschen mit Übergewicht zu kämpfen haben. Außer ein paar Grundweisheiten, dass beispielsweise Sport hilft, sind auch Gegenmaßnahmen strittig.

Das mathematische Modell entsteht um die Frage, die zu erklärende Beobachtung und meistens auch die Thesen herum. Um die Frage, die Beobachtung und die Thesen überhaupt diskutieren zu können, muss das mathematische Modell in seiner Übersichtlichkeit dennoch erlauben, die Frage, die Beobachtung und die Thesen in Eigenschaften des Modells und seiner Lösungen zu übersetzen. Das mathematische Modell enthält also mindestens die Begriffe bzw. Interpretationen der Begriffe, mit denen die Frage, die Beobachtung und die Thesen formuliert sind. Es hängt sehr wesentlich von diesen drei Zutaten ab.

Im Beispiel des Übergewichts braucht ein mögliches Modell, das eine Erklärung untermauern soll, mindestens das Körpergewicht eines Menschen oder einer Gruppe von Menschen als Komponente. Natürlich müsste auch eine Anzahl oder

3.4 Typische Fehler

ein Anteil übergewichtiger Menschen vorkommen, um die Beobachtung zu formulieren. Schließlich müssten die Thesen abbildbar sein. Wollte man die These, dass Kohlenhydrate nach vier Uhr Nachmittag dick machen, auf den Prüfstand stellen, so müssten im Modell Menschen, die zum Abendbrot Brot oder Kartoffeln essen, von solchen unterscheidbar sein, die dies nicht tun. Andere Thesen drehen sich um den Stress in modernen Gesellschaften, um Bewegungsmangel, um bestimmte Hormone, um Erbanlagen und neben vielem anderen auch um Milchprodukte, auf die unsere weit zurückliegenden Vorfahren nicht zugreifen konnten. Für die Thesen von einem üblichen Zeitungskiosk ergeben sich viele Begriffe im mathematischen Modell.

Da das mathematische Modell um die Zutaten herumgebaut wird, es andererseits aber klein bleiben soll, besteht die Gefahr, dass das entstehende mathematische Modell neben den Fragen exakt die eigene These zu bestätigen scheint. Natürlich kann es passieren, dass das mathematische Modell, was ein Forscher erstellt, die These dieses Forschers nicht unterstützt. Dann nützt das Modell diesem Forscher nichts, und er sucht nach einem anderen Modell.

Seien Sie versichert, dass die zahlreichen Thesen zum Übergewicht fast alle durch eine mehr oder weniger mathematisierte Erklärung unterstützt werden.

Ihnen fällt sicher auf, dass die Versuchung groß ist, ein mathematisches Modell mit dem Ziel zu erstellen, die eigene These zu stützen. Wenn das Modellierungsziel, das wir in Abschn. 2.5 geächtet haben, übermächtig wird, verleitet es uns zu irreführend eindeutigen Modellen, vgl. das Beispiel 2.1 von Susanne in der Bar. Obwohl wir das Modellierungsziel brauchen, sollten wir es samt unserer Thesen zähmen und möglichst unbefangen das mathematische Modell erstellen.

Probieren Sie es mit der These aus, dass biologische Systeme, z. B. Ökosysteme wie in Abschn. 1.2.1 oder physiologische Zustände von Menschen, in einen Gleichgewichtszustand zurückkehren, wenn die äußeren Einflüsse durch den Menschen oder durch eine ungesunde Lebensweise abgestellt werden. Unter dem Namen Homöostase klingt der ersehnte Gleichgewichtszustand wie eine Mischung aus Esoterik und Wissenschaft. Suchen Sie nach Modellen, die diese These stützen oder widerlegen könnten. Schauen Sie besonders darauf, wie Sie die Homöostase-These in den Hintergrund treten lassen.

Zum Ausprobieren eignet sich auch die These, dass Fast Food dick macht.

3.4.2 Das große Modell von fast allem

Eine andere Versuchung besteht darin, ein riesengroßes Modell zu erstellen, in dem alle bekannten und eventuell alle irgendwie denkbaren Zusammenhänge abgebildet werden können. Es wäre ein Modell von fast allem, was im Umfeld der Beobachtung eine Rolle spielen könnte. Auf den ersten Blick klingt es überzeugend, alles vorhandene Wissen, das im Zusammenhang mit der Frage und den Beobachtungen steht, zu berücksichtigen und ein umfassendes Abbild der Realität zu erstellen. Das Modellierungsziel wird zurückgedrängt, und die Ergebnisse des umfassenden Modells wären objektiver.

Das Idealbild eines solchen Modells ist ein digitaler Zwilling, der virtuell alles abbildet, was in der Realität passiert und passieren kann. Für solch einen digitalen Zwilling, den zu haben ohne Zweifel äußerst wünschenswert wäre, muss man die wirklichen Vorgänge sehr genau kennen. In einigen Anwendungen wie zum Beispiel im Schienenverkehr, in der Arbeitsorganisation von Produktionsbetrieben oder in der Lagerhaltung gibt es erfolgreiche Digitale Zwillinge. Oft folgen diese Anwendungen sehr klaren Spielregeln, wie das Spiel „Mensch ärger Dich nicht", für das Sie in Abschn. 3.3.1 einen digitalen Zwilling programmiert haben.

Leider erweist es sich oft als Illusion, alle relevanten Zusammenhänge durch Gleichungen zu beschreiben. Oft sind die Parameter gar nicht oder nur sehr ungenau bekannt. Schließlich entsteht ein Modell, das allein wegen seiner Größe und seiner vielen Komponenten ein sehr reichhaltiges Lösungsverhalten hat. Einerseits ist es schwierig und oft sogar unmöglich, zu große Systeme von beispielsweise Differentialgleichungen zu analysieren. Andererseits werden wir bei einem großen System kaum in der Lage sein, die Ergebnisse zu interpretieren und ein Gefühl dafür zu entwickeln, ob sie zu unseren Beobachtungen passen.

Würden wir bei den Modellen von Gabis und Heidis Strandperle in Abschn. 3.1 mehr und mehr Details berücksichtigen und zum Beispiel die Produktpaletten der Kioske, vielfältige Familienkonstellationen, unterschiedliche Einkaufswünsche und die Bereitschaft, von den Wünschen aus Preisgründen abzuweichen, einbeziehen, so würden wir sehr viele Variablen erhalten, bräuchten sehr viele Parameter, die wir typischerweise nicht kennen und könnten uns einbilden, dass die Simulation jedes Kunden und jeder Kundin als virtuelle Agente die Vielfalt der Wirklichkeit besser wiedergibt. Allerdings berücksichtigt ein solches Modell zwar die Vielfalt der Mechanismen, die eine Rolle spielen, kann aber die einzelnen Mechanismen nur sehr ungenau beschreiben. Die Frage, ob ein großes Modell von fast allem tatsächlich realistischer ist als kleine Modelle mit abstrahierten Größen, wie sie für perfekt und imperfekt konkurrierende Strandkioske entwickelt wurden, kann man nicht generell beantworten.

Beispiel 3.1
An fast allen Hochschulen und Universitäten gibt es mittlerweile ein Hochschulinformationssystem für die Raumbuchung, die Prüfungsplanung, die Notenverbuchung, das Management der Studierenden und zumindest laut der Anpreisung für alle organisatorischen Belange des Hochschulbetriebs. Ein solches Programm ist ein Modell der realen Vorgänge. Solange für die Einführung geworben wird, lautet die Verheißung meistens, dass solch ein Hochschulinformationssystem alle organisatorischen Vorgänge abbilden kann. Es ist also ein großes Modell von fast allem.

Nur kurze Zeit nach der nervenaufreibenden Installation und Anpassung dieses vermeintlichen Digitalen Zwillings des organisatorischen Hochschulbetriebs, so lehrt es die Erfahrung, fallen viele Kleinigkeiten und ein paar grundsätzliche Dinge auf, die das Programm trotz aller Entwicklung, Absprachen und Anpassungen nicht abbilden kann. Dies passiert auch bei Warenmanagementsystemen, bei Buchungssoftware oder bei Programmen für die Buchhaltung, und in allen diesen Fällen werden bekannte reale Prozesse abgebildet, die Spielregeln wie ein Brettspiel haben, vgl.

3.4 Typische Fehler

Abschn. 3.3.1, auch wenn die Spielregeln etwas komplizierter sind. Es ist offenbar selbst bei diesen Anwendungen schwierig, alle Varianten zu berücksichtigen und in das Modell zu integrieren. Erliegen Sie nicht dem Glauben, ein noch nicht gänzlich verstandenes reales System vollständig in ein Modell übersetzen zu können.

Übrigens hat das Human Brain Project, ein Flaggschiff-Projekt der Wissenschaftsförderung der Europäischen Union, zu seinem Start im Jahr 2013 versprochen, ein vollständiges modellhaftes Abbild des menschlichen Gehirns zu erstellen. Nach zehn Jahren sind viele Errungenschaften im Rahmen der Förderung entstanden, aber noch kein umfängliches Modell des Gehirns. ∎

Einen anderen Zugang zu einem Digitalen Zwilling beschreiben wir in Kap. 6. Dort werden wir nicht versuchen, viele verschiedene Mechanismen zu einem großen Modell zu kombinieren und alle benötigten Parameter zu sammeln, sondern wir werden sehr viele Beobachtungen, die in Zahlenwerten quantifiziert sein müssen, mit numerischen Mitteln so gut wie möglich durch approximative Zusammenhänge beschreiben, sodass diese Zusammenhänge auch für andere Eingangswerte verwendet werden können. Dieser Zugang ist frei von Modellierungszielen und Hypothesen. Er kommt nahezu ohne Theorie aus und ist unter den Namen Maschinelles Lernen, Künstliche Intelligenz oder Data Science zur Zeit sehr populär und in vielen Anwendungen erfolgreich. Auf der anderen Seite bietet dieser Zugang konstruktionsbedingt nur wenig Erklärung der beobachteten Phänomene.

Im Moment beschäftigen wir uns mit Modellen, die aus erklärbaren Mechanismen zusammengesetzt sind, und bei diesen sei davor gewarnt, sie unnötig groß und unübersichtlich zu machen. Wenn die Modelle dagegen nach und nach wachsen und es Gründe dafür gibt, so entsteht eine Familie von Modellen, die durch Erweiterungen auseinander hervorgehen. Jeder Modellierungsschritt wird diskutiert und auf Plausibilität geprüft, und es entsteht eine sehr interessante und sehr beschreibungsmächtige Modellfamilie.

3.4.3 Das anspruchsvolle Modell

Ein dritter typischer Fehler, den wir hier ansprechen wollen, ist das anspruchsvolle Modell. Damit meinen wir ein Modell, das so gemacht zu sein scheint, dass seine Untersuchung auf mathematisch anspruchsvolle Aufgaben führt.

Vielleicht werden Sie sagen, dass sich niemand ausdrücklich vornehmen wird, ein anspruchsvolles Modell zu erstellen. Aber auch hier gibt es eine Versuchung. Wenn man sich mit Delay-Differentialgleichungen

$$y'(t) = f(t, y(t), y(t-\tau)) \text{ mit } y(t) = y_0(t) \text{ für } t \in [0, \tau],$$

deren Zustandsänderung $y'(t)$ neben dem aktuellen Zustand $y(t)$ auch von einem zurückliegenden Zustand $y(t-\tau)$ mit dem Delay τ abhängt, lange beschäftigt hat, so gibt es möglicherweise die Tendenz, Delay-Differentialgleichungen zur Beschreibung von realen Phänomenen bevorzugt zu verwenden. Allerdings sind sie mathematisch anspruchsvoll. Man benötigt Anfangswerte für das Intervall $[0, \tau]$, und ihr

Lösungsverhalten kann sehr überraschend sein. Gleichzeitig hat die Natur keine Taschenuhr, um beispielsweise nach genau $\tau = 30$ min eine Wirkung auszulösen. Eine scheinbare Zeitverschiebung im Metabolismus kann man meistens auch durch eine Lieferkette von biochemischen Reaktionen beschreiben.

Selbstverständlich sind Delay-Differentialgleichungen nur ein Beispiel für eine anspruchsvolle mathematische Theorie, und selbstverständlich gibt es auch Modelle, bei denen sie sinnvoll zum Einsatz kommen. Aber wir sollten immer darauf achten, dass nicht die Verwendung einer noch so schönen mathematischen Theorie der Grund für die Auswahl unserer Modelle ist. Modelle, die reale Phänomene verstehbar machen wollen, sollten mit so einfachen Mitteln wie möglich auskommen, vgl. Abschn. 2.4.2 über Ockhams Rasiermesser.

Ein weiteres Beispiel eines relativ beliebten mathematisch anspruchsvollen Werkzeugs der Modellierung sind fraktionale Ableitungen, also Ableitungen mit gebrochenen Ordnungen. Diese sind bei der Modellierung des Durchflusses durch porösen Medien etabliert, aber sie führen uns in sehr herausfordernde mathematische Überlegungen. Wenn man noch kein Fan dieser Verallgemeinerung des Ableitungsbegriffs ist, reicht vermutlich ein Blick in den Wikipedia-Artikel zur fraktionalen Infinitesimalrechnung, um vom Einsatz dieser Werkzeuge abzusehen, wo immer ihr Einsatz nicht zwingend geboten ist.

Wir werden im Laufe unserer Überlegungen zu mathematischen Modellen versuchen, ein gutes Gefühl für die Balance zwischen der Einfachheit von Modellen und ihrer notwendigen Genauigkeit zu bekommen.

Theorie des Modellierens

Inhaltsverzeichnis

4.1 Erkenntnistheoretische und naturwissenschaftliche Fragen 100
4.2 Ein Modell des Modellierens 116
4.3 Zweiter Rückblick auf die Modelle 154

Dieses Kapitel widmet sich dem Modell des Modellierens, das wir in Kap. 2 angekündigt haben. Dort haben wir besprochen, dass die Modellierung mit der Beobachtung eines Phänomens beginnt. Dann gehört die Neugier dazu, diese Beobachtung zu erklären, und drittens das Zutrauen, dass das Phänomen grundsätzlich erklärbar ist. Schließlich hatten wir herausgearbeitet, dass das erstellte Modell unterschiedliche Ergebnisse erlauben und einen Bezug zum beobachteten Phänomen haben soll, zumindest im Rahmen unseres Vorwissens, vgl. Abschn. 2.3.

Jetzt wollen wir etwas weiter ausholen und eine Denkumgebung aufbauen, in der wir den Prozess der Modellierung, also den Prozess der Erstellung und Entwicklung mathematischer Modelle, formalisieren können. Da zumindest naturwissenschaftliche Erkenntnis aber auch Erkenntnis in vielen anderen Wissensgebieten darin besteht, eine Beschreibung, Interpretation und Analyse von Beobachtungen zu entwickeln, die an andere Menschen weitergegeben wird, besteht Erkenntnis aus der Entwicklung formalisierter Beschreibungen der Wirklichkeit oder dem, was wir dafür halten, und damit aus Modellen, die zu Theorie heranwachsen.

Sie bemerken sicher, dass wir die Idee der Wirklichkeit oder der Realität immer wieder durch den Zusatz einschränken, dass wir die Wirklichkeit oder das, was wir dafür halten, beschreiben wollen. Die Vorsicht dieser Einschränkung, die mittlerweile vielleicht langweilt, rührt daher, dass wir bei der Beschreibung naturwissenschaftlicher Erkenntnisprozesse sehr nah an der Philosophie vorbeischrammen. Die Erkenntnistheorie oder Epistemologie oder etwas fokussierter die Wissenschaftstheorie sind mit dem Begriff der Wirklichkeit zu Recht extrem vorsichtig. Wir besprechen in Abschn. 4.1.1, was am Begriff der Wirklichkeit schwierig ist und warum wir nicht proklamieren sollten: „Es gibt eine klar beschreibbare Realität, und diese erforschen und erkennen wir."

Übrigens kommt das Wort Epistemologie von den beiden griechischen Wörtern $'επιστήμη$ für Wissenschaft und $λόγοσ$ für Lehre. Es heißt somit Lehre davon, wie Wissenschaft funktioniert, oder eben Wissenschaftstheorie.

Gerade wegen der Nähe zur Philosophie, die uns allen in ihrer vieltausendjährigen Geschichte unzählige spannende und tiefgründige Fragen über die Wirklichkeit, über uns selbst und über unsere Wahrnehmung stellt, werden wir keinesfalls versuchen, diese Fragen auf ein paar Seiten mit einem Handstreich zu beantworten. Vielmehr werden wir die Eigenschaften der Denkumgebung, in der wir den naturwissenschaftlichen Erkenntnisprozess beschreiben, in Abschn. 4.1 genau abgrenzen. Wir werden besprechen, dass wir diese grundlegenden Eigenschaften nicht hinwegdenken können, ohne die prinzipielle Möglichkeit naturwissenschaftlicher Erkenntnis aufzugeben. Würden wir vermuten, sie wären nicht gültig, so müssten wir sie zwangsläufig annehmen. Doch davon gleich mehr. Im folgenden Abschn. 4.2 werden wir die grundlegenden Eigenschaften nutzen, um das versprochene Modell des Modellierens zu entwickeln.

Wir werfen einen kurzen Blick darauf, dass Forschende in den angewandten Wissenschaften jeden Tag mathematische Modelle erstellen, analysieren, verwerfen und weiterentwickeln. Das Modellieren selbst ist Teil der Wirklichkeit oder – Sie wissen schon. Damit beschreibt das Modell des Modellierens nicht etwas Abstraktes und Abgehobenes, sondern es beschreibt alltägliche Beobachtungen. Und nicht nur in der Wissenschaft, denn fast jeder Mensch ist neugierig und versucht Tag für Tag, die Welt um sich herum zu verstehen.

4.1 Erkenntnistheoretische und naturwissenschaftliche Fragen

Die mathematische Modellierung und allgemeiner die Entwicklung von Modellen und Erklärungen versuchen sich daran, zu beschreiben und zu verstehen, wie die uns umgebende Wirklichkeit funktioniert. Wir werden sehen, dass es dafür fast egal ist, in welchem Sinne wir das Konzept Wirklichkeit verstehen. Natürlich müssten wir strenggenommen zuerst die Frage klären, welches philosophische Konzept der Wirklichkeit wir verwenden. Andererseits beschäftigen sich die Naturwissenschaften seit Jahrhunderten damit, eine Wirklichkeit zu ergründen, zu beschreiben und zu analysieren, ohne dass Biologinnen oder Ingenieure eine philosophisch abgesicherte Antwort auf die Frage haben, wie sie das Konzept Wirklichkeit interpretieren.

Wir versuchen deshalb, die philosophischen erkenntnistheoretischen Fragen von den Fragen, die die Natur- und Ingenieurwissenschaften stellen, zu trennen. Wir werden sehen, dass für die letztgenannten eine sehr reichhaltige Klasse von Problemen und Fragestellungen übrig bleibt.

4.1 Erkenntnistheoretische und naturwissenschaftliche Fragen

Q_1 Ob-Fragen aus der philosophischen Erkenntnistheorie:
Ist es möglich, begründete Aussagen über die Realität zu machen, und, falls ja, welche Art Aussagen über welche Art Realität?

Q_2 Wie-Fragen der Natur- und Ingenieurwissenschaften:
Wie erkennen wir die Wirklichkeit, die wir vorfinden? Wie finden wir modellhafte Beschreibungen, was benötigen wir dafür, und was dürfen wir von den Modellen erwarten? Wie modellieren wir eine spezielle Beobachtung oder ein bestimmtes Phänomen?

Auf den ersten Blick scheint es so, als müssten wir erst die Frage Q_1 beantworten, bevor wir uns der Frage Q_2 widmen können. Die Naturwissenschaften haben aber in den vorigen Jahrhunderten und vielleicht sogar Jahrtausenden nicht darauf gewartet, dass die philosophische Frage Q_1 abschließend im positiven Sinne beantwortet wird. Vielmehr haben die Natur- und Ingenieurwissenschaften das Erkennen der Wirklichkeit mit Macht vorangetrieben, so als wäre die Frage Q_1 mit Ja beantwortet.

Natürlich enthält auch die Frage Q_2 philosophische Aspekte, aber in diesem Buch wollen wir die philosophischen Fragen nicht diskutieren. Zum Beispiel die Frage, ob Strukturen wie die natürlichen Zahlen und die Rechenregeln zur Realität gehören und folglich entdeckt werden oder ob Strukturen Produkte unseres Denkens sind und daher entwickelt und konstruiert werden, ist eine zutiefst philosophische Frage, für die wir hier weder Zeit noch Raum noch Kompetenz haben. Als Beispiel denken Sie an die Zahl 2. Die Zahl 2 als Begriff ist nirgendwo in der Natur auffindbar. Sie entstammt unserem Denken, und dennoch ist die Zusammenfassung aller Mengen mit zwei Elementen unter dem Zahlbegriff 2 nicht willkürlich. Der Begriff könnte anders heißen, aber eine Gedankenwelt ohne eine Vorstellung vom Begriff 2 ist nicht vorstellbar. Sie sehen, dass wir in tiefgründiges und schwieriges Fahrwasser geraten. Glücklicherweise werden wir sehen, dass die Frage Q_2, wie Forschung in den Naturwissenschaften Strukturen in der uns umgebenden Wirklichkeit aufdeckt, unabhängig von der Entscheidung ist, ob diese Strukturen entdeckt oder konstruiert werden.

Zum Ende der Vorrede erlauben wir uns eine Analogie, die zeigt, dass die Trennung der Wie-Frage von der Ob-Frage nicht ungewöhnlich ist. Die Frage, ob wir Wissen, Fähigkeiten und Gedanken von einer Person auf eine andere Person übertragen können, ist kommunikationstheoretisch spannend, sobald das Wissen über eine klar definierte Information in einem eng abgesteckten Rahmen hinausgeht. Wir sollten uns fragen, ob noch irgendeine Person in den Weiten der Welt dieselbe Vorstellung von einer innigen Freundschaft hat wie wir. Bis in alle emotionalen Details ist das vermutlich nicht der Fall, und es wäre mindestens schwierig, wenn nicht unmöglich, jemandem alle Facetten unserer Vorstellung zu vermitteln. Trotzdem gehen wir in jeder Form von Lehre und Vermittlung davon aus, dass wir auch komplizierte und emotionale Aspekte vermitteln können, z. B. im Musik- oder Schauspielunterricht. Pädagogik und Didaktik diskutieren die Frage, wie Vermittlung möglich ist, und nehmen dabei an, die Frage, ob Vermittlung möglich ist, sei abschließend mit Ja beantwortet.

So halten wir es auch hier. Wir nehmen an, die Antwort auf die Frage Q_1 sei Ja, und diskutieren Q_2. Es bleibt genug zu tun.

4.1.1 Existenz einer Realität

Es ist sehr schwierig, allgemeine Aussagen darüber zu machen, was zur Wirklichkeit oder Realität gehört und was nicht. Die meisten modernen Menschen würden vermutlich sagen, dass es den Osterhasen nicht gibt, dass es aber sehr wohl physikalische Kräfte gibt. Beide, also den Osterhasen und physikalische Kräfte, kann man nicht anfassen, riechen oder sehen. Bestenfalls die Wirkung ist gelegentlich beobachtbar. Doch auch die Wirkung von Kräften sehen wir nicht immer. Die schwere Stahltragwerkkonstruktion einer Eisenbahnbrücke wird durch die physikalische Theorie der Mechanik in ihrer Stabilität erklärbar, und in dieser Theorie kommen Kräfte vor. Aber wir sehen diese Kräfte nicht.

Auf den sehr frühen griechischen Philosophen Parmenides von Elea (ca. 520–460 v. Chr.) geht der Ausspruch „Nichts ist nicht." zurück. Dies soll bedeuten, dass es nichts gibt, von dem wir sagen können, dass es nicht existiert. Allein dadurch, dass wir über etwas reden, wie beispielsweise über den Osterhasen, gewinnt dieses etwas eine gewisse Form von Realität. Nach Parmenides ist das Nichtsein, also die Behauptung, etwas existiere nicht, eine rein verbale Abstraktion von dem Wort Sein. Damit wird die Aussage „X existiert nicht" aussagelos, weil X schon deshalb in gewissem Sinne existiert, weil wir über X reden.

Probieren Sie zu diskutieren, ob das Gefühl, Freundschaft für einen anderen Menschen zu empfinden, existiert oder ob es das Konzept Glück gibt, das im Glücksindex unter anderem aus dem Bruttoinlandsprodukt und der sozialen Unterstützung quantifiziert wird.

Die Wirklichkeit umfasst somit alles, worüber wir reden können. Sie ist ein allumfassender Allbegriff und hat kein Gegenteil. Deshalb gibt es auch keine unterscheidenden Eigenschaften, die die Wirklichkeit sinnvoll spezifizieren.

Die nächste große Frage ist, ob die Wirklichkeit außerhalb unseres Bewusstseins existiert und ob wir dies nachweisen können. Einige wenige Beobachtungen wie Geburt und Tod von anderen Individuen sprechen dafür, dass wir uns die Wirklichkeit nicht nur ausgedacht haben. Einen Beweis haben wir jedoch nicht, denn alle Interaktionen zwischen der Wirklichkeit und unserem Bewusstsein werden durch unser Bewusstsein administriert.

Trotzdem empfinden die meisten Menschen eine Wirklichkeit außerhalb ihrer selbst als existent. Ein solches Empfinden oder eine solche soziale Vereinbarung erscheint als Grundlage für naturwissenschaftliches Erkenntnisstreben allerdings wackelig. Deshalb ziehen wir uns lieber auf die folgende Argumentation zurück.

Die Naturwissenschaften und die menschliche Neugier im Allgemeinen versuchen seit Anbeginn, etwas über die uns umgebende Wirklichkeit außerhalb unserer selbst herauszufinden. Gäbe es keine Wirklichkeit, die außerhalb der einzelnen Individuen existiert, so wäre das Unterfangen der Naturwissenschaften, ebendiese

Wirklichkeit zu beschreiben, sinnlos. Wir argumentieren also, dass der Forschungsgegenstand der Naturwissenschaft die uns umgebende Wirklichkeit ist und dass, sollte es diese Wirklichkeit nicht geben, die Naturwissenschaften hinfällig würden. Dies klingt wie ein Zirkelschluss, und es ist kein Beweis. Es ist noch nicht einmal eine Schlussfolgerung. Es ist eher eine Annahme, die nicht hinweg denkbar ist.

Die Naturwissenschaften behandeln ihre Frage Q_2 unter der Annahme, dass es eine Wirklichkeit außerhalb von Individuen gibt. Die Gültigkeit dieser sehr grundlegende Annahme ist aber kein naturwissenschaftlicher Diskussionsgegenstand. Manche Naturwissenschaftlerinnen und Naturwissenschaftler vertreten die Ansicht, es gäbe eine klar abgegrenzte Realität und diese würde erforscht. Doch damit machen sie eine für ihre Arbeit unnötige philosophische Festlegung. Man könnte die Ansicht dadurch abmildern, dass man die Existenz einer Realität annimmt, weil Naturwissenschaft ohne diese Annahme hinfällig wäre.

Wir werden in den nächsten Unterabschnitten sehen, dass es noch weitere grundsätzliche Annahmen gibt, ohne die naturwissenschaftliches Erkenntnisstreben nicht denkbar ist. Die Argumentation ist ähnlich, und wir werden uns dabei etwas kürzer fassen.

4.1.2 Beschreibbarkeit der Realität

Die nächste Grundannahme besteht darin, dass die Realität beschreibbar ist, dass wir also Wörter, Begriffe, Symbole und Zusammenhänge finden können, in denen wir die Wirklichkeit beschreiben können. Natürlich gibt es auch dafür keinen strengen Beweis.

Betrachten wir die Frage, ob es Teile der Wirklichkeit geben kann, die nicht beschreibbar sind. Auf den ersten Blick liegt es nahe zu vermuten, dass Konzepte wie Poesie und Schönheit nicht beschreibbar seien. Wenn es aber, andersherum gefragt, Teile der Wirklichkeit gibt, die sich jeglicher Beschreibung und Beschreibbarkeit entziehen, dann sind diese Teile sicher nicht Gegenstand naturwissenschaftlicher Erkenntnisse.

Die Theorien, mit denen die Wirklichkeit beschrieben wird, bestehen aus akzeptierten Modellen und Erklärungen. Sie sind durch gemeinsame Strukturen miteinander verbunden, und sie enthalten Idealisierungen und Abstraktionen wie beispielsweise den reibungsfreien Federschwinger, von denen wir sagen, dass sie als dingliche Objekte in der Realität nicht vorkommen. Die Gemeinschaft der Forschenden hofft, dass die Theorien zur Beschreibung der Wirklichkeit geeignet sind. Doch dafür gibt es keinen strengen Beweis.

Da die Beziehung der Wirklichkeit zu unseren Theorien und Modellen nicht abschließend geklärt werden kann, untersuchen die Naturwissenschaften eher die gedankliche Konstruktion einer Wirklichkeit als die Wirklichkeit selbst. Die Naturwissenschaften betrachten eine konstruierte Wirklichkeit, der sie als eine nächste Grundannahme zuschreiben, dass sie in geeigneten Wörtern, Begriffen und Symbolen beschreibbar ist, vgl. Abb. 4.2 in Abschn. 4.1.8.

Wir nennen die Idee einer Wirklichkeit, die der natur- und ingenieurwissenschaftlichen Forschung und allgemeiner dem menschlichen Wissensdrang und der Neugier zugänglich ist, die konstruierte Wirklichkeit. Die Forschenden und Neugierigen lassen sich möglicherweise unbewusst auf Grundannahmen ein, die nicht hinweggedacht werden können, sobald und solange die Wirklichkeit als erkennbar angenommen wird. Wir Menschen haben der naturwissenschaftlich erkennbaren Wirklichkeit die Grundannahmen wie Existenz und Beschreibbarkeit und einige andere, die wir Folgenden diskutieren, eingeredet. Wir haben diesen Teil der Wirklichkeit so konstruiert, dass sie naturwissenschaftlicher Forschung zugänglich ist.

4.1.3 Gemeinsame Strukturen und Gesetzmäßigkeiten

Von etwas anderer Art ist die Grundannahme, dass es übergeordnete Strukturen und Gesetzmäßigkeiten gibt, die für eine ganze Klasse von Objekten der konstruierten Wirklichkeit anwendbar sind. Typischerweise empfinden wir ein Phänomen als verstanden, wenn wir es einer übergeordneten Gesetzmäßigkeit zuordnen. Die Frage, warum Körper nach unten fallen, wird zum Beispiel mit der Gravitation zwischen Massen erklärt. Und bereits in diesem Beispiel wird eine Klasse von Objekten adressiert, nicht nur jeder einzelne Körper.

Erklärungen, die nur für ein einziges Objekt gelten, akzeptieren wir im Allgemeinen nicht als erkenntnisreich. Eine persönliche Eigenart von einer Person ist keine psychologische Erkenntnis. Trotzdem gibt es naturwissenschaftliche Forschungsgebiete, die zumindest zeitweise sehr individuelle Eigenschaften sammeln. Denken Sie beispielsweise an die Chemie im 18ten Jahrhundert, als sich Ideen wie das Massenwirkungsgesetz erst entwickelten. Im 18ten Jahrhundert bestand die Chemie aus einer recht unzusammenhängenden Sammlung von Eigenschaften einzelner Reaktionen und einzelner Stoffe, von denen man sich gleichzeitig nicht sicher sein konnte, dass es tatsächlich einzelne Stoffe im heutigen Sinne waren. Aber auch damals folgten die chemischen Forschungen der Hoffnung, die Eigenschaften der Stoffe und Reaktionen auf übergeordnete Gesetzmäßigkeiten zurückführen zu können.

Gemeinsame Strukturen und Gesetzmäßigkeiten sind nicht zwingend notwendig, und aus der Annahme der konstruierten Realität folgt noch nicht, dass es auch nur zwei Objekte mit vergleichbaren Eigenschaften gibt. Die gemeinsamen Strukturen und übergeordneten Gesetzmäßigkeiten sind eher unsere Idealisierung. Fallende Körper haben unterschiedliche Volumina und unterschiedliche Oberflächen, und, da es kein perfektes Vakuum auf Erden gibt, fallen sie aufgrund des unterschiedlichen Luftwiderstands unterschiedlich schnell. Heliumballons schwimmen sogar auf Luft und steigen nach oben. Die Fallgesetze sind also eine Idealisierung oder eine Abstraktion von den individuellen Eigenschaften der einzelnen Körper.

Eine andere Möglichkeit, übergeordnete Gesetzmäßigkeiten zu ergründen, besteht darin, nur die Objekte auszuwählen, für die die Gesetzmäßigkeiten gelten, z. B. kleine und schwere Körper bei den Fallgesetzen. Und hier finden wir wieder eine zirkuläre Argumentation, nämlich dass der Geltungsbereich der Gesetzmäßigkeiten so gewählt wird, dass die Gesetzmäßigkeiten gelten. Selbst die Erklärung, die darin besteht, eine Beobachtung auf eine Gesetzmäßigkeit zurückzuführen, ist strenggenommen nur eine schwache Erklärung, denn man könnte sofort fragen, warum die Gesetzmäßigkeit gelten soll. Das klingt dann etwas so: „Warum fallen Körper nach unten?" „Wegen der Erdanziehung." „Und warum zieht die Erde Körper an?" „Weil Massen sich gegenseitig anziehen." „Und warum ziehen sich Massen gegenseitig an." Sie sehen, dass längeres Nachfragen meist zu noch schwierigeren Fragen führt.

Die Kritik führt uns dazu anzunehmen, dass die gemeinsamen Strukturen und übergeordneten Gesetzmäßigkeiten eher von Menschen konstruiert als in der Realität entdeckt werden. Wenn wir hingegen der konstruierten Wirklichkeit als Grundannahme unterstellen, dass sie nach übergeordneten Gesetzmäßigkeiten funktionieren, so löst sich dieser Unterschied auf. Wir brauchen uns nicht mehr zu fragen, ob die Gesetzmäßigkeiten und gerade die, die Naturgesetze genannt werden, tatsächlich in der Natur, also in der echten Wirklichkeit verankert sind. Vielmehr postulieren wir es im Wissen darum, dass wir darüber nicht abschließend entscheiden können.

Wir schließen diese Betrachtung mit einer allgemeineren Formulierung der Grundannahme der Naturwissenschaften. Sie hat die Form eines Zirkelschlusses, weshalb sie wie die anderen Annahmen unbeweisbar ist, und sie lautet: *Die Naturwissenschaften nehmen an, dass die Realität mit naturwissenschaftlichen Mitteln beschreibbar und erkennbar ist.* Hierbei können Sie die vorsichtige Einschränkung auf die Naturwissenschaften gern weglassen und die Aussage aus einem anderen Blickwinkel formulieren: *Die Wissenschaft untersucht den Teil der Wirklichkeit, der wissenschaftlichen Untersuchungsmethoden zugänglich ist.*

4.1.4 Kausalität

Die rekonstruierte Wirklichkeit verhält sich kausal und sogar stark kausal. Naturwissenschaftlich neugierige Forschende müssen dies annehmen – Sie ahnen es sicher schon, weil ohne strenge Kausalität die naturwissenschaftliche Erkennbarkeit der rekonstruierten Wirklichkeit nicht gegeben wäre. Wir statten die rekonstruierte Wirklichkeit weiterhin mit den Eigenschaften aus, die für die Erkennbarkeit notwendig sind. Kritisch könnte man einwenden, dass man damit nur das zu erkennen versucht, was man erkennen kann. Doch ist dies kein echter Einwand, denn warum sollte man versuchen, etwas zu erkennen, von dem man nicht wenigstens hofft, dass es prinzipiell erkennbar wäre. Zudem bleibt die Erforschung der rekonstruierten Wirklichkeit umfangreich und aufregend genug. Aber der Reihe nach.

Die allgemein notierte Differentialgleichung

$$y' = f(t, y) \text{ mit } y \in \mathbb{R}^n \text{ und } f : \mathbb{R} \times \mathbb{R}^n \to \mathbb{R}^n \quad (4.1)$$

stellt einen Zusammenhang zwischen dem Zustand y und der Zustandsänderung y' zu jedem Zeitpunkt t her. Der Zustand y bewirkt die Zustandsänderung $y' = f(t, y)$. Aus diesem instantanen, also momentanen, Zusammenhang für jedes t entsteht der zeitabhängige Zustand $y = y(t)$ als Lösung der Differentialgleichung in Gl. 4.1.

Eine Änderung des Zustands y zu $z = y + \Delta y$ mit der Zustandsänderung $\Delta y = z - y$ bewirkt eine Änderung der Zustandsänderung

$$\Delta f = f(t, y + \Delta y) - f(t, y) \quad \text{oder} \quad \Delta f = z' - y' = f(t, z) - f(t, y). \quad (4.2)$$

Die Ursache Δy führt zur Wirkung Δf.

Das Kausalitätsprinzip in der Formulierung, dass jede Wirkung eine Ursache hat, ist allein schon durch die Differentialgleichung in Gl. 4.1 gesichert, da nur solche Wirkungen y' auftreten, für die ein Zustand y als Ursache in Frage kommt. Zustandsänderungen außerhalb des Bildes von f kommen nicht vor. Es gibt also keine Wirkung ohne Ursache.

Zusätzlich gibt es das starke Kausalitätsprinzip, das besagt, dass die Größe der Wirkung in irgendeinem Sinne durch die Größe der Ursache beschränkt ist. Es erscheint ebenso einleuchtend, denn eine kleine Ursache kann zumindest instantan keine beliebig große Wirkung haben.

Das Kausalitätsprinzip enthält die grundlegende Vorstellung, dass nichts ohne Ursache geschieht, und das starke Kausalitätsprinzip enthält die Verschärfung, dass die instantane Wirkung nicht beliebig groß im Vergleich zur Ursache ist. Für beide Prinzipien ist kein Nachweis denkbar. Es gibt kein Experiment – noch nicht einmal ein theoretisch vorstellbares, dass das Kausalitätsprinzip ernsthaft unterstützen oder gar falsifizieren könnte. Es ist vielmehr eine Grundannahme, die nicht hinweg denkbar ist, wenn die Realität naturwissenschaftlich erkennbar sein soll.

Das starke Kausalitätsprinzip lautet mathematisch formuliert, dass es eine Konstante $L > 0$ gibt, sodass

$$|\Delta f| \leq L |\Delta y| \quad \text{oder} \quad |f(t, z) - f(t, y)| \leq L |z - y| \quad (4.3)$$

für Δy bzw. y, z aus einem Geltungsbereich erfüllt ist. Gl. 4.3 enthält die Lipschitz-Stetigkeit von f. Die Konstante L ist dabei nicht eingeschränkt. Die einzige Aussage besteht darin, dass L einen endlichen Wert hat. Ausgeschlossen ist nur, dass L unendlich groß ist. Dies wird sofort klar, wenn wir uns vergegenwärtigen, dass der Zustand y und die Zustandsänderung y' unterschiedliche Einheiten haben, z. B. den Ort y und die Geschwindigkeit y' als Ortsänderung. Eine Skalierung der Zeitachse, also andere Einheiten auf der Zeitachse, führt zu anderen Zahlenwerten. Eine Umrechnung der Geschwindigkeit von Meter pro Sekunde in Meter pro Woche bringt den Faktor 604 000, um den die Lipschitz-Konstante L vergrößert werden muss, ohne dass sich inhaltlich etwas ändert, wenn die Zeit in Wochen statt in Sekunden gemessen wird. Eine Beschränkung von L ist also physikalisch nicht sinnvoll. Die einzig wichtige Information ist, dass es überhaupt eine Lipschitz-Konstante $L \in \mathbb{R}$ gibt, und die Wirkung Δf wird in ihrer Größe durch die Ursache Δy beschränkt.

Glücklicherweise passt die Mathematik so gut zur Grundannahme der starken Kausalität, dass der Satz von Picard-Lindelöf unter der Lipschitz-Bedingung in Gl. 4.3 die Eindeutigkeit der Lösung $y = y(t)$ für einen gegebenen Anfangswert $y(0) = y_0$ sichert. Wenn also Gl. 4.1 einen stark kausalen instantanen Zusammenhang beschreibt, weil Gl. 4.3 längs der Lösung erfüllt ist, so ist die Lösung $y = y(t)$

eindeutig. Vorhersagen der zeitlichen Entwicklung des Zustands y_0 oder irgendeines anderen Zustands $y(t_0)$ zu einem anderen Zeitpunkt t_0 sind somit möglich.

Schauen wir im nächsten Beispiel, welche Welt entstünde, wenn wir nicht stark kausale Zusammenhänge zwischen dem Zustand und der Zustandsänderung für denkbar hielten.

Beispiel 4.1
Wir fragen uns, ob es eine mechanische Apparatur oder irgendeinen anderen Versuchsaufbau gibt, dessen Zustand sich gemäß der Differentialgleichung

$$y' = g(y) , \ y(0) = 0 \in \mathbb{R} \ \text{mit} \ g(y) = 2\sqrt{|y|} \qquad (4.4)$$

verhält. Auf den ersten Blick steckt nichts Ungewöhnliches im Zusammenhang g. Er wird nicht von der Zeit beeinflusst und bildet den eindimensionalen Zustand y stetig auf die Zustandsänderung y' ab. Zu jeder Wirkung y' gehört also eine Ursache y. Die Apparatur oder der Versuchsaufbau würden bezüglich der Variablen y dem Kausalitätsprinzip genügen.

Allerdings ist der Zusammenhang nicht stark kausal. Für $y = 0$ und $z = \Delta y$ entsteht $\Delta f = 2\sqrt{|\Delta y|}$. Es gibt kein L, das Gl. 4.3 erfüllt. Eine sehr kleine Ursache $|\Delta y|$ erzeugt die Wirkung Δf, die im Vergleich zu Δy beliebig groß wird, denn

$$\left|\frac{\Delta f}{\Delta y}\right| = \left|\frac{2\sqrt{|\Delta y|}}{\Delta y}\right| = \frac{2}{\sqrt{|\Delta y|}} \longrightarrow \infty \ \text{für} \ \Delta y \to 0.$$

Die rechte Seite g in Gl. 4.4 ist bei $y = 0$ nicht Lipschitz-stetig. Der Satz von Picard-Lindelöf sicher für den Anfangswert $y(0) = 0$ nicht die Eindeutigkeit der Lösung. Und tatsächlich ist sie nicht eindeutig bestimmt, denn für jeden Wert $a \geq 0$ und auch für unendliches a ist

$$y(t) = \begin{cases} 0 & \text{für } t \leq a, \\ (t-a)^2 & \text{für } t > a \end{cases} \qquad (4.5)$$

eine Lösung der Differentialgleichung in Gl. 4.4, vgl. Abb. 4.1. Mit $a = \infty$ enthält Gl. 4.5 auch die Lösung $y(t) = 0$, die immer null bleibt. Die anderen Lösungen starten bei $y(0)$, laufen bis zu einer Stelle $a \in [0, \infty)$ auf der t-Achse und biegen dann aus eigener Entscheidung in den Parabel-Ast ab. Für das Abbiegen gibt es keine Ursache. Es geschieht völlig ohne Grund und Anlass, als hätte der Versuchsaufbau einen eigenen Willen und würde kraft dieses Willens für uns entscheiden, dass a die richtige Stelle ist, um abzubiegen.

Zuerst fragen wir uns, wie dies zu der Beobachtung passt, dass die rechte Seite g dem Kausalitätsprinzip nicht widerspricht. Tatsächlich führt der Zustand $y = 0$ zur eindeutig bestimmten Wirkung $y' = 0$. Allerdings sichert die verschwindende Zustandsänderung $y' = 0$ nicht, dass die Funktion $y = y(t)$ nicht abbiegt. Das Kausalitätsprinzip ist somit für den instantanen Zusammenhang erfüllt, aber dies allein gewährleistet nicht, dass über einen etwas größeren Zeitraum $\Delta t > 0$ ein kausaler Zusammenhang zwischen $y(t)$ und $y(t + \Delta t)$ besteht. Das Verhalten der Lösung $y(t)$ von Gl. 4.4 und damit das Verhalten der Apparatur oder des Versuchsaufbaus

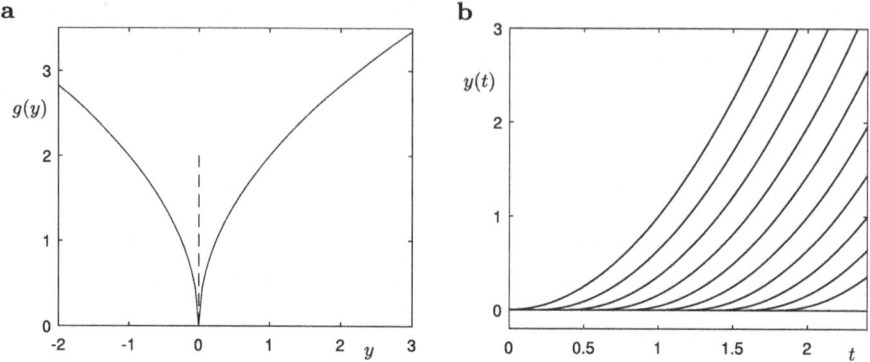

Abb. 4.1 a Zusammenhang zwischen dem Zustand y und der Zustandsänderung $y' = g(y)$, vgl. Gl. 4.4. Die senkrechte Tangente bei $y = 0$ zeigt, dass g bei $y = 0$ nicht Lipschitz-stetig ist. **b** Zum Anfangswert $y(0) = 0$ existieren viele Lösungen. Eine Vorhersage von $y(t)$ aus y_0 ist unmöglich. Der nicht stark kausale Zusammenhang g erlaubt der Apparatur eine eigene freie Entscheidung, ob und wann die Lösung abbiegt

ist nicht vorhersagbar. Damit ist es auch nicht erkennbar. Wir haben keine Möglichkeiten, das Verhalten zu verstehen, weil die Apparatur oder der Versuchsaufbau für uns entscheidet. ∎

Die Vorstellung, dass unbelebte Apparaturen einen Willen entwickeln, würde die Erkennbarkeit der Wirklichkeit zerstören. Allein das rechtfertigt die Grundannahme, die unbelebte Welt genüge der starken Kausalität. Vorsichtigerweise wollen wir der rekonstruierten Wirklichkeit die starke Kausalität zusprechen, weil Aussagen über die Wirklichkeit, wie wir in Abschn. 4.1.1 gesehen haben, schwierig und fragwürdig sind.

Außerdem haben wir bisher keinen Versuchsaufbau und kein Phänomen erlebt, von dem wir dauerhaft und auch nach eingehender Untersuchung annehmen mussten, dass es völlig ohne Ursache passiert sei.

Das nächste Beispiel zeigt, dass trotz starker Kausalität des instantanen Zusammenhangs die zeitlich entfernte Wirkung beliebig groß werden kann.

Beispiel 4.2
Die Differentialgleichung $y' = y$ mit dem Anfangswert $y(0) = y_0$ hat eine Lipschitz-stetige rechte Seite mit $L = 1$. Die Lösungen sind $y(t) = y_0 e^t$. Entsprechend führt ein abweichender Anfangswert z_0 auf die Lösung $y(t) = z_0 e^t$. Die Differenz $z_0 - y_0$ wächst bis zum Zeitpunkt t exponentiell zur Differenz $z(t) - y(t) = (z_0 - y_0)e^t$. Sie wird also mit wachsendem t beliebig groß, auch wenn die Differenz $|z(t) - y(t)|$ zu jedem festen Zeitpunkt durch $M|z - y|$ mit dem Faktor $M = e^t$ beschränkt ist. ∎

Beispiel 4.2 zeigt uns, dass die Forderung einer starken Kausalität in der konstruierten Wirklichkeit diese Wirklichkeit nicht zu sehr einschränkt. Eine sensitive Reaktion des Lösungsverhaltens auf eine Störung des Zustands ist nicht ausgeschlossen, aber die Störung braucht eine Zeit, um groß zu werden.

Hier ordnet sich übrigens der Schmetterlingseffekt ein, dass ein Flügelschlag eines Schmetterlings im Amazonasgebiet einen Wirbelsturm in der Karibik auslösen könnte. Die instantane Wirkung des Flügelschlags ist klein, aber mit einigem zeitlichen Abstand kann die Wirkung anwachsen.

Wir konstatieren, dass die starke Kausalität des instantanen Zusammenhangs zwischen Ursache und Wirkung, also zwischen Zustand und Zustandsänderung, eine nicht hinweg denkbare Forderung an die konstruierte Wirklichkeit ist.

4.1.5 Determinismus in geeigneten Begriffen

Wir erleben manche Ereignisse als zufällig. Wir treffen einen alten Freund an einem Urlaubsort und rufen „Was für ein Zufall, Dich hier zu sehen." Für uns gab es vor dem Treffen keinen Grund anzunehmen, wir würden diesen Freund hier sehen. Die Begegnung kommt für uns überraschend und ohne jede Ursache. Andererseits wäre ein theoretischer Beobachter, der von oben auf den Urlaubsort schaut und der noch viel mehr über uns, über den alten Freund und andere Menschen wüsste, nicht überrascht. Dieser Beobachter könnte das Zusammentreffen sogar ein paar Augenblicke, bevor wir es erleben, voraussagen.

Im Gegensatz dazu geschieht ein echtes zufälliges Ereignis gänzlich ohne Ursache und ist deshalb auch theoretisch nicht einmal kurz zuvor vorhersehbar. Ein echtes zufälliges Ereignis geschieht aus dem Nichts. In Abschn. 4.1.4 haben wir die Differentialgleichung in Gl. 4.4 besprochen. Ihre Lösungen $y = y(t)$ aus Gl. 4.5 biegen zu einem unvorhersagbaren Zeitpunkt $t = a$ in den Parabelbogen ab, s. Abb. 4.1, oder sie tun dies ebenso unvorhersagbar nicht. Zu jedem Zeitpunkt $t_{zuvor} = a - \varepsilon$ mit beliebig kleinem $\varepsilon > 0$ galt $y(t_{zuvor}) = 0$, und nichts deutete darauf hin, wann und ob die Lösung abbiegen würde. Das Lösungsverhalten erscheint auch einem theoretischen Beobachter mit vollständiger Kenntnis zufällig.

Würden wir echte Zufälle in der konstruierten Wirklichkeit zulassen, so würden wir wie in Abschn. 4.1.4, wo wir die Notwendigkeit der starken Kausalität für die naturwissenschaftliche Erkennbarkeit diskutiert haben, die Erkennbarkeit verlieren. Wir sind somit gezwungen anzunehmen, dass es in der konstruierten Wirklichkeit keine echten zufälligen Ereignisse gibt. Im Umkehrschluss sind die Phänomene der konstruierten Wirklichkeit zumindest theoretisch vorhersagbar, und die konstruierte Wirklichkeit verhält sich deterministisch.

Wir besprechen einige Situationen und Experimente, die wir in unterschiedlichem Sinne zufällig nennen. Zuerst betrachten wir die Frage, in welchem Sinne die Farbe des ersten Fahrzeugs, das wir nach dem morgendlichen Verlassen der Wohnung sehen, zufällig ist. Für uns ist die Farbe unvorhersehbar. Aber ein theoretischer Beobachter, der mehr von den Bewohnerinnen und Bewohnern des Städtchens und von ihren Fahrzeugen weiß als wir, könnte einige Minuten oder sogar länger vorhersagen, welches Auto wir als Erstes sehen. Unser Erleben der Zufälligkeit rührt aus der uns fehlenden Information. Man spricht in solchen Fällen von verborgenen Variablen, deren Berücksichtigung die Beobachtung nicht mehr zufällig erscheinen lassen.

Außerdem bezeichnen wir die Augenzahl, die wir in einem Spiel würfeln, als zufällig. Gleichzeitig ist der Würfel ein mechanisches Objekt, das den Newtonschen Bewegungsgleichungen, einigen Gesetzmäßigkeiten des Stoßes beim Springen auf dem Tisch und den Gleichungen der elastischen Deformation samt Reibungs- und Dämpfungseigenschaften unterliegt. Diese Gleichungen haben eindeutige Lösungen und sind zumindest theoretisch mit numerischen Methoden lösbar. Allerdings reagiert die Lösung sehr empfindlich auf Veränderungen der Anfangswerte. Kleinste Änderungen führen wie im Schmetterlingseffekt zu anderen Sprüngen des Würfels auf der Tischplatte, sodass es uns bei einem im Sinne des Spiels korrekt ausgeführten Wurf des Würfels kaum gelingt, die Augenzahl durch unsere Handbewegung zu beeinflussen. In Experimenten, in denen der Würfel auf immer gleiche Weise von einer Maschine geworfen wird, kann man aber nachweisen, dass die Augenzahlen dann nicht gleichverteilt sind, sondern dass eine bestimmte Zahl bevorzugt wird. Unter perfekten Bedingungen könnte man eine Maschine bauen, die mit übergroßer Wahrscheinlichkeit Sechsen würfelt. Die Zufälligkeit des Würfelns kommt daher, dass das typische Würfeln bei einem Würfelspiel so gestaltet ist, dass die Sensitivität der Lösung gegenüber kleinen Veränderungen der Anfangswerte und Parameter ausgenutzt wird, um zufällig erscheinende gleichverteilte Augenzahlen zu erzeugen.

Überlegen Sie, in welchem Sinne der Lauf der Kugeln beim Billard-Spiel und die Rückseite der nächsten 2-Euro-Münze, die Sie als Wechselgeld erhalten, zufällig sind.

Zur Frage des Zufalls in den Naturwissenschaften wird oft die Quantenmechanik angesprochen. In populärwissenschaftlichen Beiträgen liest man, dass die Quantenmechanik den Zufall in die Naturwissenschaften gebracht hätte. Beispielsweise beschreibt die Kopenhagener Deutung der Quantenmechanik die Aufenthaltswahrscheinlichkeiten von Teilchen als Betrag der Wellenfunktion aus der Schrödinger-Gleichung. Wo Wahrscheinlichkeiten eine Rolle spielen, sollte es doch Zufall geben. Wir schauen etwas genauer auf diese Deutung: Um Aufenthaltswahrscheinlichkeiten zu definieren, müssten die Teilchen eine Position haben, die jedoch zufällig ist. Im Rutherfordschen oder im Bohrschen Atommodell, in denen Elektronen als kleine Teilchen den Atomkern umkreisen, hätten die Elektronen eine Position, die zufallsbehaftet ist. Allerdings sind beide Atommodelle 1911 bzw. 1913, also vor der Quantenmechanik entwickelt worden. Auf quantenmechanischer Ebene löst sich der Begriff der Position des Elektrons auf. Ein Elektron ist quantenmechanisch betrachtet kein dingliches Objekt an einem Ort. Es wird – ohne Aussagen über seine materielle Erscheinung – durch seine Wellenfunktion oder vielmehr einen Teil der Wellenfunktion eines größeren quantenmechanischen Systems bestmöglich beschrieben. Auf quantenmechanischer Ebene löst sich die gewohnte Vorstellung von Materie auf. Etwas radikal könnte man formulieren, dass die Wellenfunktion die Elementarteilchen nicht nur beschreibt, sondern dass die Wellenfunktion alle quantenmechanisch sinnvollen Aussagen über die Elementarteilchen enthält und dass wir deshalb die Elementarteilchen mit der Wellenfunktion identifizieren können. Die Wellenfunktion ist wiederum auf dem gesamten Raum definiert und hat an einigen Stellen größere Beträge als anderswo. Die Kopenhagener Deutung als Aufenthaltswahrscheinlichkeit war der Versuch, die faszinierenden Eigenschaften quantenmechanischer Systeme Menschen verständlich zu machen, die sich Objekte nur materiell und mit bestimmbaren Positionen, also als Körper der klassischen Mechanik vorstellen können.

Doch die Schrödinger-Gleichung ist eine rein deterministische Gleichung für die zeitliche Entwicklung der Wellenfunktion. Der Zufall kommt erst ins Spiel, wenn man versucht, die Quantenmechanik oder einige Phänomene mit den Begriffen der klassischen Physik zu erklären. Dazu gehört auch das vieldiskutierte und nicht endgültig geklärte Problem einer quantenmechanischen Messung, bei dem man versucht, der zeitabhängigen und auf dem gesamten Koordinatenraum definierten Wellenfunktion einen für uns interpretierbaren Messwert, also einen oder auch mehrere skalare Zahlenwerte, abzuringen.

Eine andere Diskussionslinie hat sogar den Namen objektiver Zufall bekommen. Zwei verschränkten Teilchen, die im klassischen Sinne weit auseinander liegen können, aber quantenmechanisch gekoppelt sind, beeinflussen sich augenblicklich, weil sie ohne das jeweils andere Teilchen nicht denkbar sind. Ein Experiment, dem theoretisch alle Größen in der Umgebung eines der Teilchen zugänglich sind, wird trotzdem völlig überrascht, wenn der Zustand des weiter entfernten anderen Teilchens geändert wird. Im Experiment entsteht also ein objektiv zufälliges Ergebnis. Dieser Effekt ist bestens untersucht, mittels der Bellschen Ungleichung nachvollziehbar und experimentell nachgewiesen. Der Name „objektiver Zufall" wurde gewählt, weil das Ergebnis so zufällig ist, wie es nur sein kann. Natürlich ist es nicht mehr zufällig, wenn man das andere verschränkte Teilchen in die Betrachtung einbezieht. Diese als Einstein-Podolsky-Rosen-Paradoxon bekannte Überlegung zeigt, dass die Quantenmechanik im Gegensatz zu allen klassischen physikalischen Theorien keine lokale Theorie ist, oder auch, dass die Quantenmechanik nicht zugleich der Lokalität, d. h. dass Vorgänge nur auf ihre Umgebung unmittelbare Einflüsse haben, und dem Realismus von Messergebnissen, d. h. dass die Messwerte unabhängig von der Messung existieren, genügen kann. Diese Überlegung zeigt aber nicht, dass die Quantenmechanik zufällige und damit grundsätzlich unvorhersagbare Phänomene beschreibt.

Übrigens kommt auch die mathematische Wahrscheinlichkeitstheorie ohne Zufall aus. Die Axiome von Kolmogorow definieren ein Wahrscheinlichkeitsmaß auf einem Raum von Ereignissen. Jedes Maß, das diese Axiome erfüllt, ist unabhängig davon, ob es eine realistische Anwendung beschreibt, und vor allem unabhängig davon, ob es Zufall gibt, ein Wahrscheinlichkeitsmaß, mit dem man mathematische Überlegungen anstellen kann. Die Frage, durch welchen Ereignisraum und durch welches Wahrscheinlichkeitsmaß eine als zufällig erlebte Beobachtung gut beschrieben wird, ist eine Frage der mathematischen Modellierung dieser Beobachtung. Der Wahrscheinlichkeitstheorie und der Stochastik ist es weitgehend egal, ob es Zufall gibt oder nicht. Es genügt, dass sich viele Beobachtungen gut durch Wahrscheinlichkeiten modellieren lassen.

Wir konstatieren, dass wir der konstruierten Wirklichkeit unterstellen, dass sie sich in geeignet formulierten Begriffen deterministisch verhält. Dies bedeutet ausdrücklich nicht, dass wir von der ganzen Welt annehmen, sie unterläge einem strengen Determinismus. Dies würde bedeuten, dass alle Phänomene vorhersagbar wären, wenn man den aktuellen Zustand der Welt nur genau genug kennen würden. Ein solcher Jemand, der den jetzigen Zustand absolut genau kennt und deshalb die gesamte Zukunft vorhersagen könnte, wurde historisch als Laplacescher Dämon diskutiert. Die Vorstellung vom Laplaceschen Dämon und der vollständigen Vorherbestimmtheit der ganzen Welt steht im deutlichen Widerspruch zum Konzept des freien Willens, das wir üblicherweise dem Menschen und eventuell einigen anderen lebendigen Wesen als gegeben betrachten. Das Konzept des freien Willens besteht darin, dass ein Individuum bewusste Entscheidungen treffen kann, die Auswirkungen auf Vorgänge in der Wirklichkeit haben. Da die Individuen zur Wirklichkeit gehören, braucht es einige argumentative Windungen, um den freien Willen und die deterministischen Vorherbestimmtheit gleichzeitig zu akzeptieren, aber es gibt solche Denkschulen.

Sie sehen, dass wir wieder und wieder in philosophisch tiefes Fahrwasser geraten, was wir durch die Trennung der Wie-Frage von der Ob-Frage der Erkenntnis am Anfang von Abschn. 4.1 gerade vermeiden wollten. Deshalb sagen wir auch nicht, dass die Welt deterministisch ist. Vielmehr schreiben wir der konstruierten Wirklichkeit zu, dass sie keine echten Zufälle enthält, weil wir – Sie erkennen die wiederkehrende Argumentation – sie sonst nicht erkennen könnten.

4.1.6 Quantifizierbarkeit

Hier machen wir es kurz. Alle Objekte der konstruierten Wirklichkeit sind quantifizierbar. Wir unterstellen, dass alle Eigenschaften der konstruierten Welt durch Zahlen beschreibbar sind – zumindest, wenn wir geeignete Begriffe gefunden haben.

Gäbe es Objekte in der konstruierten Wirklichkeit, denen wir nicht wenigstens theoretisch zuschreiben können, durch Zahlen beschreibbar zu sein, so hätten diese Objekte eine sehr vage Form von Existenz, wären aber ansonsten unbestimmt. Sie wären in ihrer Erscheinung oder in ihrer Größe noch weniger fassbar als die in Abschn. 4.1.5 besprochenen zufälligen Ereignisse.

Sobald jedoch Aussagen über die Objekte möglich sind, so können wir diese Aussagen in quantitative Angaben übersetzen, also durch Zahlen ausdrücken.

Alle Größen, die wir traditionell messen, sind bereits quantifiziert. Andere Größen würden wir quantifizieren, wenn wir sie naturwissenschaftlich untersuchen wollen. Farben könnten beispielsweise dadurch beschrieben werden, welche Wellenlängen des Lichts in welcher Stärke reflektiert werden. Wollten wir erforschen, wie Verliebtheit die Fahrtauglichkeit beeinträchtigt, so müssten wir beide Größen durch Zahlen ausdrücken. Während bei der Fahrtauglichkeit schnell messbare Kenngrößen wie Aufmerksamkeitsleistung und Reaktionsfähigkeit zur Hand sind, drücken wir Verliebtheit meist nicht in Zahlen aus. Trotzdem sprechen wir von leichter Verliebtheit oder vom völligen Verfallensein. Es gibt also eine Ahnung davon, dass es unterschiedliche Schweregrade der Verliebtheit gibt. Außerdem ist leicht vorstellbar, dass eine kleine Schwärmerei die Fahrtauglichkeit weniger beeinträchtigt als eine weltentrückende Vernarrtheit, während der man vom Führen eines Kraftfahrzeugs besser absehen sollte. Möglicherweise würde man den Grad der Verliebtheit anhand eines Fragebogens und eines daraus entstehenden Scorewerts fassen. Man modelliert oder operationalisiert damit den bisher vagen Begriff der Verliebtheit und erhält eine quantifizierbare Verliebtheit, die zur konstruierten Wirklichkeit gehört.

Die Frage, ob der Begriff der Verliebtheit im Alltagsgebrauch schon dadurch zur konstruierten Wirklichkeit gehört, dass mit der leichten Verliebtheit Ansätze einer Quantifizierung vorhanden sind, bleibt offen. Sie ist nicht wichtig, weil Begriffe erst durch eine Quantifizierung der naturwissenschaftlichen Beschreibung zugänglich werden. In alltagssprachlichen Vorstellungen, ein Begriff sei mehr oder weniger ausgeprägt, liegt aber bereits ein Schritt zur Quantifizierung, sodass eine genauere Beschreibung denkbar ist.

Übrigens ist die Begriffsbildung, also die Entscheidung, ob ein Objekt unter einen Begriff fällt, ebenfalls eine Form von Quantifizierung, wenn man die Zugehörigkeit zum Begriff mit dem Wert 1 belegt und die Nichtzugehörigkeit mit dem Wert 0.

4.1.7 Zeitliche Induktivität

Das Beste kommt zum Schluss. Aus Beispielen und auch aus vielen Beispielen können wir unmöglich auf eine allgemeine Gültigkeit schließen. Sollte uns aufgefallen sein, dass recht viele der Hollywood-Schauspielerinnen blondes Haar zu haben scheinen, rechtfertigt dies nicht die Aussage, alle Hollywood-Schauspielerinnen seien blond. Pierre de Fermat, ja, genau der Fermat, den Sie vom Satz von Fermat kennen, hatte 1640 vermutet, dass alle Zahlen der Form $F_n = 2^{2^n} + 1$ mit $n \geq 0$ Primzahlen seien, weil er dies für $n \in \{0, 1, 2, 3, 4\}$ ausprobiert hatte. Er hat also fünf beispielhafte Beobachtungen gemacht und vermutet, dass es immer so weiter gehen müsste. Allerdings kennt man bis heute keine weitere Zahl $F_n, n \geq 5$, die eine Primzahl ist. Die fünf Beobachtungen, dass $F_0 = 3$, $F_1 = 5$, $F_2 = 17$, $F_3 = 257$ und $F_4 = 65537$ prim sind, haben Fermat in die Irre geführt. Der induktive Schluss vom Beispiel aufs Ganze ist logisch nicht zulässig.

Selbst wenn wir bis heute nur Beobachtungen gemacht haben, die unsere Beschreibung der Wirklichkeit unterstützen, so gibt es keinen Beweis, dass die bisherige Beschreibung der Welt auch morgen noch richtige Ergebnisse liefern wird. Menschen, die Aktien besitzen, wissen meistens sehr genau, dass eine Aktie, die bis heute nur gestiegen ist, morgen fallen kann. Im Gegensatz dazu gehen wir bei den Beschreibungen der Wirklichkeit, die wir Naturgesetze nennen, davon aus, dass sie auch morgen noch gelten. Strenggenommen müsste man nach einer Begründung fragen, warum die Welt morgen noch so funktionieren sollte wie heute. Da wir uns eine ganz andere Welt kaum vorstellen können und keinen Grund dafür kennen, dass morgen alles anders sein sollte, neigen selbst kritisch forschende Menschen dazu anzunehmen, dass die Welt morgen noch so funktioniert wie heute. Wir schließen also induktiv aus den bisherigen Erfahrungen auf die zukünftige Entwicklung.

Die Erwartung, dass die zukünftige Entwicklung denselben übergeordneten Prinzipien folgen wird wie bisher, nennt man zeitliche Induktivität. Ohne die Annahme der zeitlichen Induktivität wäre Forschung fast sinnlos, weil jedes Forschungsergebnis in jedem Moment hinfällig werden könnte. Wir vertrauen vielmehr darauf, dass die Ergebnisse auch morgen und in Zukunft noch richtig sein werden. Vielleicht werden sie durch neuere Erkenntnisse überholt, aber bitte nicht durch eine Veränderung der Naturgesetze. Da wir auf diese Erwartung nicht verzichten können, ohne die wenigstens theoretische Vorhersagbarkeit von Vorgängen und Beobachtungen zu verlieren, unterstellen wir der konstruierten Wirklichkeit als Letztes die zeitliche Induktivität. Wir nehmen also an, dass sich die übergeordneten Gesetzmäßigkeiten, nach denen sie funktioniert und die uns möglicherweise nur ungenau, unvollständig oder gar nicht bekannt sind, im Verlauf der Zeit nicht verändern.

Die zeitliche Induktivität ist vielleicht die tollkühnste Unterstellung, die wir der konstruierten Wirklichkeit zumuten.

4.1.8 Realität, konstruierte Realität und Modelle

Jetzt haben wir alle Eigenschaften zusammen, die wir der konstruierten Wirklichkeit unterstellen. Oder sagen wir besser, von denen wir annehmen, dass die konstruierte Wirklichkeit diese Eigenschaften hat, ohne dass wir auch nur einen Teil davon nachweisen können. Die Eigenschaften sind ein nicht hinweg denkbarer Teil der konstruierten Wirklichkeit, und sie machen diese spezielle Konstruktion erst aus. Wir zählen sie noch einmal auf. Die konstruierte Wirklichkeit

1. wird als existent und außerhalb unserer selbst betrachtet, vgl. Abschn. 4.1.1,
2. ist in geeigneten Begriffen prinzipiell beschreibbar, vgl. Abschn. 4.1.2,
3. folgt Gesetzmäßigkeiten und hat gemeinsame Strukturen, vgl. Abschn. 4.1.3,
4. gehorcht dem starken Kausalitätsprinzip, vgl. Abschn. 4.1.4,
5. verhält sich in geeigneten Begriffen deterministisch, vgl. Abschn. 4.1.5,
6. ist durch quantifizierbare Begriffe beschreibbar, vgl. Abschn. 4.1.6,
7. verhält sich zeitlich induktiv, vgl. Abschn. 4.1.7.

Wir betonen, dass wir diese sieben Aussagen nicht der Welt unterstellen, sondern dass wir diese Annahmen machen, um die konstruierte Wirklichkeit naturwissenschaftlich erkennbar zu machen. Der naturwissenschaftliche Erkenntnisprozess besteht dann darin, die konstruierte Wirklichkeit, die durch die Grundannahmen erst erkennbar wurde, auch tatsächlich zu erkennen. Wie dies geht, ist die Wie-Frage Q_2 aus dem Anfang von Abschn. 4.1, und wir werden sehen, dass sie reichhaltig, interessant und spannend ist. Die Ob-Frage Q_1, ob die so konstruierte Wirklichkeit etwas mit der Welt, sozusagen der wirklichen Wirklichkeit, zu tun hat, bleibt bestehen. Aber es gibt die Hoffnung, dass eine Verbindung besteht.

Das Schaubild in Abb. 4.2 drückt diese Hoffnung aus. Vor die Wirklichkeit wird die konstruierte Wirklichkeit gestellt, die von unseren Theorien beeinflusst wird. Die Begriffe unserer Theorien verwenden wir, um Beobachtungen zu beschreiben. Damit entstammen die Beobachtungen in ihrer Beschreibung ebenfalls der konstruierten Wirklichkeit und den Theorien. Gleichzeitig kommt der innere Gehalt der

4.1 Erkenntnistheoretische und naturwissenschaftliche Fragen

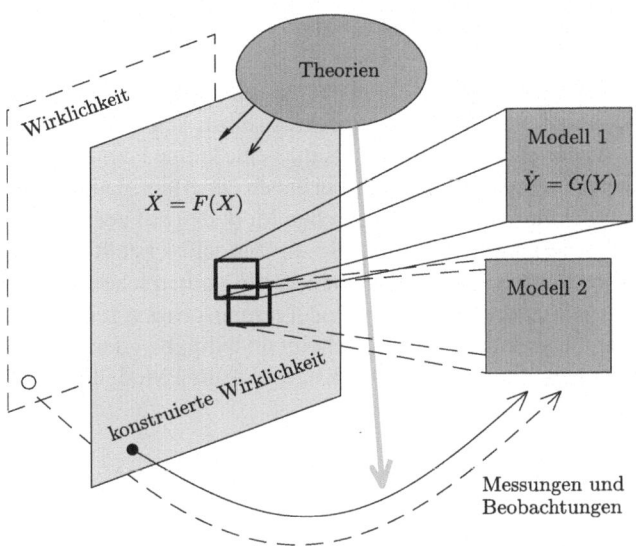

Abb. 4.2 Wirklichkeit, davor die konstruierte Wirklichkeit, die von Theorien beeinflusst wird. Ein mathematisches Modell ist der Versuch, einen Ausschnitt der konstruierten Wirklichkeit mit mathematischen Methoden zu beschreiben. Experimente und Beobachtungen entstammen zu Teilen der Wirklichkeit und zu Teilen der konstruierten Wirklichkeit, aber ihre Beschreibung geschieht innerhalb der bestehenden Theorien und Begriffe

Beobachtungen aus der hinter der konstruierten Wirklichkeit liegenden Welt oder Wirklichkeit.

Bei der Modellierung eines Ausschnitts der konstruierten Wirklichkeit versuchen wir, einen relativ klar umrissenen Ausschnitt der konstruierten Wirklichkeit durch Gleichungen oder, allgemeiner ausgedrückt, durch mathematische Zusammenhänge zu beschreiben, die von derselben Struktur sind, die wir der konstruierten Wirklichkeit unterstellen. Das entstehende mathematische Modell hat dieselben Eigenschaften 1. bis 7. wie die konstruierte Wirklichkeit. Es ist nur kleiner.

Aus erfolgreichen Modellen, also solchen, deren Beschreibung der Ausschnitte der konstruierten Wirklichkeit erfolgreiche Interpretationen und Vorhersagen geliefert hat, entwickeln sich bei weiterer Forschung und Abstraktion Theorien, die wiederum die Entwicklung neuer Modelle beeinflussen. Die naturwissenschaftliche Beschreibung der Welt nährt sich selbst, und wenn sie einmal auf der falschen Spur ist, kann ein großer Gedankenapparat entstehen, der später wieder verworfen wird. Dies kann man als Kritik an der naturwissenschaftlichen Arbeitsweise verstehen – oder, was uns lieber wäre – als immerwährenden Lernprozess. Angesichts der mehrtausendjährigen Entwicklung des geozentrischen Ptolemäischen Weltbildes und angesichts der Äthertheorien, die im 19ten Jahrhundert ausgiebig wissenschaftlich diskutiert wurden, können wir nicht erwarten, dass alle heute verwendeten Theorien zukünftigen kritischen Prüfungen standhalten. Und dennoch beeinflussen diese Theorien heute unsere Denkweisen, die Gestaltung unserer Experimente und die Formulierung unserer Ergebnisse.

4.2 Ein Modell des Modellierens

In diesem Abschnitt erstellen wir ein mathematisches Modell des Modellierens und formalisieren damit den Modellierungsprozess selbst. Wir haben in Kap. 1 vorhandene Modelle zusammengetragen und in Kap. 3 eine kleine Familie von Modellen für Preisanpassungsprozesse entwickelt. Dabei haben wir erlebt, dass viele Entscheidungen bei der Entwicklung von mathematischen Modellen auf der Erfahrung und dem Gefühl des- oder derjenigen beruhen, die die Modelle erstellt. Für viele Anwendungen wird diese Arbeitsweise noch eine Weile vorherrschend sein. Erst Kap. 6 bespricht moderne Methoden, die den Modellierungsprozess teilweise automatisieren und damit entpersonalisieren. Es erscheint unabdingbar, den Modellierungsprozess gut zu verstehen, um solche automatisiert erstellten Modelle interpretieren und beurteilen zu können.

4.2.1 System und Modell

Im vorigen Abschn. 4.1 und besonders in den sieben Anforderungen an die konstruierte Wirklichkeit in Abschn. 4.1.8 haben wir nicht hinweg denkbare Eigenschaften der konstruierten Wirklichkeit zusammengetragen, die angenommen werden müssen, damit natur- und ingenieurwissenschaftlichen Forschung – oder allgemeiner natur- und ingenieurwissenschaftliche Neugier – sinnvoll ist.

Die konstruierte Wirklichkeit ist existent und laut Punkt **2** und **6** in geeigneten Begriffen durch Zahlen beschreibbar. Folglich gibt es eine quantitative Beschreibung des Zustands der konstruierten Wirklichkeit in einer Größe $X = X(t) \in \mathcal{U}$ aus einem Raum $\mathcal{U}$. Diese Größe hat für die gesamte konstruierte Wirklichkeit nur eine theoretische Natur, und sie ist, da wir nicht vorausgesetzt haben und nicht voraussetzen können, dass die ganze konstruierte Wirklichkeit bekannt ist, im Wesentlichen unbekannt. Für uns ist aber wichtig, dass diese Größe existiert.

Die Größe $X(t)$ ist vorerst sehr allgemein. Sie kann einzelne reelle Zahlen, Vektoren, diskrete Zahlenwerte und ortsabhängige Funktionen enthalten, die wir uns ähnlich einem Objekt der objektorientierten Programmierung in einer Größe zur Beschreibung des Zustands zusammengefasst denken.

Indem wir von einem Raum $\mathcal{U}$ sprechen, denken wir an einen Vektorraum, in dem die Größen $X(t)$ liegen. Für viele Teile des Zustands der konstruierten Wirklichkeit kennen wir Einschränkungen, die die algebraische Struktur eines Vektorraums beeinträchtigen. Beispielsweise liegen Temperaturen immer über dem absoluten Nullpunkt. Wir schränken deshalb den Raum $\mathcal{U}$ auf die zulässigen Systemzustände durch die Teilmenge $\mathcal{U}_{\text{adm}} \subset \mathcal{U}$ ein.

Laut Punkt **3** aus Abschn. 4.1.8 gibt es Gesetzmäßigkeiten, nach denen sich der Zustand $X(t)$ weiterentwickelt, und diese Gesetzmäßigkeiten bilden den Zustand $X(t)$ folglich auf die Änderung des Zustand ab, die wir mit $\dot{X}(t)$ bezeichnen, die wieder aus Zahlen, Vektoren oder Funktionen bestehen und die wir in einem Raum $\mathcal{U}_{\text{ch}}$

4.2 Ein Modell des Modellierens

ansiedeln. Die Gesetzmäßigkeiten fassen wir in der Funktion

$$F : \mathcal{U}_{\text{adm}} \to \mathcal{U}_{\text{ch}} \quad \text{mit} \quad F : X(t) \mapsto \dot{X}(t) \tag{4.6}$$

zusammen. Gl. 4.6 enthält einen Zusammenhang zwischen der Ursache $X(t)$, nämlich dem Zustand zu einem Zeitpunkt t, der die Änderung des Zustand $\dot{X}(t)$ instantan, d.h. augenblicklich ohne zeitlichen Verzug, nach sich zieht. Die Änderung des Zustands ist also eine instantane Wirkung. Etwas genauer könnte man sagen, dass eine Veränderung eines Zustands X_1 zu X_2 als Ursache eine Veränderung der Zustandsänderung $\dot{X}_1$ zu $\dot{X}_2$ bewirkt.

Die starke Kausalität in Punkt **5**, dass die Größe der Wirkung durch die Größe der Ursache in einer geeigneten Norm beschränkt ist, ist gesichert, wenn die Funktion F Lipschitz-stetig ist, d.h. wenn

$$\|\dot{X}_2 - \dot{X}_1\| = \|F(X_2) - F(X_1)\| \leq L \|X_2 - X_1\| \tag{4.7}$$

gilt. Dann ist die Vorhersagbarkeit der konstruierten Wirklichkeit und damit die Möglichkeit von natur- und ingenieurwissenschaftlich begründeten Prognosen sicher gestellt. Schließlich brauchen wir noch die schillerndste aller Anforderungen an die konstruierte Wirklichkeit, nämlich die zeitliche Induktivität in Punkt **7**. Hier bedeutet sie nur, dass die Funktion F der konstruierten Wirklichkeit zukünftig so bleibt, wie sie jetzt ist und sich nicht grundlos ändert.

Der Wert der Lipschitz-Konstanten $L \in \mathbb{R}$ in Gl. 4.7 ist ohne Belang, weil die Zustandsänderung eine andere Einheit hat und beliebig skaliert werden kann. Wichtig ist nur, dass es eine Lipschitz-Konstante gibt.

Wir haben jetzt alle Zutaten beisammen, um die Systemgleichung

$$\dot{X} = F(X), \quad X(0) = X^{\text{ini}} \tag{4.8}$$

aufzuschreiben, die in abstrakter Weise die zeitliche Evolution der Systemzustände der konstruierten Wirklichkeit enthält, die wir hier mit dem Punkt für die Zeitableitung schreiben. Die Lipschitz-Stetigkeit aus Gl. 4.7 sichert die Eindeutigkeit der Lösung $X = X(t)$.

Gl. 4.8 hat also mit sich gebracht, dass die konstruierte Wirklichkeit sich so verhält, als gäbe es einen Laplaceschen Dämon, der bei genügend genauer Kenntnis eines Zustands der Welt ihre gesamte künftige Entwicklung vorhersagen kann. Wir fragen uns, ob wir das gewollt haben. Nein. Und wir behaupten auch nicht die Möglichkeit eines Laplaceschen Dämons, denn erstens ist die konstruierte Wirklichkeit nicht die Welt. Unter anderem der freie Wille kommt in ihr nicht vor. Zweitens ist Gl. 4.8 auch für den eingeschränkten Teil der Welt, mit dem sich die Natur- und Ingenieurwissenschaften beschäftigen, nur theoretisch vorhanden und sicher nicht als Gleichung verfügbar. Wir haben also trotz der konsequenten Formalisierung unserer Überlegungen aus Abschn. 4.1 nicht behauptet, dass wir den Zustand $X(t)$ jemals als Ganzes verfügbar machen könnten.

Bis jetzt haben wir von der konstruierten Wirklichkeit gesprochen, die durch Gl. 4.8 beschrieben wird, und für einen Ausschnitt dieser Wirklichkeit wollen wir eins oder mehrere Modelle entwickeln. Die konstruierte Wirklichkeit wird durch die große, aber unspektakuläre Differentialgleichung in Gl. 4.8 beschrieben, die ebenso ein anderes System, das den Punkten **1** bis **7** aus Abschn. 4.1.8 gehorcht, beschreiben könnte. Wir sprechen deshalb lieber von dem System mit der Systemgleichung aus Gl. 4.1.8, für das wir ein Modell suchen, das im Allgemeinen kleiner ist.

Von diesem Standpunkt aus ist das System ein High-Fidelity-Modell oder kurz HiFi-Modell eines Ausschnitts der konstruierten Wirklichkeit und das zu entwickelnde kleinere Modell ein Low-Fidelity-Modell oder kurz LoFi-Modell desselben Ausschnitts. Auch die ganze konstruierte Wirklichkeit modelliert nur einen Teil der Welt, und wir weisen noch einmal darauf hin, dass die konstruierte Wirklichkeit kein Teil der Realität oder der Welt sein muss, sondern nur ein theoretischer Beschreibungsversuch. Somit ist die konstruierte Wirklichkeit selbst das größtmögliche HiFi-Modell.

Im Folgenden werden wir von einem System mit der Systemgleichung aus Gl. 4.8 sprechen und von einem dazu entwickelten Modell. Das System steht also für das HiFi-Modell, und das Modell selbst ist ein LoFi-Modell. Natürlich kann es noch kleinere Modelle geben, für die das bisherige LoFi-Modell zum System wird. An dieser Stelle verlassen wir die Vorstellung von einer – wie auch immer gearteten – Wirklichkeit, für deren Ausschnitte wir Modelle entwickeln. Die Formalisierung der Systemgleichung hat uns vielmehr dazu geführt, dass eine im Allgemeinen umfangreichere Beschreibung eines Systems durch ein im Allgemeinen leichter zugängliches Modell modelliert wird.

Bevor wir uns der Formalisierung des Modells oder genauer des LoFi-Modells zuwenden, diskutieren wir einige Beispiele und weitere Eigenschaften für das System und die Systemzustände $X(t)$.

Beispiel 4.3
Im einfachsten Fall wird das System bzw. das HiFi-Modell mit der Systemgleichung in Gl. 4.8 durch n Komponenten im Zustandsvektor $X(t) \in \mathbb{R}^n = \mathcal{U}$ mit einer als bekannt angenommenen Funktion $F : \mathbb{R}^n \to \mathbb{R}^n$ beschrieben. Viele Modelle und unter anderem die in Kap. 1 und in Kap. 3 besprochenen Modelle sind von dieser Form. Die rechten Seiten erfüllen die Lipschitz-Bedingung aus Gl. 4.7. Besonders physikalische Modelle wie der Federschwinger in Gl. 1.6 sind nach jahrhundertelanger Forschung bereits so reduziert formuliert, dass eine weitere Vereinfachung in einem kleineren Modell kaum vorstellbar ist.

Andererseits ist auch jedes komplizierte HiFi-Modell nach einer Diskretisierung, die eine rechnergestützte Simulation erst möglich macht, endlich-dimensional und damit von der Form in Gl. 4.8 mit $\mathcal{U} = \mathbb{R}^n$. Wenn n groß ist, kann es schon zur Reduzierung des Rechenaufwands sehr sinnvoll sein, kleinere Ersatz- oder LoFi-Modell zu entwickeln. Das zugehörige mathematische Teilgebiet heißt Modellreduktion. ∎

Beispiel 4.4
Der angebotene Formalismus in Gl. 4.8 kann allgemeiner interpretiert werden. Im Moment ist er als Differentialgleichung notiert, und die Zustandsänderungen $\dot{X}$

4.2 Ein Modell des Modellierens

werden in infinitesimalen Zeitintervallen dt aufaddiert. In der Notation der Differentiale können wir $X + dX = X + F(X)dt$ schreiben.

Die Verallgemeinerung auf endliche Zeitintervalle Δt erlaubt die Interpretation von Gl. 4.8 für Zustände, die diskrete Werte annehmen. Dann ist $\dot{X}$ nicht mehr die zeitliche Ableitung, sondern die Zustandsänderung im Zeitintervall der Länge Δt, und es gilt weiterhin $X + \Delta X = X + F(X)\Delta t$ mit der Differenz ΔX der Zustände zu Beginn und Ende des Zeitintervalls. ■

Beispiel 4.5
Bei Zustandsgrößen auf kontinuierlichen Gebieten wie beispielsweise der Temperaturverteilung in einem Gebiet $\Omega = \mathbb{R}^d$ mit homogenen Dirichlet-Randbedingungen, d. h. der Temperatur $u = 0$ auf dem Rand $\partial\Omega$ des Gebietes, ist die Systemgröße $X(t)$ eine ortsabhängige Temperatur $X(t) = (u(t, x))_{x \in \Omega} : \Omega \to \mathbb{R}$ mit dem Ort x. Der Raum $\mathcal{U} = C_0^\infty(\Omega)$ enthält alle glatten Funktionen, die die Randbedingungen erfüllen, und Gl. 4.8 enthält nun die Wärmeleitungsgleichung $u_{,t} = \Delta u$ mit dem Laplace-Operator Δ und $\mathcal{F} : \mathcal{U} \to \mathcal{U}^{\text{ch}} = C^\infty(\Omega)$ vermöge $\mathcal{F} : u \mapsto \Delta u$ mit einem abweichenden und formell umfassenderen Raum für die infinitesimalen Zustandsänderungen, weil die zweiten Ableitungen am Rand $\partial\Omega$ nicht null sein müssen.

In der Theorie der partiellen Differentialgleichungen wird bewiesen, dass die Zustände $X(t) \in \mathcal{U}$ auch für alle späteren Zeitpunkte t die Randbedingungen erfüllen und beliebig glatte Funktionen bleiben. Ihnen ist möglicherweise aufgefallen, dass der Laplace-Operator Δ ein unbeschränkter Operator ist und dass die Bedingung in Gl. 4.7 für nicht bandbeschränkte Funktionen u nicht erfüllbar ist. Da aber Δ ein selbstadjungierter Operator mit einem rein negativen reellen Spektrum ist, können wir Gl. 4.7 durch eine einseitige Lipschitz-Bedingung ersetzen, und die Eindeutigkeit der Lösung ist weiterhin gegeben. Leider würden diese Überlegungen den Rahmen dieses Buches sprengen.

An dieser Stelle könnte man diskutieren, ob eine kontinuierliche Funktion tatsächlich Teil unserer konstruierten Wirklichkeit ist, wenn wir gleichzeitig annehmen, dass sich die Raumstruktur in quantenmechanisch relevanten Größenordnungen auflöst. Selbst wenn man sich nicht auf diese Diskussion einlassen will, ist die Wärmeleitungsgleichung spätestens nach einer Diskretisierung, egal wie fein sie ist, wieder von der Form in Gl. 4.8 mit einem möglicherweise langen, aber endlich-dimensionalen Vektor. ■

Gl. 4.7 beschränkt die instantane Wirkung $\|\dot{X}_2 - \dot{X}_1\|$ durch ein Vielfaches $L\|X_2 - X_1\|$ der Ursache $\|X_2 - X_1\|$. Jetzt fragen wir uns, wie groß Wirkung nach einer Zeitspanne t höchstens wird. Dazu machen wir die Abschätzung

$$\frac{d}{dt}\|X_2 - X_1\|^2 = \frac{d}{dt}(X_2 - X_1)^T(X_2 - X_1) = 2(\dot{X}_2 - \dot{X}_1)(X_2 - X_1) \leq \ldots$$

$$\ldots \leq 2\|\dot{X}_2 - \dot{X}_1\| \cdot \|X_2 - X_1\| \leq 2L\|\dot{X}_2 - \dot{X}_1\|^2.$$

Damit wissen wir, dass die Änderung von $\|\dot{X}_2 - \dot{X}_1\|^2$ instantan durch das $2L$-fache von $\|\dot{X}_2 - \dot{X}_1\|^2$ abgeschätzt werden kann. Dieser Term wächst also höchstens exponentiell mit dem Proportionalitätsfaktor $2L$. Für den unquadrierten Term selbst entsteht die Abschätzung

$$\|X_2(t) - X_1(t)\| = e^{Lt} \|X_2(0) - X_1(0)\|. \tag{4.9}$$

Aus der Abschätzung der instantanen Wirkung durch die Ursache in Gl. 4.7 folgt, dass auch für die zeitverzögerte Wirkung $X_2(t) - X_1(t)$ eine starke Kausalitätsbeziehung besteht. Die zeitverzögerte Wirkung kann im Verhältnis zur Ursache groß werden, sie bleibt aber gemäß Gl. 4.9 beschränkt.

Wenn L groß ist, so kann $\|X_2(t) - X_1(t)\|$ schon für kleine Zeitspannen t viel größer sein als $\|X_2(0) - X_1(0)\|$. Man spricht dann von einer sensitiven Abhängigkeit der Lösung von den Anfangswerten. Eine populärwissenschaftliche Variante findet man im Schmetterlingseffekt, welcher unterstellt, dass angesichts der sensitiven Abhängigkeit des Wetters von kleinsten Einflüssen der Flügelschlag eines Schmetterlings im Regenwald einen Wirbelsturm in Europa verursacht haben könnte. Der Schmetterlingseffekt stammt aus der in den 1970er Jahren populären Chaostheorie, zu der auch der berühmte Lorenz-Attraktor gehört. Als sehr vereinfachtes Wettermodell hatte Edward Lorenz (1917–2008) ein System von drei gewöhnlichen Differentialgleichungen aufgestellt, vgl. Gl. 4.8 mit $\mathcal{U} = \mathbb{R}^3$, und festgestellt, dass die einzelne Trajektorie $X = X(t)$ höchst sensitiv von den Anfangswerten abhängt. Andererseits entsprach die furchteinflößende Vorstellung, dass ein Schmetterling weit entfernt ein Unwetter auslösen könnte, der gerade aktuellen Weltuntergangsstimmung mitten im Kalten Krieg.

Die im Schmetterlingseffekt mitschwingende Unmöglichkeit, die Wirkmechanismen und die Zustände genau genug zu kennen, um gleich einem Laplaceschen Dämon die Zukunft vorhersagen zu können, befreit uns ein wenig von der Totalität in der Aussage, dass die gesamte konstruierte Wirklichkeit einer Differentialgleichung wie in Gl. 4.8 folgt. Denn diese notwendige Unterstellung bedeutet noch lange nicht, dass wir neugierigen Menschen auch nur einen aktuellen Zustand genau genug messen können. Die theoretische Vorhersagbarkeit impliziert also nicht die praktische Umsetzbarkeit der Vorhersagen, und die Welt bleibt interessant und spannend, auch wenn wir sie als deterministisch annehmen.

Schließlich wenden wir uns einer einfacheren Überlegung ohne den philosophischen Tiefgang zu, nämlich der Frage, warum wir uns in Gl. 4.8 auf autonome Differentialgleichungen einschränken, deren rechte Seite F nicht explizit von der Zeit t abhängt.

Bei der Beschäftigung mit gewöhnlichen Differentialgleichungen wird eine explizite Zeitabhängigkeit der rechten Seite in $\dot{X} = \tilde{F}(t, X)$ typischerweise zugelassen. Aber einerseits hat die Natur keine Taschenuhr, von der sie die Zeit abliest, um die Mechanismen zeitabhängig zu verändern, und andererseits können wir das rheonome System $\dot{X} = \tilde{F}(t, X)$ leicht in das autonome System

$$\begin{pmatrix} \dot{X} \\ \dot{t} \end{pmatrix} = \begin{pmatrix} \tilde{F}(X, t) \\ 1 \end{pmatrix} = F\left(\begin{pmatrix} X \\ t \end{pmatrix}\right) \quad \text{mit} \quad \begin{pmatrix} X(0) \\ t(0) \end{pmatrix} = \begin{pmatrix} X^{\text{ini}} \\ t^{\text{ini}} \end{pmatrix} \tag{4.10}$$

4.2 Ein Modell des Modellierens

überführen, wenn wir die Zeit als zusätzliche Komponente einführen, deren Ableitung natürlich 1 ist, weil die neue Komponente, also die Zeit t exakt mit t wächst.

Denken Sie darüber nach, dass wir gelegentlich zeitabhängige Einflüsse zur Beschreibung von Phänomenen nutzen, es aber trotzdem nicht notwendigerweise zeitabhängige Mechanismen gibt. Beispielsweise wachsen Pflanzen im Allgemeinen tagsüber stärker als nachts. Auf den ersten Blick sind Parameter wie Wachstumsraten oder Nahrungsaufnahme von der Zeit t abhängig. Andererseits findet nachts keine Photosynthese statt, weil das Licht fehlt. Die Wachstumsrate hängt also vom Licht ab und nicht explizit von der Zeit t. Ähnlich verhält es sich bei sprichwörtlichen Morgenmuffeln. Diese Menschen sind am Morgen sehr grantig, und in dieser Beschreibung steckt die Abhängigkeit von der Uhrzeit. Doch wird die Zeitabhängigkeit unter anderem von dem Hormon Cortisol vermittelt, welches während des Schlafes ansteigt und den morgendlichen Aufwachprozess einläutet. Würde ein typischer Morgenmuffel im Schichtdienst arbeiten und zu anderen Zeiten genauso entspannt schlafen, so wäre er zu beliebigen Tageszeiten morgenmuffelig grantig.

Damit haben wir alles zusammengetragen, was wir auf diesem abstrakten Niveau zur Systemgleichung $\dot{X} = F(X)$ in Gl. 4.8, zu den Systemzuständen $X = X(t)$ sowie zum System bzw. HiFi-Modell oder der konstruierten Wirklichkeit sagen möchten.

Ein Modell zum System in Gl. 4.15, das einen Ausschnitt der konstruierten Wirklichkeit beschreiben soll, muss sinnvollerweise dieselben sieben Punkte aus Abschn. 4.1.8 erfüllen. Es ist – sehr grob formuliert – eine kleinere Version der Systemgleichung.

Die Zustände des Modells zum System aus Gl. 4.15 bezeichnen wir mit $Y = Y(t) \in \mathcal{V}_{\text{adm}} \subseteq \mathcal{V}$. Sie quantifizieren die Begriffe, in denen das Modell formuliert ist. Die Zahlenwerte, die zu zulässigen Modellzuständen gehören, entstammen einer Menge $\mathcal{V}_{\text{adm}}$ der zulässigen Modellzustände, die wir ohne Beschränkung der Allgemeinheit als Teilmenge eines Vektorraums $\mathcal{V}$ annehmen. Das Modell zum System $\dot{X} = F(X)$ oder das LoFi-Modell zum HiFi-Modell oder das Ersatzmodell zum größeren Modell wird durch die Modellgleichung

$$\dot{Y} = G(Y), \quad Y(0) = Y^{\text{ini}} \tag{4.11}$$

beschrieben, die dieselbe Form wie die Systemgleichung in Gl. 4.8 hat. Dies passt dazu, dass wir Gl. 4.8 als zwar unbekanntes, aber theoretisch vorstellbares größtmögliches Modell der konstruierten Wirklichkeit interpretiert haben.

Allerdings ist Gl. 4.11 noch kein mathematisches Modell. Gleichungen werden erst durch ihren Bezug zu dem, was sie beschreiben sollen, zu einem Modell. Wir haben diese Besonderheit schon mehrfach erlebt. Die Bewegungsgleichung in Gl. 1.6 ist ohne den Bezug zum Federschwinger eine gewöhnliche Differentialgleichung zweiter Ordnung mit den Parametern m, d und k sowie der rechten Seite $p = p(t)$. Erst durch die mit der Benennung vermittelte Interpretation von m als Masse, d als Dämpfungskonstante, k als Federkonstante und $p(t)$ als äußerer Anregung des Federschwingers wird die erste Gl. 1.6 unseres Buches zu einem mathematischen Modell.

Beispielsweise das Anfangswertproblem $y' = -\alpha y$ mit $y(0) = y^{\text{ini}} \in \mathbb{R}$ ist allein auf sich gestellt eine Rechenaufgabe mit der Lösung $y(t) = e^{-\alpha t} y^{\text{ini}}$. Erst indem wir die zeitabhängige Größe $y(t) \in \mathbb{R}$ als Quantifizierung einer realistischen Erscheinung interpretieren, wird es zu einem Modell. Da wir diese Differentialgleichung aus dem Physik-Unterricht kennen, liegt es sehr nahe, $y(t)$ als zeitabhängige Masse eines radioaktiven Materials zu interpretieren. Das System in Gl. 4.8 enthält dann beispielsweise die quantenmechanische Beschreibung der zahlreichen Atome des radioaktiven Materials, die extrem schwierig zu analysieren ist und zu deren Modellierung die vereinfachte Größe der bestehenden Gesamtmasse verwendet wird. Gleichzeitig könnte dasselbe Anfangswertproblem die Lernmotivation eines Studierenden bei der Vorbereitung einer Klausur modellieren. In diesem zweiten Fall haben wir kein System $\dot{X} = F(X)$ zur Hand, was vor allem daran liegt, dass die Lernmotivation kein feststehender Begriff ist, der innerhalb einer detaillierteren Theorie beschrieben wird. Trotzdem sind wir sicher davon überzeugt, dass die Einstellungen und Emotionen des Studierenden, dessen Lernmotivation so modelliert ist, vielschichtiger ist, als eine monoton fallende skalare Funktion $y = y(t)$. Suchen Sie nach anderen Phänomenen, die durch dieses Anfangswertproblem modelliert werden könnten.

Wir konstatieren, dass Gl. 4.11 erst dann zu einer Modellgleichung wird, wenn sie ein System modelliert, das durch Gl. 4.8 beschrieben wird.

Der Bezug des Modells zum System wird durch eine Abbildung der Systemgröße X auf die Modellgröße Y hergestellt, die wir hier die System-Modell-Relation

$$\varphi : \mathcal{U}_{\mathrm{adm}} \to \mathcal{V}_{\mathrm{adm}} \text{ vermöge } \varphi : X \to Y \tag{4.12}$$

nennen. An dieser Stelle definieren wir, was ein mathematisches Modell ist.

Definition 4.1
Ein mathematisches Modell ist ein Paar (φ, G) einer System-Modell-Relation φ, die den Zusammenhang zum modellierten System enthält, und einer Modellgleichung $\dot{Y} = G(Y)$, die durch ihre rechte Seite G vertreten wird. ♦

Im einfachsten, nämlich endlich-dimensionalen Fall sind die Räume $\mathcal{U} = \mathbb{R}^n$ und $\mathcal{V} = \mathbb{R}^m$ Euklidische Vektorräume. Im Allgemeinen ist das Modell kleiner, es kommt also mit weniger Komponenten aus, und es gilt $m \leq n$, was allerdings nicht zwingend erforderlich ist. In diesem einfachen Fall gilt $\varphi : \mathbb{R}^n \to \mathbb{R}^m$ und $G : \mathbb{R}^m \to \mathbb{R}^m$, wogegen das System durch $F : \mathbb{R}^n \to \mathbb{R}^n$ beschrieben wird.

Wir wollen nicht vergessen zu erwähnen, dass auch G einer starken Kausalitätsbedingung für den instantanen Zusammenhang zwischen dem Modellzustand Y und der Zustandsänderung $\dot{Y}$ genügen muss, was durch eine Lipschitz-stetige Funktion G gesichert wird und was ggf. durch eine einseitige Lipschitz-Bedingung verallgemeinert werden kann.

Über die starke Kausalität hinaus, auf die kein Modell verzichten sollte, weil ein Modell mit sich verzweigenden unvorhersehbaren Lösungen noch weniger einleuchtend ist als die Vorstellung einer unbestimmten Realität mit echtem Zufall, folgt das Modell den Überlegungen zur Systemgleichung.

Der nicht vorhandene qualitative Unterschied zwischen System- und Modellgleichungen unterstreicht, dass die Rollen als Modell und System, als HiFi-Modell und

4.2 Ein Modell des Modellierens

LoFi-Modell oder als Modell und Ersatzmodell nur in Bezug aufeinander bestehen. Eine Modellgleichung $\dot{Y} = G(Y)$, die LoFi-Modell für ein HiFi-Modell oder System $\dot{X} = F(X)$ ist, kann selbst für ein weiteres und meist kleineres Modell $\dot{W} = H(W)$ wiederum HiFi-Modell sein. Diese Beobachtung wird in Abschn. 5.2 zu den Modellfamilien und Modellhierarchien etwas genauer untersucht.

Zur Vereinfachung der folgenden Notation bezeichnen wir die Flüsse Φ und Γ der System- und Modellgleichung, die jeweils gemäß

$$\Phi(t) : X^{\text{ini}} \mapsto X(t) \quad \text{und} \quad \Gamma(t) : Y^{\text{ini}} \mapsto Y(t) \tag{4.13}$$

die Anfangszustände des Systems bzw. des Modells auf die Zustände zum Zeitpunkt t abbilden. Die Flüsse enthalten die Lösungen der Anfangswertprobleme in Gl. 4.8 und 4.11 und fassen sie zu Abbildungen $\Phi(t) : \mathcal{U} \to \mathcal{U}$ bzw. $\Gamma(t) : \mathcal{V} \to \mathcal{V}$ zusammen. Für viele praktische Fragestellungen sind die Flüsse nicht als geschlossene Terme verfügbar, aber wegen der Eindeutigkeit der Lösungen existieren die Abbildungen in Gl. 4.13.

Eine Modellierungsaufgabe besteht nun darin, ein Paar (φ, G) zu finden, sodass das Diagramm

$$\begin{array}{ccc}
\mathcal{U}: & X^{\text{ini}} & \xrightarrow{\Phi(t)} & X(t) \\
& \downarrow \varphi & & \downarrow \varphi \\
\mathcal{V}: & Y^{\text{ini}} & \xrightarrow{\Gamma(t)} & Y(t) \approx \varphi(X(t))
\end{array} \tag{4.14}$$

näherungsweise kommutativ ist. Dies bedeutet, dass die beiden Wege von links oben nach rechts unten zu etwa demselben Ergebnis führen. Der obere Weg besteht aus einer zeitlichen Entwicklung des Systems und einer Abbildung der Systemgröße in das Modell. Der untere Weg bildet zuerst den Zustand des Systems in die Begriffe des Modells ab und verfolgt dann die Evolution des Modells. Das Diagramm ist kommutativ, wenn die beiden Aktionen, nämlich die zeitliche Evolution und die Anwendung der System-Modell-Relation ohne Einfluss auf das Ergebnis vertauschbar sind.

Gl. 4.14 gibt mit dem System, dem Modell, der Verknüpfung φ und der erhofften Näherung der beiden Wegen alle Zutaten der mathematischen Modellierung wieder. Sie ist die Grundessenz des Modells des Modellierens.

In der ersten Zeile von Gl. 4.14 steht, wie sich der Anfangszustand X^{ini} in der Zeitspanne $[0, t]$ zum Systemzustand $X(t)$ entwickelt. Diese Evolution des Systems oder unserer konstruierten Wirklichkeit ist die als wahr angenommene Grundlage, auf der wir Modelle entwickeln. Wir haben in Abschn. 4.1 ausführlich diskutiert, dass die Natur- und Ingenieurwissenschaften die Existenz des Flusses $\Phi = \Phi(t)$ voraussetzen müssen, selbst wenn Φ nicht verfügbar ist oder wenn man von einem höheren philosophischen Standpunkt aus nicht an die Beschreibungsmacht dieser dämonischen Abbildung Φ glaubt.

Der Anfangszustand X^{ini} des Systems wird mit φ auf den Anfangszustand Y^{ini} abgebildet, der sich nun gemäß dem Modellfluss Γ zum Zustand $Y(t)$ entwickelt. In der zweiten Spalte des Diagramms in Gl. 4.14 werden die Größen $\varphi(X(t))$ und $Y(t)$ verglichen. Der Zustand $Y(t)$ des Modells, der Ergebnis einer Simulation sein kann, wird mit Zustand verglichen, den wir im Rahmen des Modells vom Systemzustand $X(t)$ sehen. Ein gutes Modell kann mit $Y(t)$ die Größe $\varphi(X(t))$ gut vorhersagen.

Beispiel 4.6
Die Differentialgleichung $y' = -\alpha y$ modelliert den Zerfall eines radioaktiven Materials, wobei $y = y(t)$ die zeitabhängige Masse des Materials beschreibt. Die Differentialgleichung modelliert und vereinfacht also ein quantenmechanisches System, das durch seine Wellenfunktion beschrieben ist. In Gl. 4.14 enthält X^{ini} die Wellenfunktion zum Zeitpunkt 0, die durch die System-Modell-Relation auf die Masse $y^{\text{ini}} = Y^{\text{ini}}$ reduziert wird. Die Modellgleichung enthält nur eine skalare Größe. Nun entwickelt sich bis zum Zeitpunkt t das quantenmechanische System und in gewissem Sinne parallel das Modell in der Simulation. Wenn das Modell gut zum System passt, wird die berechnete Masse $Y(t)$ der Masse entsprechen, die sich aus dem quantenmechanische Zustand $X(t)$ zum Zeitpunkt t ableitet. Dann ist die Vorhersage des Modells mit großer Genauigkeit zutreffend. ∎

Bis eben haben wir nicht darüber gesprochen, ob wir die Näherung $Y(t) \approx \varphi(X(t))$ auch außerhalb theoretischer Überlegungen nachprüfen können. Eine Voraussetzung ist, dass die Daten oder Messungen $\varphi(X(t))$ tatsächlich für alle Komponenten des Modells vorliegen, sodass man sie mit $Y(t)$ vergleichen kann. Allerdings kommt es häufig vor, dass ein mathematisches Modell Komponenten enthält, die man realistischerweise nicht oder nicht gut messen und bestimmen kann, vgl. Beispiel 4.7.

Häufig sind nur einzelne Komponenten des Modellzustands messbar. Allgemeiner betrachten wir die Bilder $Z = \chi(Y) \in \mathcal{W} = \chi(\mathcal{V})$ einer Abbildung $\chi : \mathcal{V}_{\text{adm}} \to \mathcal{W}$ mit einem Vektorraum $\mathcal{W}$ als mess- und beobachtbar. Da die Messung aus der konstruierten Wirklichkeit bzw. dem System stammt, ist die Messung eine Abbildung $\psi : \mathcal{U}_{\text{adm}} \to \mathcal{W}$. Da nur die gemessenen oder beobachteten Komponenten verglichen werden können, ist die Forderung für ein gutes Modell nun $\chi(Y(t)) \approx \psi(X(t))$.

Wir schreiben diese Situation für ein parameterabhängiges Modell $\dot{Y} = G_b(Y)$ in ein Diagramm. Vorher merken wir an, dass ähnlich wie in Gl. 4.10, eine parameterabhängige Differentialgleichung als System ohne Parameter geschrieben werden kann, wenn für die konstanten Parameter die triviale Differentialgleichung $\dot{b} = 0$ genutzt wird. Der Parameter b wird dann zum Anfangswert dieser trivialen Differentialgleichung. Hier bleiben wir bei der Schreibweise mit dem Index, weil der Modellzustand Y und der Parameter b unterschiedliche Rollen haben.

Unter Berücksichtigung der eingeschränkten Beobachtbarkeit und der Parameterabhängigkeit der Modellgleichung in G_b lautet die Modellierungsaufgabe jetzt: Man finde (φ, G_b, b), sodass das Diagramm

$$\begin{array}{ccc} \mathcal{U}: & X^{\text{ini}} \xrightarrow{\Phi(t)} & X(t) \\ & \downarrow \varphi & \\ \mathcal{V}: & Y^{\text{ini}} \xrightarrow{\Gamma_b(t)} Y(t) & \downarrow \psi \\ & \downarrow \chi & \\ \mathcal{W}: & Z(t) \approx \psi(X(t)) & \end{array} \quad (4.15)$$

nach der Anpassung des Parameters b näherungsweise kommutativ wird. Im Diagramm in Gl. 4.15 haben wir ohne besondere Vorbereitung verwendet, dass das Modell Parameter b enthält, die nicht a priori bekannt sind, sondern die mit Hilfe der beobachteten Werte $\psi(X(t))$ zu einem oder mehreren Zeitpunkten angepasst werden. Man nennt diesen Arbeitsschritt Parameteridentifikation, und wir besprechen ihn in Abschn. 5.3.

Beispiel 4.7
In den vergangenen Jahren war die Ausbreitung von Infektionskrankheiten und ihre Analyse, Interpretation und Vorhersage ein wichtiges Thema des gesellschaftlichen und politischen Diskurses. Die konstruierte Wirklichkeit liefert den Rahmen, dem gemäß die Infektion nach Gesetzmäßigkeiten abläuft, die wir jedoch nicht vollständig kennen. Jede Person, die Krankheitserreger mit sich herumträgt und folglich in ihre Umgebung aussendet, kann jede andere Person in ihrer Umgebung anstecken. Ob es zu einer Ansteckung kommt, hängt von vielen individuellen Eigenschaften und situationsbedingten Einflüssen ab. Alle diese Größen und viele mehr sind im Systemzustand X versammelt. Die physiologischen Vorgänge sind in $F(X)$ beschrieben, aber wir kennen trotz umfangreicher Forschung längst nicht für alle Details quantitative Beschreibungen, und dieses Unwissen trifft besonders auf die individuellen Eigenschaften der Personen zu.

Die System-Modell-Relation bildet den sehr großen Systemzustand X, der theoretisch den Zustand der gesamten Bevölkerung beschreibt, auf die Begriffe des Modells ab. Das SIR-Modell verwendet im Modellzustand $Y = (S, I, R)^\mathrm{T} \in \mathbb{R}^3 = \mathcal{V}$ drei Zahlen, nämlich die Anzahl der nicht infizierten Personen $S = S(t)$, die Anzahl der infizierten Personen $I = I(t)$ und die Anzahl der immunisierten oder verstorbenen Personen $R = R(t)$, die aus dem Infektionsgeschehen ausgeschieden sind. Die namensgebenden Bezeichnungen dieser drei Gruppen kommen von den englischen Begriffen Susceptible, d. h. empfänglich, also noch nicht infiziert, Infected, also infiziert, und Removed, also entfernt.

Die gesamte Population wird in die drei Gruppen S, I und R eingeteilt. Diese Gruppen nennt man auch Kompartimente, und damit ist das SIR-Modell ein Kompartimentmodell. Aus modelltheoretischer Sicht sind die Kompartimente neueingeführte Begriffe. Beachten Sie bitte, dass die Namensgebung suggeriert, wir können jede Person genau einem Kompartiment zuordnen, als säße sie in einem Zugabteil, das z. B. auf Italienisch compartimento heißt. Die Einteilung in die Kompartimente und damit die Begriffsgebung ist jedoch viel weniger eindeutig. Die Zuordnung einer Person zum Kompartiment I bräuchte eine genaue Definition, was infiziert bedeutet. Viele Krankheitserreger sind überall. Kleine Mengen werden von einer lokalen Immunreaktion bekämpft, die die Betroffenen oft gar nicht bemerken. Erst wenn es den Erregern gelungen ist, sich in einem Wirt über einen Schwellenwert hinaus auszubreiten, schlagen typischerweise Tests an. Mit einer Krankheit infiziert zu sein, ist also eher ein quantitativer Begriff als eine qualitative Entscheidung. Bei genauerer Betrachtung ist die Eigenschaft, ansteckend zu sein, auch nicht deckungsgleich damit, infiziert zu sein.

Von solchen Unterschieden abstrahiert das SIR-Modell. Es geht davon aus, dass das Aufeinandertreffen einer empfänglichen Person mit einer infizierten Person mit einer bestimmten Wahrscheinlichkeit dazu führt, dass aus der gesunden Person eine infizierte Person wird. Außerdem unterstellt das Modell, dass die Wahrscheinlichkeit des Aufeinandertreffens zweier solcher Personen proportional zur Größe S und zur Größe I ist, als wären beide Gruppen gelöste chemische Stoffe in einem Lösungsmittel. Mit den bedingt realistische Annahmen wird der Stoffumsatz von S zu I durch den Term $j_{SI} = \alpha SI$ mit dem Ansteckungsparameter $\alpha > 0$ beschrieben. Dieser Term ist aus chemischer Sicht ein Stoffumsatz oder allgemeiner ein Fluss vom Kompartiment S zum Kompartiment I. Er vermindert S und erhöht I.

In einer ähnlichen Argumentation wird angenommen, dass von den infizierten Personen jeweils ein Anteil immunisiert wird oder stirbt, was zu dem weiteren Fluss $j_{IR} = \varrho I$ mit dem Immunisierungsparameter ϱ führt. Insgesamt ergibt sich das Modell

$$S \xrightarrow{\alpha, S} I \xrightarrow{\varrho} R$$

mit der Modellgleichung (Abb. 4.3)

$$\dot{Y} = \begin{pmatrix} S' \\ I' \\ R' \end{pmatrix} = \alpha \begin{pmatrix} -SI \\ SI \\ 0 \end{pmatrix} + \varrho \begin{pmatrix} 0 \\ -I \\ I \end{pmatrix} = G(Y). \qquad (4.16)$$

Bitte beachten Sie, dass Gl. 4.16 auf der rechten Seite eine Linearkombination von den beiden Mechanismen Ansteckung und Immunisierung mit den Parametern $\alpha > 0$ und $\varrho > 0$ enthält, die die Intensitäten α und ϱ dieser Mechanismen enthält. In Abschn. 4.2.2, vgl. Gl. 4.31, werden wir diskutieren, dass dies bereits eine sehr allgemeine Form einer Modellgleichung ist.

Von den drei Begriffen des Modellzustands ist allerdings die Größe R kaum beobachtbar. Erkrankungen werden diagnostiziert, durch einen Test festgestellt und bei meldepflichtigen Krankheiten von den Gesundheitsämtern dokumentiert. Eine

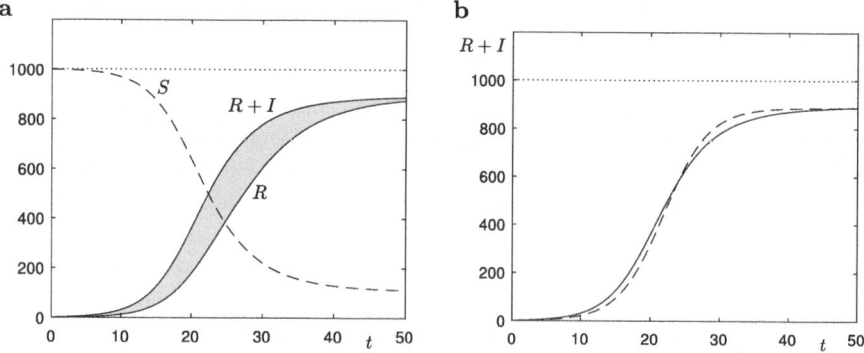

Abb. 4.3 **a** SIR-Modell und typischer Lösungsverlauf, additive Darstellung $R(t)$ und $R(t) + I(t)$, hier $\alpha = 0.0005$, $\varrho = 0.2$ und $N = 1000$. Der Krankenstand $I(t)$ ist grau gekennzeichnet. **b** Logistisches Wachstum (durchgezogen) als Näherung des Verlaufs $R(t) + I(t)$ (gestrichelt)

4.2 Ein Modell des Modellierens

Summation aller Krankmeldungen ergibt die Anzahl aller Personen, die jemals infiziert wurden, also die Größe $I(t) + R(t)$. Die Größe des Kompartiments R dagegen ist weitgehend unbekannt, denn die Gesundung oder die Immunisierung, was nicht genau dasselbe ist, wird typischerweise weniger genau dokumentiert. Die Abbildung χ, die den Modellzustand auf die beobachtbaren Größen abbildet, ist also

$$\chi : \mathcal{V} = \mathbb{R}^3 \to \mathcal{W} = \mathbb{R} \text{ vermöge } \chi : \begin{pmatrix} S \\ I \\ R \end{pmatrix} \mapsto I + R,$$

und die Abbildung χ bildet aus dem sehr großen Raum $\mathcal{U}$ der Systemzustände auf die Zusammenfassung der beiden Kompartimente I und R ab. Alle Modellvorhersagen können somit nur bezüglich des zeitlichen Verlaufs der Anzahl der jemals Erkrankten evaluiert werden.

Zum Schluss dieses Beispiels merken wir an, dass das SIR-Modell in Gl. 4.16, formuliert in der neuen Systemgröße $X = (S, I, R)^T$ wiederum als System für ein einfacheres Modell dienen kann. Die Modellgröße könnte $Y \approx I + R$ sein. Solange zu Beginn einer Erkrankungswelle R klein ist, gilt dann $Y \approx I + R \approx I$. Mit dieser Näherung und der Gesamtpopulation $N = S + I + R$, die, nebenbei bemerkt, in Gl. 4.16 konstant bleibt, betrachten wir $S = N - I - R \approx N - I$ als brauchbare Näherung. Die Differentialgleichung

$$I' = (\alpha S - \varrho)I \approx (\alpha(N - I) - \varrho)I \text{ wird zu } \dot{Y} = \alpha \left(N - \frac{\varrho}{\alpha} - Y\right) Y,$$

und diese Modellgleichung ist das logistische Wachstum mit der Kapazität $K = N - \frac{\varrho}{\alpha}$, vgl. Abschn. 1.2.3.

Lassen Sie uns sagen, dass es vom SIR-Modell unzählige Varianten und Erweiterungen gibt, z. B. mit einer zeitabhängigen Gesamtpopulation nach Einführung von Geburten- und Sterberaten, mit einer Inkubationsphase, deren neues Kompartiment oft mit E für Exposed bezeichnet wird, oder mit Unterteilungen nach weiteren Merkmalen wie dem Alter oder dem Geschlecht der Personen.

Alle Erweiterungen machen die Modelle größer. Sie enthalten dann mehr Parameter und können bei geeigneter Wahl der Parameter, vgl. Abschn. 5.3, quantitative Beobachtungen besser abbilden. Es ist jedoch eine andere Frage, ob die größeren Modelle mehr zum Verständnis und zur Erklärbarkeit der beobachteten Vorgänge beitragen. ∎

Beispiel 4.8
Im Beispiel 1.1 haben wir die Eigenschwingungen des Zweimassenschwingers aus Abschn. 1.1.2 mit der Bewegungsgleichung $M\mathbf{q}'' = -K\mathbf{q}$ mit den Auslenkungen $\mathbf{q} = \mathbf{q}(t) \in \mathbb{R}^2$ und den Matrizen $M, K \in \mathbb{R}^{2 \times 2}$ ausgerechnet. Wir ergänzen das Differentialgleichungssystem zweiter Ordnung um die Anfangsbedingungen

$$\mathbf{q}(0) = \mathbf{x}_0 \in \mathbb{R}^2 \text{ und } \mathbf{q}'(0) = \mathbf{y}_0 \in \mathbb{R}^2$$

für die Auslenkung $\mathbf{x}_0$ zum Zeitpunkt $t = 0$ und für die Anfangsgeschwindigkeit $\mathbf{y}_0$. Zu jeder Wahl der Anfangswerte gibt es genau eine Belegung der Konstanten $c_1, c_2, c_3, c_4 \in \mathbb{R}$ und damit genau eine Lösung

$$\mathbf{q}(t) = \mathbf{v}_1(c_1 \cos \omega_1 t + c_2 \sin \omega_1 t) + \mathbf{v}_2(c_3 \cos \omega_2 t + c_4 \sin \omega_2 t),$$

die eine Überlagerung der beiden phasenverschobenen Eigenschwingungen aus Gl. 1.16 mit den Eigenvektoren $\mathbf{v}_1$ und $\mathbf{v}_2$ von $M^{-1}K$ und den Eigenfrequenzen $\omega_1 = 1$ und $\omega_2 = \sqrt{6}$ ist.

Anfangswerte aus dem Raum

$$\mathcal{V} = \left\{ \begin{pmatrix} \mathbf{x}_0 \\ \mathbf{y}_0 \end{pmatrix} = \begin{pmatrix} c_1 \mathbf{v}_1 \\ \omega_1 c_2 \mathbf{v}_1 \end{pmatrix} \in \mathbb{R}^4 \; : \; c_1, c_2 \in \mathbb{R} \right\}$$

regen nur die erste Eigenschwingung mit ω_1 an, und für alle Zeitpunkte t erfüllen die mechanischen Zustande

$$Y(t) = \begin{pmatrix} \mathbf{q}(t) \\ \mathbf{q}'(t) \end{pmatrix} \in \mathcal{V} \quad \text{mit} \quad \dim \mathcal{V} = 2.$$

Wenn wir nun den Zweimassenschwinger mit den mechanischen Zuständen $X(t) \in \mathbb{R}^4$ als System ansehen, so liefert die orthogonale Projektion

$$\varphi : \mathcal{U} = \mathbb{R}^4 \to \mathcal{V}$$

auf die erste Eigenschwingung ein exaktes Modell des Zweimassenschwingers.

Sie überzeugen sich leicht, dass der zu $\mathcal{V}$ analoge Raum für die zweite Eigenschwingung mit der Frequenz ω_2 senkrecht auf $\mathcal{V}$ steht und ebenso gut für die nachfolgenden Betrachtungen verwendet werden kann.

Das Diagramm in Gl. 4.14 wird kommutativ. Die Anfangsbedingungen $X^{\text{ini}} \in \mathcal{U} = \mathbb{R}^4$ regen beide Eigenschwingungen an, die sich ohne gegenseitige Beeinflussung überlagern. Somit enthält $X(t)$ genau den Anteil der ersten Eigenschwingung, den wir auch erhalten hätten, wenn wir mit $\varphi(X^{\text{ini}}) \in \mathcal{V}$ den Anteil der Anfangswerte herausgepickt hätten, der nur die erste Eigenschwingung anregt.

In diesem Beispiel sind die Modellgleichungen dieselben wie die Systemgleichungen, leben aber in einem kleineren Zustandsraum.

Allgemein kann man konstatieren, dass modale Zerlegungen mit der Bandbeschränkung auf einige Frequenzen exakte Modelle größerer Systeme erzeugen, vgl. das nachfolgende Beispiel 4.9.

Ein anderes exaktes Modell des ungedämpften Zweimassenschwingers ist die Abbildung φ des mechanischen Zustands X auf die Gesamtenergie $Y = E_{\text{kin}} + E_{\text{pot}}$. Da diese konstant ist, ist $\dot{Y} = G(Y) = 0$ die Modellgleichung. Das Modell $(\varphi, 0)$ enthält eine nichtlineare System-Modell-Relation φ, ist aber darüber hinaus ein eher triviales Modell. ∎

4.2 Ein Modell des Modellierens

Beispiel 4.9
Die Wärmeleitungsgleichung für eine zeit- und ortsabhängige Temperatur $u = u(t, x)$ mit $t \geq 0$ und $x \in [0, \pi]$, was einen Stab der skalierten Länge π beschreiben kann, lautet in der einfachsten Variante

$$
\begin{aligned}
u_{,t} &= a u_{,xx} &&\text{für } t > 0,\ x \in (0, \pi), \\
u(t, 0) &= u(t, \pi) = 0 &&\text{für } t > 0, \\
u(0, x) &= u_{\text{ini}}(x) &&\text{für } x \in (0, \pi),
\end{aligned}
\qquad (4.17)
$$

wobei a den Wärmeleitkoeffizienten und die Notationen $u_{,t}$ und $u_{,xx}$ die partielle Ableitung nach der Zeit bzw. die zweite partielle Ableitung nach dem Ort bezeichnet. In diesem Fall gibt es keine äußeren Wärmequellen und -senken für $t > 0$. In der zweiten Zeile von Gl. 4.17 stehen homogene Dirichlet-Randbedingungen, die die Temperatur an den Enden des Stabes auf $u = 0$ festsetzen. Die dritte Zeile enthält die Anfangsbedingung bei $t = 0$, die wir allgemein lassen.

Gl. 4.17 ist eine partielle Differentialgleichungen, und mehr dazu erfahren Sie zum Beispiel in *So einfach ist Mathematik – Partielle Differentialgleichungen für Anwender* aus dieser Reihe, aber diesem Beispiel können Sie auch ohne Hintergrundwissen folgen.

Man rechnet schnell nach, dass die Reihe

$$
u(t, x) = \sum_{k=1}^{\infty} \beta_k e^{-ak^2 t} \sin kx \quad \text{mit} \quad u_{\text{ini}}(x) = \sum_{k=1}^{\infty} \beta_k \sin kx \qquad (4.18)
$$

Gl. 4.17 löst, wobei die Anfangsbedingung in eine Fourier-Reihe über die Eigenfunktionen $v_k(x) = \sin kx$ des örtlichen Differentialoperators entwickelt wurde. Es gilt

$$
-k^2 v_k(x) = \frac{\partial^2}{\partial x^2} v_k(x) \quad \text{und} \quad v_k(0) = v_k(\pi) = 0
$$

mit den Eigenwerten $-k^2$ für $k = 1, 2, \ldots$ zu den Eigenfunktionen, die auch Eigenformen genannt werden. Für zeitabhängige lineare partielle Differentialgleichungen mit konstanten Koeffizienten ist das Vorgehen analog übertragbar. In der Spektralzerlegung wird die Lösung $u(t, x)$ als Fourier-Reihe in den Eigenfunktionen mit zeitabhängigen Koeffizienten $\gamma_k(t)$, also als

$$
u = \sum_{k=1}^{\infty} \gamma_k(t) \sin kx \quad \text{mit} \quad u_{,t} = \sum_{k=1}^{\infty} \gamma_k'(t) \sin kx \quad \text{und} \quad u_{,xx} = \sum_{k=1}^{\infty} \gamma_k(t) \sin kx,
$$

geschrieben. Die Eigenfunktionen stehen im $L_2([0, \pi])$-Skalarprodukt senkrecht aufeinander und sind linear unabhängig. Das Einsetzen des Spektralansatzes in Gl. 4.17 zeigt, dass die Lösung der partiellen Differentialgleichung in die Lösung der gewöhnlichen Differentialgleichungen

$$
\gamma_k'(t) = -ak^2 \gamma_k(t) \quad \text{mit} \quad \gamma_k(0) = \beta_k \qquad (4.19)
$$

für die Koeffizienten separiert, was Sie in Gl. 4.18 wiedererkennen. Jede Eigenfunktion $v_k(x) = \sin kx$ taucht also unabhängig vom Rest der Lösung in der Reihenentwicklung in Gl. 4.18 mit $\gamma_k(t) = e^{-ak^2 t}$ auf. Diese Unabhängigkeit ermöglicht es, exakte Modelle zu formulieren.

Der Zustand $X(t) = u(t, \cdot)$ ist die Temperaturverteilung zum Zeitpunkt t, und der Anfangszustand $X^{\text{ini}} = u_{\text{ini}}$ entstammt der Anfangsbedingung in Gl. 4.17. Als Raum $\mathcal{U}$ können wir den Lebesgue-Raum $L_2([0, \pi])$ wählen. Da die Lösungen ab $t > 0$ beliebig glatt sind, klappt die hiesige Betrachtung ebenso gut, wenn wir uns auf den Raum $\mathcal{U} = C_0^\infty([0, \pi])$ der beliebig oft differenzierbaren Funktionen beschränken, die am Rand null sind.

Der Raum $\mathcal{V}$ sei nun der Raum der örtlich bandbeschränkten Funktionen

$$\mathcal{V} = \left\{ v \in C_0^\infty([0, \pi]) \ : \ v(x) = \beta_1 \sin x + \ldots + \beta_m \sin mx, \ \beta_1 \ldots, \beta_m \in \mathbb{R} \right\},$$

die Linearkombinationen der ersten m Eigenfunktionen sind. Die bandbeschränkten Funktionen im Raum $\mathcal{V}$ sind durch den Koeffizientenvektor $(\beta_1, \ldots, \beta_m)^T \in \mathbb{R}^m$ vollständig beschrieben, und zu jedem Koeffizientenvektor gehört genau eine bandbeschränkte Funktion. Der Raum $\mathcal{V}$ ist isomorph zum Euklidischen Raum $\mathbb{R}^m$. Wir könnten also ebenso gut

$$\mathcal{V} = \mathbb{R}^m$$

verwenden. Das Modell ist Gl. 4.19 für $k = 1, \ldots, m$, d. h. der Modellzustand und die Modellgleichung sind dann

$$Y(t) = \begin{pmatrix} \gamma_1(t) \\ \gamma_2(t) \\ \vdots \\ \gamma_m(t) \end{pmatrix} \in \mathbb{R}^m \text{ und } \dot{Y} = G(Y) = -a \begin{pmatrix} 1^2 & & & \\ & 2^2 & & \\ & & \ddots & \\ & & & m^2 \end{pmatrix} Y. \quad (4.20)$$

Den Anfangswert $Y^{\text{ini}} = (\beta_1, \ldots, \beta_m)^T \in \mathbb{R}^m$ lesen wir aus Gl. 4.19 ab.

Wenn wir die eindimensionale Wärmeleitungsgleichung in Gl. 4.17, die natürlich selbst ein Modell für die reale Wärmeausbreitung in einem dreidimensionalen Stab ist, als System und Gl. 4.20 als Modell betrachten, liefert die System-Modell-Relation

$$\varphi : \mathcal{U} \to \mathcal{V} \text{ mit } \varphi : \sum_{k=1}^\infty \beta_k \sin kx \mapsto \begin{pmatrix} \beta_1 \\ \vdots \\ \beta_m \end{pmatrix} \in \mathbb{R}^m = \mathcal{V} \quad (4.21)$$

zusammen mit G aus Gl. 4.20 das exakte Modell (φ, G), weil die zeitliche Entwicklung der höheren abgeschnittenen Koeffizienten $\gamma_k(t)$ mit $k > m$ in Gl. 4.19 von den niederen Frequenzanteilen völlig unabhängig ist.

Wenn wir die Funktionen aus $\mathcal{U} = L_2([0, \pi])$ oder $\mathcal{U} = C_0^\infty([0, \pi])$ ebenfalls mit der Folge ihrer Koeffizienten identifizieren, so kann $\varphi : \mathcal{U} \to \mathcal{V}$ als Projektion

4.2 Ein Modell des Modellierens

von der Folge $(\beta_k)_{k=1}^{\infty} \in \ell_2$ der Koeffizienten auf den Vektor $(\beta_k)_{k=1}^{m} \in \mathbb{R}^m$ der ersten m Komponenten interpretiert werden.

Im Schaubild in Gl. 4.15 taucht der Raum $\mathcal{W}$ der Messwerte auf, und dies könnte ein Euklidischer Raum mit skalaren Temperaturmesswerten an diskreten Messpunkten sein. Dann sind χ bzw. ψ Auswertungen der ortsabhängigen Temperaturverteilungen im System und im Modell an diesen Messpunkten. Während ψ formell nur u an den Messpunkten auswertet, müsste χ aus dem Koeffizientenvektor zunächst die bandbeschränkte Funktion rekonstruieren.

Die Projektion φ auf bandbeschränkte Funktionen ist in gewissem Sinne auch eine Diskretisierung von Gl. 4.17. Jedoch ist sie zur numerischen Lösung von partiellen Differentialgleichungen mit konstanten Koeffizienten nur in einigen seltenen Fällen sinnvoll, wenn beispielsweise die Eigenfunktionen bekannt sind.

Zur numerischen Lösung wird in der Praxis eher die ortsabhängige Funktion $u(t, \cdot)$ durch Näherungswerte an Gitterpunkten $x_k \in (0, \pi)$, $k = 1, \ldots, m$ diskretisiert, z. B. bei der Linienmethode durch $u_k(t) \approx u(t, x_k)$. Der Einfachheit halber verwenden wir hier die äquidistanten Gitterpunkte

$$x_k = \frac{k\pi}{m+1} \quad \text{mit } k = 1, \ldots, m \text{ und } h = \frac{\pi}{m+1},$$

wobei h die Gitterweite bezeichnet. Mit der Näherung des Differentialoperators durch den zentralen Differenzenquotienten zweiter Ordnung

$$u_{,xx}(t, x_k) \approx \frac{u_{k-1}(t) - 2u_k(t) + u_{k+1}(t)}{h^2} \quad \text{für } k = 1, \ldots, m$$

und der Festlegung, dass die Diskretisierungen $u_0(t) = u_{m+1}(t) = 0$ am Rand von $(0, \pi)$ wegen der homogenen Dirichlet-Randbedingungen in Gl. 4.17 null sind, entsteht als Ergebnis der Semidiskretisierung das System gewöhnlicher Differentialgleichungen

$$\frac{d}{dt}\begin{pmatrix} u_1(t) \\ u_2(t) \\ \vdots \\ u_m(t) \end{pmatrix} = \frac{a}{h^2}\begin{pmatrix} -2 & 1 & & \\ 1 & -2 & 1 & \\ & \ddots & \ddots & \ddots \\ & & 1 & -2 \end{pmatrix}\begin{pmatrix} u_1(t) \\ u_2(t) \\ \vdots \\ u_m(t) \end{pmatrix}. \quad (4.22)$$

Diese einfachste Diskretisierung von Gl. 4.22 mittels finiter Differenzen liefert ebenfalls ein Modell der als System angesehenen Wärmeleitungsgleichung in Gl. 4.17. Der Raum $\mathcal{V} = \mathbb{R}^m$ ist wieder der m-dimensionale Euklidische Raum, und die System-Modell-Relation φ ist jetzt die Auswertung von u an den Gitterpunkten x_k, $k = 1, \ldots, m$, also die Diskretisierung.

Allerdings liefert die Modellgleichung in Gl. 4.22 wie die allermeisten numerischen Diskretisierungen von Differentialgleichungen selbst dann kein exaktes Modell, wenn die gewöhnliche Differentialgleichung in Gl. 4.22 perfekt gelöst würde. Wir erkennen dies schon daran, dass die Eigenwerte der Matrix in Gl. 4.22 die

Eigenwerte $-k^2$ des Differentialoperators für kleine $k \ll m$ zwar recht gut annähern, aber nicht genau treffen.

Wir schließen dieses lange Beispiel mit der Betrachtung, dass numerische Diskretisierungen von kontinuierlichen Problemen sehr gute Beispiele für Systeme und Modelle liefern und dass die mathematische Forschung in der Numerik für viele praktisch relevante Fälle Fehlerabschätzungen für die Differenz $\varphi(X(t)) - Y(t)$ zwischen der Diskretisierung der Lösung $X(t)$ des Systems und der Lösung $Y(t)$ der diskretisierten Modellgleichungen liefert. ∎

Nach diesen Beispielen fragen wir uns, ob es möglich ist, dass die Modellvorhersage $Y(t)$ in Gl. 4.14 die Einschränkung des Systemzustands $\varphi(X(t))$ auf die Begriffe des Modells nicht nur ungefähr, sondern exakt trifft. Wir diskutieren also die Frage, ob die Gleichheit

$$Y(t) = \varphi(X(t)) \quad \text{für} \quad X(t) \in \Theta \tag{4.23}$$

in einem Gültigkeitsbereich $\Theta \subseteq \mathcal{U}_{\text{adm}}$ gelten kann. Solche Modelle machen exakte Vorhersagen.

Im Beispiel 4.8 haben wir gesehen, dass die Spektralzerlegung in die beiden Eigenmoden dazu führt, dass, abgesehen vom transienten Verhalten, die Intensität dieses Eigenmodus von dem Modell, das nur diesen Eigenmodus enthält, exakt vorhergesagt wird. Da die Gesamtenergie des ungedämpften Zweimassenschwingers konstant bleibt, wird auch sie exakt vorhergesagt.

Beispiel 4.9 lieferte für Projektion auf eine beliebige Auswahl von Eigenmoden exakte Vorhersagen, wogegen die Diskretisierung durch finite Differenzen niemals exakte Vorhersagen liefern kann, sondern immer mit einem numerischen Fehler behaftet ist.

Wir sehen also, dass Gl. 4.23 erfüllt sein kann, aber nicht erfüllt sein muss. Daher ist die folgende Definition sinnvoll.

Definition 4.2
Ein Modell (φ, G) heißt exakt zum System $\dot{X} = F(X)$ im Gültigkeitsbereich Θ, wenn $Y(t) = \varphi(X(t))$ für alle Trajektorien $X(t) \in \Theta$ gilt, vgl. Gl. 4.23. ♦

Wir werden sehen, dass es viel mehr exakte Modelle gibt, als man angesichts der strengen Exaktheitsbedingung in Gl. 4.23 erwarten würde. Im endlich-dimensionalen Fall eines Systems mit n Komponenten, d. h. $F : \mathbb{R}^n \to \mathbb{R}^n$, und eines Modells mit m Komponenten, also $G : \mathbb{R}^m \to \mathbb{R}^m$ ergibt die Ableitung der System-Modell-Relation $Y = \varphi(X)$ in Gl. 4.12 nach der Zeit bei Anwendung der Kettenregel

$$\dot{Y} = \nabla\varphi(X)\dot{X} = \nabla\varphi(X)F(X) \quad \text{und} \quad \dot{Y} = G(Y) = G(\varphi(X))$$

und damit die Bedingung

$$\nabla\varphi(X)F(X) = G(\varphi(X)) \quad \text{für alle} \quad X \in \Theta \subseteq \mathcal{U}_{\text{adm}}. \tag{4.24}$$

4.2 Ein Modell des Modellierens

Diese Exaktheitsbedingung braucht die Lösung der System- und Modellgleichungen in Gl. 4.8 und 4.11 nicht, sondern sie enthält nur die Zustände $X \in \Theta$ und davon abhängig $Y = \varphi(X)$. Mit Blick auf φ ist Gl. 4.24 eine partielle Differentialgleichung erster Ordnung, also eine Transportgleichung, und wir können auf die Theorie dieser Gleichungen zurückgreifen. Für ein gegebenes System und damit ein gegebenes F sind Paare (φ, G), die Gl. 4.24 genügen, exakte Modelle. Es gibt also viel Auswahl. Doch bevor wir uns auf die Suche nach Lösungen (φ, G) von Gl. 4.24 machen, untersuchen wir einfache Situationen.

Beispiel 4.10
Wenn Gl. 4.8 und 4.11 homogene lineare gewöhnliche Differentialgleichungen mit konstanten Koeffizienten sind, so gilt $F(X) = AX$ mit $A \in \mathbb{R}^{n \times n}$ und $G(Y) = BY$ mit $B \in \mathbb{R}^{m \times m}$. Betrachten wir außerdem eine lineare System-Modell-Relation $Y = PX$ mit $P \in \mathbb{R}^{m \times n}$, so wird Gl. 4.24 zu

$$PAX = BPX \text{ für alle } X \in \Theta \text{ und damit } PA = BP \in \mathbb{R}^{m \times n},$$

falls Θ nicht in einen Teilraum niederer Dimension von $\mathcal{U}$ eingebettet werden kann. Die Vertauschungsrelation $PA = BP$ spiegelt auf der linken Seite die Evolution des Systems in A und die Abbildung in die Modellbegriffe in P wider und auf der rechten Seite die Abbildung in die Modellbegriffe und die anschließende Evolution des Modells B.

Die Vertauschungsrelation erinnert daran, dass jede quadratische Matrix $A \in \mathbb{R}^{n \times n}$ durch Ähnlichkeitstransformationen auf ihre Jordan-Normalform $\Lambda = V^{-1} AV \in \mathbb{R}^{n \times n}$ gebracht werden kann. Ist A zudem diagonalisierbar, so ist Λ eine Diagonalmatrix der Eigenwerte und V die Matrix der zugehörigen Eigenvektoren. Zuerst liefern $P = V^{-1}$ und $B = \Lambda$ ein exaktes Modell mit $m = n$. Für kleinere $m < n$ schneiden wir die unteren $n - m$ Zeilen von V^{-1} sowie die unteren $n - m$ Zeilen und rechten $n - m$ Spalten von Λ ab und erhalten kleinere passende P und B. Erwartungsgemäß ist somit jede Projektion auf eine Auswahl von Eigenvektoren, also auf eine direkte Summe von Eigenräumen, ein exaktes Modell.

Beachten Sie bitte, dass auch nichtlineare System-Modell-Relationen zu exakten Modellen führen können, beispielsweise die Gesamtenergie eines ungedämpften Federschwingers. ∎

Wir schauen nun auf den Fall eines einkomponentigen Systems, d. h. $X \in \mathbb{R}^1$ und $F : \mathbb{R}^1 \to \mathbb{R}^1$, und lassen nichtlineare Systeme wieder zu. Ebenso soll das Modell nur eine Komponente enthalten $Y \in \mathbb{R}^1$ und $G : \mathbb{R}^1 \to \mathbb{R}^1$. Die System-Modell-Relation ist dann auch eine Funktion $\varphi : \mathbb{R}^1 \to \mathbb{R}^1$, und Gl. 4.24 wird zu

$$\varphi'(X)F(X) = G(\varphi(X)) \text{ bzw. } \frac{d\varphi}{G(\varphi)} = \frac{dX}{F(X)} \text{ für } X \in \Theta \subseteq \mathbb{R}. \quad (4.25)$$

Der Gültigkeitsbereich Θ ist nun ein Intervall oder eine Vereinigung von Intervallen. Viel spektakulärer ist, dass Gl. 4.25 eine gewöhnliche Differentialgleichung in φ in Produktform ist, die für $F \neq 0$ lösbar ist. Wir schließen, dass wir für jedes F und jedes G eine System-Modell-Relation φ finden, die das gegebene Modell G zumindest in einem Gültigkeitsintervall Θ exakt zum System F macht. Anders formuliert lautet die Botschaft von Gl. 4.25, dass jedes einkomponentige Modell ein exaktes Modell für jedes einkomponentige System ist.

Auf den ersten Blick ist die Erkenntnis, dass jede einkomponentige Modellgleichung für ein geeignetes φ exakt für jede einkomponentige Systemgleichung ausgenommen die triviale $F = 0$ mit einem konstanten Systemzustand X ist, überraschend. Andererseits sind sowohl der zeitabhängige Systemzustand $X = X(t)$ als auch der zeitabhängige Modellzustand $Y = Y(t)$ monotone skalare Funktionen, die durch ein geeignetes φ ineinander überführt werden können.

Diese Erkenntnis unterstreicht, dass eine Modellgleichung allein kein Modell ist, sondern dass wir erstens eine System-Modell-Relation brauchen und zweitens, dass ein Modell nicht für sich allein steht, sondern immer ein Modell für ein System ist.

Beispiel 4.11
Wir betrachten die Frage, ob ein logistisches Wachstumsverhalten durch die Gleichung eines exponentiellen Wachstums exakt modelliert werden kann. Das System ist durch

$$\dot{X} = F(X) = X(1 - X) \text{ mit } X(0) = X^{\text{ini}} \in \mathbb{R}$$

gegeben. Das Modell sei

$$\dot{Y} = G(Y) = Y \text{ mit } Y(0) = Y^{\text{ini}} \in \mathbb{R}.$$

Gl. 4.25 ist

$$\varphi'(X) \cdot X(1 - X) = \varphi(X) \text{ mit } \varphi(X) = \frac{cX}{1 - X}, \qquad (4.26)$$

wobei die Konstante c aus dem Einsetzen von X^{ini} und $Y^{\text{ini}} = \varphi(X^{\text{ini}})$ bestimmt wird. Die konstante Lösung mit $X^{\text{ini}} = 0$ verlangt $Y^{\text{ini}} = 0$, und die konstante Lösung $X^{\text{ini}} = 1$ kann nicht eingefangen werden. Aber für alle anderen X^{ini} liefert jedes $Y^{\text{ini}} \neq 0$ eine Konstante $c \neq 0$.

Indem wir die Modellgleichung $\dot{Y} = Y$ des exponentiellen Wachstums als exaktes Modell für das logistische Wachstum $\dot{X} = X(1 - X)$ verwenden, ändern wir die Skala, in der wir Y messen, gemäß Gl. 4.26. Wir verändern also gleichzeitig die Begriffe, in denen das Modell beschrieben wird. Angesichts von etablierten Wachstumsmodellen von Populationen erscheint die Veränderung der Skala, in der die Populationsgröße gemessen wird, kühn, aber mit der Entwicklung naturwissenschaftlicher Modelle und Beschreibungen werden gleichzeitig auch die Begriffe des Modells festgelegt. Sie stehen nicht von vornherein fest. ■

Die Erkenntnis, dass jedes Modell ein exaktes Modell für jedes System sein kann, gilt auch im mehrdimensionalen Fall, wenn der Systemzustand X und der Modellzustand Y mehr als eine Komponente enthalten. Wie im Beispiel 4.11 finden wir wenigstens für kurze Zeiträume eine Funktion φ, indem wir die Transportgleichung in Gl. 4.24 lösen. Dies beweisen wir im folgenden Satz. Allerdings benutzt die kurze

Argumentation etwas mehr Theorie der partiellen Differentialgleichungen als sonst in diesem Buch. Fühlen Sie sich frei, nach dem Satz wieder einzusteigen, wenn Ihnen von der Argumentation schwindlig wird.

Satz 4.3
Die Charakteristiken von Gl. 4.24 mit $X \in \mathbb{R}^n$ sind die Trajektorien des Systems in Gl. 4.8. Die Lösung φ von Gl. 4.24 existiert somit, solange sich die Trajektorien im Phasenraum nicht schneiden.

Beweis Mit der Bezeichnung $f(\nabla\varphi, \varphi, X) = \nabla\varphi \cdot F(X) - G(\varphi) = 0$ für Gl. 4.8 sind die Charakteristiken $\xi = \xi(s) \in \mathbb{R}^n$ die Lösungen von

$$\xi'(s) = \frac{\partial f(\nabla\varphi, \varphi, \xi)}{\partial(\nabla\varphi)} = F(\xi(s)) \text{ mit } \xi(0) \in \Theta. \qquad (4.27)$$

Sie sind damit die Trajektorien der Systemgleichung $\dot{X} = F(X)$ in Gl. 4.8. Wegen der Lipschitz-Stetigkeit von F sind die Lösungen dieser autonomen Systemgleichung eindeutig. Sie schneiden sich nicht sofort, auch wenn die Lösungsschar sich später durchdringen kann. Es gibt für jedes Θ ein endliches Zeitintervall, in dem das Modell G exakt ist. □

Selbst wenn Sie der Argumentation nicht sofort gefolgt sind, so erkennen Sie doch, dass sie zur Überlegung zu einkomponentigen Systemen und Modellen in Gl. 4.25 analog ist. Sie können sich vorstellen, dass die entstehenden System-Modell-Relationen φ sehr wild aussehen, wenn Sie wahllos das System F und das Modell G vorgegeben haben. Wenn Sie analog zu Beispiel 4.11 ausprobieren, ob man das System des Federschwingers, der gedämpft oszilliert, durch die Gleichung modellieren kann, mit der wir üblicherweise eine gradlinige gleichförmige Bewegung beschreiben, so bekommen Sie einen wilden komplizierten Term für φ. Wenn die Trajektorienschar im Phasendiagramm wieder bei den Anfangswerten ankommt und sich damit selbst schneidet, verliert φ seine Eindeutigkeit.

Selbstverständlich sind die Modelle (φ, G) mit teilweise sehr verrückten Ausdrücken für φ nicht alle gleich gut geeignet, um mit den Modellen weiterzuarbeiten, um Ansätze für weitere Untersuchungen aus ihnen zu ziehen oder um sie als Erklärungen für das Funktionieren der konstruierten Wirklichkeit anzusehen.

Die Ingenieur- und Naturwissenschaften und strenggenommen alle Wissenschaften haben in ihrem Erkenntnisstreben immer nach möglichst einfachen Erklärungen gesucht. Denken Sie an Kap. 1 und besonders an Abschn. 1.2.1 zu den Räuber-Beute-Systemen zurück. Trotzdem die einzelnen Mechanismen durch die einfachst möglichen Terme modelliert wurden, haben wir die Auswirkungen des Fischfangs nicht monokausal beschreiben können. Die Untersuchung des Modellverhaltens wird auch dann schwierig, wenn die Modelle einfach sind. Mit einem sehr komplizierten Modell kann die Wissenschaft wenig anfangen. Es bietet kaum Erklärungsgehalt, selbst wenn die numerische Simulation plausible Lösungen liefert. Deshalb ist es seit jeher das Ziel, möglichst einfache Modellgleichungen zu finden, also möglichst einfache G in Gl. 4.11 mit einem großen Bereich V_{adm} zulässiger Modellzustände und mit möglichst langlebigem φ, sodass das Modell breit anwendbar ist.

Besonders gute G enthalten einfache Terme, z. B. die Bewegungsgleichungen des Federschwingers in Gl. 1.6 und die Lotka-Volterra-Gleichungen in Gl. 1.17. Im allereinfachsten Fall sind die Zusammenhänge monokausal, d. h. dass die Veränderung einer Komponente von X nur eine Komponente von $\dot{X}$ ändert. Für solch ein einfaches G sind die wirkenden Mechanismen leicht beschreibbar, und erst das Zusammenwirken der Mechanismen führt zu interessanten und möglicherweise komplizierten Fragestellungen.

Die Einfachheit der Modelle ist ein guter Grund, auf die Exaktheit der Modelle zu verzichten und approximative Modelle zu betrachten. Außerdem ist die Systemgleichung zur Beschreibung eines Ausschnitts der konstruierten Wirklichkeit im Allgemeinen nicht verfügbar, sodass die Exaktheit des Modells in praktischen Anwendungen nur im Bezug auf ein gewähltes System überprüfbar ist. Der folgende Abschnitt stellt die Einfachheit der Modelle wieder in den Vordergrund.

Das Schema in Gl. 4.14 betrachten wir als ein Modell des Modellierens, und auch dieses ist möglichst einfach. Die einzig wirkliche Idee besteht in der Einführung des Systems. Die Annahme, das System sei genügend gut bekannt oder mindestens zugänglich, schafft den Rahmen, um den Modellierungsprozess selbst und die Güte von Modellen zu untersuchen.

4.2.2 Auswahl von Komponenten und Mechanismen

Viele Modelle, die wir in diesem Buch anschauen, sind so aufgebaut, dass Mechanismen additiv zusammenwirken und dass jeder Mechanismus durch einen Koeffizienten, der die Intensität dieses Mechanismus enthält, gewichtet wird.

Beispielsweise ist die Bewegungsgleichung des Federschwingers in Gl. 1.6 so aufgebaut. Die Mechanismen sind die Federkraft $F_k = -ky$, deren Intensität durch die Federkonstante beschrieben wird, und die Dämpfung $F_d = -dy'$ mit der Dämpfungskonstante d. Nach dem Einsetzen in das zweite Newtonsche Gesetz entsteht mit der Anregung $p(t)$ Gl. 1.6.

Auch die Lotka-Volterra-Gleichungen in Gl. 1.17 sind so aufgebaut. Sie bestehen aus dem Wachstumsterm, dem Schadensterm für die Beute, dem Nutzensterm für die Räuber und dem Sterbeterm. Jeder Term hat seinen eigenen Koeffizienten, der bis auf Skalierung in der jeweiligen Messskala die Intensität angibt.

Schauen Sie auch das SIR-Modell in Gl. 4.16 an, das aus den beiden Mechanismen der Ansteckung und der Immunisierung besteht. Die beiden Parameter sind die Ansteckrate α und die Immunisierungsrate ϱ, die als Faktoren vor Termen stehen, die von den Modellkomponenten S, I und R abhängen.

Alle genannten Modelle, von denen wir wissen, dass wir sie als Systeme oder HiFi-Modelle für kleinere LoFi-Modelle auffassen können, haben die Form

$$\dot{X} = \alpha_1 F_1(X) + \ldots + \alpha_r F_r(X) \quad \text{mit} \quad a = (\alpha_1, \ldots, \alpha_r) \in \mathbb{R}^r \tag{4.28}$$

4.2 Ein Modell des Modellierens

mit einem gegebenen Parametervektor a. Wir unterstellen, dass auch das größte denkbare Modell, nämlich die konstruierte Wirklichkeit, die Form in Gl. 4.28 hat, also eine Linearkombination von Mechanismen ist, deren Koeffizienten $\alpha_1, \ldots, \alpha_r$ als Faktoren vor den reinen Mechanismen ohne weitere Parameter stehen.

Durchsuchen Sie die Modellgleichungen, die wir bisher kennengelernt haben, darauf, ob sie die Form in Gl. 4.28 haben. Beispielsweise in Abschn. 3.2 zur unvollständigen Konkurrenz der Strandkioske finden Sie den nichtlinearen Einfluss des Parameters v, der die Preissensitivität der Kundinnen und Kunden angibt. Wir präsentieren zwei andere Beispiele, wie Modelle in die Form von Gl. 4.28 gebracht werden können. Sie versuchen danach, Modelle mit nichtlinearen Abhängigkeiten in diese Form zu bringen.

Beispiel 4.12

Gemäß Abschn. 1.4.1 sind auch statische Zusammenhänge Modelle. Sobald sie in der Modellierung von zeitabhängigen Phänomenen verwendet werden, tauchen die statischen Zusammenhänge als Mechanismus in einer Differentialgleichung auf. Deshalb diskutieren wir hier das statische Modell des thermischen Längenausdehnungskoeffizienten α. Mit der Länge L eines Stabes, der Temperatur ϑ und den zugehörigen Differenzen, die wir mit ΔL bzw. $\Delta \vartheta$ bezeichnen, gilt

$$\alpha L = \frac{dL}{d\vartheta} \approx \frac{\Delta L}{\Delta \vartheta}. \tag{4.29}$$

Das Gleichheitszeichen gibt die formale Definition von α an, und das Ungefähr-Zeichen steht für die praktische Verwendung für kleine Temperatur- und damit kleine Längendifferenzen. Für viele praktische Anwendungen reicht die Näherung, obwohl wir sehen, dass es sich um eine Differentialgleichung in ϑ handelt, die bei konstantem α den Zusammenhang $\Delta L = (e^{\alpha \Delta \vartheta} - 1)L$ hat, was erst nach einer Linearisierung zur linearen Näherung in Gl. 4.29 wird. Glücklicherweise ist $\alpha \Delta \vartheta$ einheitenlos, sodass die Anwendung der Exponentialfunktion physikalisch sinnvoll erscheint.

Für viele Materialien ist der Längenausdehnungskoeffizient α nicht in einem strengen Sinne konstant, sondern erweist sich in experimentellen Messungen als temperaturabhängig, d. h. es gilt $\alpha = \alpha(\vartheta)$. Für unterschiedliche Materialien findet man unterschiedliche Zusammenhänge, und selbst für ein und dasselbe Material werden unterschiedliche Zusammenhänge angegeben. Diese Zusammenhänge stammen meistens aus interpolierten Messdaten.

Relativ häufig ist der Versuch, die Temperaturabhängigkeit durch ein Polynom dritten Grades $\alpha(\vartheta) = \alpha_0 + \alpha_1 \vartheta + \alpha_2 \vartheta^2 + \alpha_3 \vartheta^3$ zu beschreiben. Dafür gibt es keinen besonderen Grund. Vielmehr sind Polynome dritten Grades vielfältig genug, um unterschiedliche Temperaturabhängigkeiten einfangen zu können. Da das Polynom eine Linearkombination von Termen in ϑ mit den Koeffizienten $\alpha_0, \alpha_1, \ldots$ ist, ist es in diesem Fall eine Frage des Geschmacks, ob man von einem Mechanismus mit einem temperaturabhängigen Koeffizienten $\alpha(\vartheta)$ oder von vier Mechanismen mit den Koeffizienten $\alpha_0, \ldots, \alpha_3$ spricht. Diese Koeffizienten haben unterschiedliche Einheiten, und sie würden, wenn wir eine theoretische Motivation dafür hätten, unterschiedliche Eigenschaften des Materials beschreiben.

Etwas komplizierter wird es, wenn die Temperaturabhängigkeit von α nicht direkt durch eine Linearkombination beschrieben wird, z. B. durch

$$\alpha(\vartheta) = \frac{\alpha_0 + \alpha_1 \vartheta}{1 + \alpha_2 \vartheta},$$

wobei die 1 im Nenner gewählt wurde, um für kleine α_1 und α_2 weiterhin die Näherung $\alpha(\vartheta) \approx \alpha_0$ nahezulegen. Durch die Einführung von Zwischenschritten in der Umformung wie beispielsweise $Z_1 = \tilde{\alpha}_1 \vartheta$ mit dem neuen Parameter $\tilde{\alpha}_1 = \alpha_1 / \alpha_0$ und $Z_2 = \alpha_2 \vartheta$ kommen wir zu

$$\alpha(\vartheta) = \alpha_0 \frac{1 + Z_1}{1 + Z_2}$$

und sind wieder bei der Form von Gl. 4.28. Die einfache Form der bekannten mathematischen Modelle begründet sich in der Wahl passender Begriffe wie hier Z_1 und Z_2. Bei den etablierten Modellen haben diese Begriffe Namen und Interpretationen, und wir empfinden sie nicht mehr als Zwischengrößen. ∎

Beispiel 4.13
Bereits in Abschn. 1.2.3 haben wir das logistische Wachstum diskutiert. Die Kapazität K in Gl. 1.27 steht im Nenner, und sie steht dort, weil wir eine Interpretation für die Kapazität eines Ökosystems haben.

Gleichzeitig hat uns die Frage, warum das Ökosystem eine Kapazität hat, auf die Konkurrenz innerhalb der Population geführt. Durch die Umdeutung der Terme konnte in Gl. 1.28 eine Differentialgleichung in der Form von Gl. 4.28 angeboten werden. ∎

Das nächste Beispiel betrifft die Beschreibung von Materialien mit ortsabhängigen Materialparametern. Wir sagen zwar, dass wir das Material modellieren, aber im Allgemeinen betrachten wir eine formelhafte Beschreibung der Ortsabhängigkeit noch nicht als vollwertiges Modell. Aber natürlich modelliert ein solcher Zusammenhang ein beobachtetes oder zumindest beobachtbares Phänomen.

Beispiel 4.14
Denken wir uns ein Material, dessen Dichte $\varrho = \varrho(x_1)$ von der Ortskomponente x_1 abhängt, z. B. in der Form $\varrho(x_1) = \varrho_0 + \varrho_1 \sin(\omega x_1)$. Der eine Begriff der Dichte ist ortsabhängig, also gibt es hinter diesem einen Begriff weitere Begriffe, die die Ortsabhängigkeit beschreiben. Wir könnten ϱ_0 den konstanten Anteil der Dichte nennen, ϱ_1 die Welligkeit und ω die Frequenz. Schon haben wir drei Mechanismen oder drei Effekte, die durch die drei Parameterwerte beschrieben werden. Die Zwischengröße $Z = \omega x_1$ erzeugt die Form in Gl. 4.28. ∎

Wir können uns auch allgemein überlegen, welche Differentialgleichungen in den Komponenten $X_1, \ldots, X_n$, in der die Parameter $\alpha_1, \ldots, \alpha_r$ auftauchen, durch die Einführung von Zwischengrößen, also weiteren Komponenten, in die Form von

4.2 Ein Modell des Modellierens

Gl. 4.28 überführt werden können. Die einzige echte Voraussetzung, die für die Überführung gebraucht wird, besteht darin, dass jeder Parameter nur für einen Zusammenhang verwendet wird und nicht in zwei unterschiedlichen Bedeutungen auftritt.

Im einfachsten Fall tritt ein Parameter, den wir ohne Beschränkung α nennen, eingebettet in zwei möglicherweise nichtlineare Funktionen auf. Eine der Differentialgleichungen aus Gl. 4.28 lautet also

$$\dot{X}_k = f(\alpha g(X)) + \ldots$$

mit möglicherweise weiteren Termen. Unspektakulärerweise ist die neue Zwischengröße $Z = \alpha_1 g(X)$, und wir schreiben mit der Kettenregel

$$\begin{aligned}\dot{X}_k &= 1 \cdot f(Z) + \ldots \\ \dot{Z} &= \alpha \nabla g(X) \cdot \dot{X}.\end{aligned} \quad (4.30)$$

Wenn nun $\dot{X}$ schon in der Form von Gl. 4.28 angegeben ist, so setzen wir diesen Ausdruck in Gl. 4.30 ein und erhalten ein System in den Komponenten von X ergänzt um das neue Z, das die Form von Gl. 4.28 hat. Der Faktor 1 in der ersten Gleichung von Gl. 4.30 ist ein neuer Parameter, der allerdings fest gegeben ist.

In phänomenologischen Modellen könnten Terme auftreten, in denen die Komponenten von X noch enger mit den Parametern verzahnt sind. Dann hilft die Anwendung von Umkehrfunktionen bei der Überführung. Tritt beispielsweise der Term α^{X_1} in einer Differentialgleichung auf, so führt $Z = \ln \alpha^{X_1} = X_1 \ln \alpha$ mit dem neuen Parameter $\ln \alpha$ wieder auf eine Proportionalität. Allerdings wäre eine Abhängigkeit in der Form α^{X_1} sehr interpretationsbedürftig, und wir würden sie typischerweise anders schreiben. Beispielsweise lautet die Faustregel, dass die Dichte der Luft sich etwas alle 5000 m oder manchmal alle 5500 m halbiert. Diese Faustregel ist eine grobe Näherung, und man spürt bereits, dass kompliziertere Zusammenhänge dahinterstecken. Gemäß dieser Faustregel können wir den Zusammenhang auf unterschiedliche Art notieren. Für die Dichte $\varrho(X_1)$ in Abhängigkeit von der Höhe X_1 entsteht

$$\varrho(X_1) = 2^{\frac{-X_1}{5000\,\text{m}}} = \left(2^{\frac{-1}{5000}}\right)^{X_1} \quad \text{mit } \alpha = 2^{\frac{-1}{5000}},$$

und im zweiten Term müssten wir die Einheit von X_1 wegdenken. Das sollte uns warnen, denn das entstehende α ist ein Zahlenwert für die Faustregel, aber kein guter physikalischer Parameter. Die Umrechnung in andere Einheiten wäre ungewohnt. Besser wir benutzen den ersten Ausdruck mit der Zwischengröße $Z = X_1/5000\,\text{m}$, die die Höhe auf die Vielfachen von 5000 m skaliert und finden $\varrho(X_1) = 2^Z$ ohne ausdrücklichen Parameter.

Beispiel 4.15
Wir demonstrieren die Umformung einer Modellgleichung in die Form von Gl. 4.28 am Beispiel des Fallens eines Körpers der Masse m in Luft. Der Körper fällt aus so großer Höhe, dass sowohl die Abhängigkeit der Fallbeschleunigung als auch die Abhängigkeit der Luftdichte von der Höhe h über der Erdoberfläche berücksichtigt

werden soll. Mit dem Erdradius R und dem c_w-Wert, der proportional zur Luftdichte ist, ergibt sich für $h > 0$ und $h' \leq 0$, denn Körper fallen nach unten, die Differentialgleichung

$$mh'' = -c_\text{w}(h)h'^2 - mg\frac{R^2}{(R+h)^2} \quad \text{mit} \quad c_\text{w}(h) = c_\text{w}(0)\alpha^{-h}.$$

Hier haben wir den Parameter α aus der vorigen Überlegung zur Abnahme der Luftdichte mit der Höhe in der schwierigeren Variante verwendet, die wir eben als unphysikalisch bezeichnet haben.

Die Zwischengrößen Z_1 und Z_2 wählen wir als

$$e^{Z_1} = c_\text{w}(0)\alpha^{-h} \quad \text{mit} \quad Z_1 = \ln c_\text{w}(0) - h\ln\alpha \quad \text{und} \quad \dot{Z}_1 = -h'\ln\alpha$$

und

$$Z_2 = \frac{R}{R+h} \quad \text{mit} \quad \dot{Z}_2 = -\frac{Z_2^2 h'}{R}.$$

Mit der Bezeichnung $X_0 = h$ und $X_1 = h'$ ergibt sich das ungewohnt aussehende System

$$\begin{aligned}
\dot{X}_0 &= X_1, \\
\dot{X}_1 &= -\tfrac{1}{m}e^{Z_1}X_1^2 - gZ_2^2, \\
\dot{Z}_1 &= -\ln\alpha \cdot X_1, \\
\dot{Z}_2 &= -\tfrac{1}{R}Z_2^2 X_1,
\end{aligned}$$

und vor jedem Term in Komponenten des Zustands $X = (X_0, X_1, Z_1, Z_2)^\text{T}$ steht genau ein skalarer Faktor als Koeffizient, der die Intensität oder Stärke des Mechanismus anzeigt. Die Tatsache, dass wir die ursprüngliche Bewegungsgleichung zweiter Ordnung für lesbarer halten, liegt daran, dass physikalische Modelle seit langem in den dort verwendeten Begriffen formuliert werden. ∎

Mit der Einführung von neuen Begriffen, die wir hier Zwischengrößen genannt haben, und einigen Umformungen können wir jede Systemgleichung in der Form von Gl. 4.28 schreiben.

Damit beschreibt auch die Differentialgleichung

$$\dot{Y} = \beta_1 G_1(Y) + \ldots + \beta_s G_s(Y) \quad \text{mit} \quad b = (\beta_1, \ldots, \beta_s) \in \mathbb{R}^s \tag{4.31}$$

eine sehr allgemeine Form von Modellen für zeitabhängige Phänomene. Das Modell in Gl. 4.31 besteht aus der Auswahl der berücksichtigten Mechanismen $G_1, \ldots, G_s$ und den zugehörigen Parametern $\beta_1, \ldots, \beta_s$. Wird ein Parameter $\beta_j = 0$ gesetzt, so wird der zugehörige Mechanismus G_j im Modell nicht berücksichtigt.

Unsere Überlegungen haben wieder dazu geführt, dass das System in Gl. 4.28 und das Modell in Gl. 4.31 von derselben qualitativen Bauart sind. Das ist nicht verwunderlich, wenn wir die konstruierte Wirklichkeit als größtmögliches Modell der

4.2 Ein Modell des Modellierens

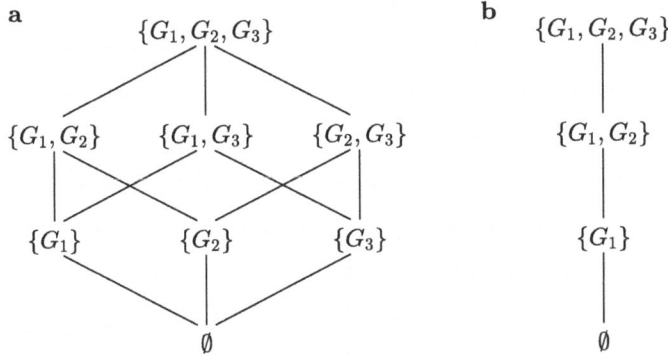

Abb. 4.4 a Vollständige Modellfamilie, d. h. alle Kombinationen von Mechanismen G_i sind wählbar. Die Modelle sind durch die ausgewählten Mechanismen beschrieben. b Wohlgeordnete Modellhierarchie, d. h. Mechanismen bauen aufeinander auf

empfundenen Realität ansehen, aus der Details durch Modelle beschrieben werden. Es ist noch weniger verwunderlich, wenn wir das System in Gl. 4.28 als HiFi-Modell interpretieren und das Modell in Gl. 4.31 als LoFi-Modell oder Ersatzmodell.

Diese Vereinfachung ermöglicht es, einen Modellierungsprozess einfach zu beschreiben. Wir entscheiden uns für die Mechanismen G_1 bis G_s, die im Modell bestenfalls berücksichtigt werden sollen. Damit sind die Komponenten des Modellzustands $Y = (Y_1, \ldots, Y_m)^T \in \mathbb{R}^m$ typischerweise festgelegt. Schließlich haben wir noch die Auswahl, ob einige Mechanismen weggelassen werden und so noch einfachere Modelle betrachtet werden. Wir betrachten Gl. 4.31 als die umfassendste Modellgleichung und jede Auswahl von Parametern, die nicht null gesetzt werden, ist eine Auswahl von Mechanismen, die im Modell auftauchen. Auf diese Weise entstehen 2^s Modelle, falls man das triviale Modell $\dot{Y} = 0$ mitzählt, das keine Mechanismen enthält. Abb. 4.4 zeigt eine vollständige Modellfamilie für $s = 3$, bei der alle Kombination von Modellen sinnvoll sind, und eine Modellhierarchie, bei der nur einige der möglichen Auswahlen zu Modellen führen, die wir als sinnvoll und zielführend zur Beschreibung realer Phänomene ansehen.

Beispiel 4.16
Die drei chemischen Stoffe S_1, S_2 und S_3 mögen gemäß der drei theoretischen Reaktionsgleichungen

$$S_1 + S_2 \xrightarrow{\beta_1} S_3, \quad S_1 \xrightarrow{\beta_2} S_2 \quad \text{und} \quad S_3 \xrightarrow{\beta_3} \emptyset$$

mit den Reaktionsgeschwindigkeiten β_1, β_2 und β_3 miteinander reagieren bzw. zu Stoffen zerfallen, die nicht in den Reaktionsgleichungen auftauchen. Mit der Festlegung auf diese drei Mechanismen sind die drei Konzentrationen $Y = (Y_1, Y_2, Y_3)^T$ als Modellzustand festgelegt. Gl. 4.31 konkretisiert sich zu

$$\dot{Y} = \beta_1 \begin{pmatrix} -Y_1 Y_2 \\ -Y_1 Y_2 \\ Y_1 Y_2 \end{pmatrix} + \beta_2 \begin{pmatrix} -Y_1 \\ Y_1 \\ 0 \end{pmatrix} + \beta_3 \begin{pmatrix} 0 \\ 0 \\ -Y_3 \end{pmatrix},$$

weil der Stoffumsatz jeder Reaktion proportional zur Konzentration jedes beteiligten Edukts und zur Reaktionsgeschwindigkeit ist. Es treten also drei Reaktionen mit drei Parametern auf.

Wird eine oder werden mehrere der Reaktionen nicht berücksichtigt, so ergeben sich kleinere Modelle, und alle zusammen bilden eine Modellfamilie. In diesem theoretischen Reaktionsnetzwerk könnte jede der Reaktionen langsam genug sein, um vernachlässigt zu werden.

Wir sehen, dass die Entscheidung für die berücksichtigten Mechanismen die Modellgleichungen nach sich zieht. In der Entscheidung für die Mechanismen steckt schon die Modellierung, und die Übersetzung in Gleichungen ist die Mathematisierung dieser Modellierung.

Unter den Modellen, die nur zwei der chemischen Reaktionen berücksichtigen, bemerken Sie möglicherweise dasjenige mit $\beta_1 = 0$, bei dem nur die zweite und die dritte Reaktion einbezogen werden. Allerdings besteht in diesem Modell kein Zusammenhang zwischen dem Stoff S_3 einerseits und den beiden anderen Stoffen S_1 und S_2. Dieses Modell zerfällt in zwei komplett getrennte Teilmodelle, die unabhängig von einander betrachtet werden können. Abb. 4.4a zeigt die Modellfamilie aus den acht Modellen zu diesem kleinen Reaktionsnetzwerk.

Wenn ein Regentropfen durch die Luft fällt, identifizieren wir ebenfalls drei Mechanismen. Denken Sie an die Schwerkraft, den Luftwiderstand und die Verformung des Tropfens. Allerdings wird kein Modell sinnvoll das Fallen eines Regentropfens beschreiben, wenn es die Schwerkraft nicht enthält. Die Schwerkraft ist also gesetzt. Der Luftwiderstand bremst den Regentropfen, sodass er die Menschen am Boden nicht als lange Wassernadel durchbohrt, und erst dieses Bremsen verursacht die Verformung des Wassertropfens, der während des Fallens nicht wie ein kindlich gemalter Tropfen aussieht, sondern eher wie eine Qualle oder ein Regenschirm. Aus der theoretisch denkbaren Modellfamilie bleiben nur drei sinnvolle Modelle übrig:

1. Schwerkraft,
2. Schwerkraft und Luftwiderstand,
3. Schwerkraft, Luftwiderstand und Tropfenverformung.

Die Modellgleichungen ergeben sich weitgehend zwingend, wenn die Mechanismen feststehen. Die Schwerkraft ist mit den Fallgesetzen unstrittig. Der Luftwiderstand wird am einfachsten über den c_w-Wert beschrieben, wobei selbstverständlich anspruchsvollere Zusammenhänge aus der Strömungsmechanik vorstellbar sind. Die Verformung des Tropfens durch Gleichungen zu beschreiben, ist anspruchsvoll. Hierzu braucht man streng genommen weitere physikalische Zusammenhänge wie die Oberflächenspannung, die Viskosität des Wassers und die Reibung der Flüssigkeit in der Luft. Auch wenn diese Gleichungen nicht jedem bekannt sind, so steht das Modell doch mit der Auswahl der Mechanismen fest. Die Entscheidung für oder

4.2 Ein Modell des Modellierens

gegen eine anspruchsvollere Modellierung beispielsweise des Luftwiderstands ist auch wieder eine Auswahl von berücksichtigten Mechanismen.

Die Modellfamilie reduziert sich für den Tropfen auf eine Modellhierarchie, s. Abb. 4.4b. Das kleinste nichttriviale Modell ist das Modell Nr. **1**, das nur die Schwerkraft enthält, und dieses ist ein Teilmodell von Modell Nr. **2** usw. Suchen Sie nach weiteren Mechanismen, um diese Modellhierarchie zu ergänzen. ∎

Schließlich kann man Modell entwickeln, indem man einzelne Komponenten aus Unkenntnis oder aus dem Drang nach Vereinfachung weglässt. Man projiziert damit die Modellgleichung in Gl. 4.31 auf einen Teilraum des $\mathbb{R}^m$. Typischerweise verändern sich dabei die betrachteten Mechanismen, und wir stehen wieder vor der Entscheidung, ob das so entstehende LoFi-Modell die interessanten Eigenschaften der ursprünglichen Modellgleichung in Gl. 4.28 oder Systemgleichung in Gl. 4.31 wiedergibt.

Die Formalisierung der Systemgleichung und der Modellgleichung ist zwar ein Schritt in Richtung einer automatischen Modellauswahl, weil die Auswahl der Mechanismen und damit die Erstellung von Modellen jetzt automatisierbar ist, aber die Entscheidung für welche Untersuchungen, für welche Zwecke und für welche Näherungen ein Modell verwendbar ist, bleibt bei uns, den Neugierigen und Forschenden.

4.2.3 Begriffsbildung

Am Ende von Abschn. 4.2.1 haben wir gezeigt, dass jedes Modell ein exaktes Modell zu jedem System sein kann, wenn die System-Modell-Relation φ geeignet gewählt wird. Das Beispiel 4.11 hat illustriert, dass selbst so unterschiedliche Gleichungen wie die des logistischen Wachstums und des exponentiellen Wachstums exakte Modelle füreinander sein können. Um das logistische Wachstum einer Population, die für $t \to \infty$ gegen die Kapazität des Biotops konvergiert durch die Gleichung $\dot{Y} = Y$ mit Lösungen, die für $t \to \infty$ über alle Maße wachsen, modellieren zu können, müssen $Y(t) \to \infty$ und $X(t) \to K = 1$ dieselbe Beobachtung beschreiben. Beispiel 4.11 hat von unterschiedlichen Skalen und unterschiedlichen Begriffen gesprochen und die Transformation in Gl. 4.26 angegeben. Die Wahl von Begriffen, die uns seltsam oder ungewohnt vorkommen, oder von Begriffen, die für die weitere Analyse der Modellgleichungen unintuitiv oder gar gänzlich ungeeignet sind, ist der Preis für die große Zahl exakter Modelle.

Das Ziel der naturwissenschaftlichen Forschung besteht seit Anbeginn der menschlichen Neugier und damit seit einigen tausend Jahren jedoch nicht darin, exakte Modelle bezüglich eines meistens unbekannten Systems zu entwickeln, sondern möglichst einfache und nachvollziehbare Erklärungen anzubieten.

In der klassischen Mechanik ist dies wunderbar gelungen. Viele Zusammenhänge sind linear und monokausal. Die Bewegungsgleichung des Federschwingers in Gl. 1.6 nutzt $F = my''$ das zweite Newtonsche Gesetz und die linearen konstitutiven Gleichungen, die besagen, dass die Federkraft proportional zur Auslenkung y und die rücktreibende Dämpfung proportional zur Geschwindigkeit y' ist. Erst durch das Zusammenwirken dieser einfachen Mechanismen entsteht ein interessanteres und kompliziertes Verhalten.

Ockhams Rasiermesser, vgl. Abschn. 2.4.2, erhebt die Einfachheit einer Erklärung zum Postulat. Es möchte aus einem Modell alles Überflüssige herausschneiden. Andererseits ist die Einfachheit von Erklärungen kein Nachweis ihrer Richtigkeit, egal, welcher Begriff von Korrektheit angesetzt wird. In der Tradition der Physik würde man komplizierte Modelle trotzdem zu vereinfachen versuchen, beispielsweise durch die Suche nach neuen und zusätzlichen Begriffen, in denen die Modelle und Zusammenhänge einfach und übersichtlich werden.

An der Spitze der Forschung geschieht die Suche nach einfachen Erklärungen und passenden Begriffen fortwährend. Da wir aber meistens nicht an der Spitze der aktuellen Forschung stehen oder höchsten auf einem sehr kleinen Teilgebiet Einblick darin haben, nähern wir uns der Suche nach Begriffen am besten, wenn wir uns vorstellen, die etablierten Begriffe aus bekannten Theorien nicht zu verwenden. Versuchen Sie sich an der Erklärung elektrischer Phänomene, wie zum Beispiel eines Kurzschlusses, ohne die Begriffe des elektrischen Stroms und der elektrischen Spannung zu verwenden. Natürlich wäre der Versuch unfair, wenn sie die Kenntnis der Begriffsinhalte voraussetzen und diese nur umschreiben oder gar auf eine abstraktere Theorie wie die Maxwellschen Gleichungen zurückgreifen. Versuchen Sie also, das Phänomen eines Kurzschlusses Menschen zu erklären, denen die Begriffe des Stroms und der Spannung völlig unbekannt sind. Die Situation erinnert ein wenig an den Physikunterricht in der Schule, und dort war die Definition der elektrischen Spannung eines der schillerndsten Themen.

Ein ähnlicher Gedankenversuch besteht darin, der wissenschaftlichen Gemeinschaft im Jahr 1650, als Isaac Newton erst sieben Jahre alt war, die Begriffe der Kraft und der Beschleunigung zu erklären, die uns heute sogar in der Alltagssprache geläufig sind. Sie würden auf einer Zeitreise dem großen Sir Isaac seine Theorie klauen, aber vermutlich hätten Sie unüberwindliche Schwierigkeiten, sich verständlich zu machen.

Im nächsten Beispiel gehen wir den umgekehrten Weg und bringen die einfachen Begriffe in Unordnung. Das entstehende Wirrwarr wird uns zeigen, wie glücklich wir uns mit den bestehenden Begriffen schätzen können.

Beispiel 4.17

Die Bewegungsgleichung des Federschwingers in Gl. 1.6 schreiben wir mit dem mechanischen Systemzustand $X = (y, y')^T$ als Systemgleichung

$$\dot{X} = \begin{pmatrix} 0 & 1 \\ -k & -d \end{pmatrix} X + \begin{pmatrix} 0 \\ p(t) \end{pmatrix} = AX + \mathbf{p}(t) \text{ mit } A = \begin{pmatrix} 0 & 1 \\ -k & -d \end{pmatrix}. \quad (4.32)$$

Wie im Beispiel 4.10 sei die System-Modell-Relation $\varphi(X) = PX = Y$ mit $P \in \mathbb{R}^{2 \times 2}$ eine lineare Abbildung. Aus $P^{-1}Y = X$ und damit $P^{-1}\dot{Y} = \dot{X}$ erhalten wir die Modellgleichung als transformierte Gleichung

$$\dot{Y} = PAP^{-1}Y + \mathbf{p}(t) = BY + \mathbf{p}(t). \quad (4.33)$$

4.2 Ein Modell des Modellierens

Nun verwenden wir statt der Komponenten Ort $X_1 = y$ und Geschwindigkeit $X_2 = y'$ Summe $Y_1 = y + \tau y'$ und Differenz $Y_2 = y - \tau y'$ dieser bekannten Komponenten. Der Faktor $\tau \neq 0$ hat die physikalische Einheit der Zeit und ermöglicht die Bildung der Summe und der Differenz, ohne die bestehenden Grundsätze der Physik mit Füßen zu treten.

Sie sehen, dass man X in Y bijektiv umrechnen kann. Das Bewegungsverhalten des Federschwingers könnte also auch im Zustand Y formuliert sein. Dann wären

$$P = \begin{pmatrix} 1 & \tau \\ 1 & -\tau \end{pmatrix} \quad \text{und} \quad B = \frac{1}{2\tau} \begin{pmatrix} 1 - \tau d - \tau^2 k & -1 + \tau d - \tau^2 k \\ 1 + \tau d + \tau^2 k & -1 - \tau d + \tau^2 k \end{pmatrix} \in \mathbb{R}^{2 \times 2}.$$

Wie Sie sehen, ist die Matrix B deutlich komplizierter geworden, als es die Matrix A war. Aus heutiger Sicht wäre die Modellgleichung mit B eine unnötig unhandliche Beschreibung des Federschwingers.

In diesem Beispiel haben wir Gl. 4.32 als Systemgleichung bezeichnet und mit Gl. 4.33 ein Modell entwickelt, welches dieselben Informationen enthält, also nichts vereinfacht. Zudem ist das Modell komplizierter formuliert als das System. Zwar ist es formell ein Modell für den Federschwinger, aber es hat keine vorteilhaften Eigenschaften.

Nun vertauschen wir die Rollen von System und Modell. Wenn wir Gl. 4.33 mit der vollbesetzten und schwer interpretierbaren Matrix als System ansehen, dann ist die Suche nach der Formulierung in $X = P^{-1}Y$ gleichzeitig die Suche nach den Begriffen Ort und Geschwindigkeit, in denen das beobachtete System einfacher beschrieben werden kann. ∎

Eine bijektive System-Modell-Relation $\varphi : \mathbb{R}^n \to \mathbb{R}^n$ formuliert das System $\dot{X} = F(X)$ um. Wie in der Herleitung der Bedingung in Gl. 4.24 entsteht

$$\dot{Y} = \nabla \varphi(\varphi^{-1}(Y)) F(\varphi^{-1}(Y)) = G(Y). \tag{4.34}$$

Die Suche nach Begriffen, in denen das System $\dot{X} = F(X)$ einfach beschrieben werden kann, z. B. durch übersichtliche und nachvollziehbare Mechanismen wie in Gl. 4.31 ist also die Suche nach solchen φ, mit denen die Modellgleichung G in Gl. 4.34 eine übersichtliche Form hat. Leider ist Gl. 4.34 zu kompliziert, und größere nichtlineare Systeme, die bei der Modellierung von metabolischen Netzwerken, von Ökosystemen oder gar von Genomics- und Proteomics-Systemen auftreten, lassen sich nicht theoretisch fundiert vereinfachen.

Spezifizieren Sie Gl. 4.34 für lineare Systeme, und Sie sehen, dass die Spektralzerlegung der Matrix A auf eine Matrix B in Jordan-Normalform führt. Im Fall einer diagonalisierbaren Matrix A ist B die Diagonalmatrix der Eigenwerte, und das Modell $\dot{Y} = BY$ zerfällt in voneinander unabhängige Teilmodelle für die Komponenten $\dot{Y}_k = \lambda_k Y_k \in \mathbb{R}$ mit dem k-ten Eigenwert λ_k von B.

4.2.4 Messungen, Beobachtungen und Experimente

In diesem Abschnitt fragen wir uns, wie die in Abb. 4.2 schon eingezeichneten Experimente, Messungen und Beobachtungen in unseren Formalismus und in das Modell des Modellierens eingeordnet werden.

Würden wir tatsächlich glauben, dass die konstruierte Wirklichkeit vollständig gemäß der Systemgleichung in Gl. 4.8 abläuft, so könnten wir Teile des Systemzustands messen, indem wir eine Abbildung $\psi : \mathcal{U} \mapsto \mathcal{W}$, vgl. Gl. 4.15 auswerten. Solch eine Messung oder solch eine Realisierung der Abbildung ψ erfolgt realistischerweise mit Hilfe eines Messgeräts, das einzelne Komponenten des Modellzustands $Y(t)$ in $Z(t) \approx \psi(X(t))$ anzeigt. Zusätzlich treten Messfehler auf.

Wenn man mit einem Spannungsmessgerät an eine elektrische Anlage tritt und das Messgerät zu bestimmten Zeitpunkten und an bestimmten Stellen anlegt, so erhält man Messwerte. Diese Messwerte sind Beobachtungen aus einer fast unbeeinflussten Wirklichkeit. Wir wissen es nicht mit endgültiger Gewissheit, aber wir stellen uns vor, dass die Messung die Wirklichkeit nur sehr wenig beeinflusst. Eine Spannung können wir typischerweise nur messen, wenn wir einen winzigen Strom fließen lassen und somit die elektrische Anlage beeinflussen. Messgeräte sind jedoch so konstruiert, dass dieser Einfluss sehr sehr gering ist.

Selbst bei der Messung der Windgeschwindigkeit mit einem Anemometer oder einem Windsack verbraucht die Messung einen winzigen Bruchteil der Energie und damit der Geschwindigkeit des Windes. In der klassischen Physik bestand und besteht eine wichtige Aufgabe in der Entwicklung von Messverfahren, die mit einer möglichst geringen Beeinflussung einzelne interpretierbare Größen mit hinreichender Genauigkeit messen. Erst in der Quantenmechanik wird die Messung zu einem erkenntnistheoretischen Problem, weil jeder Beobachter Teil des quantenmechanischen Systems ist und somit die Messung ein nicht abstrahierbarer oder gar hinweg denkbarer Teil des quantenmechanischen Systems.

In manchen Anwendungen sind solche Messungen die einzige Möglichkeit, Informationen über das System und sein Verhalten zu erlangen. Die zurückliegende Evolution der Arten ist von uns nicht beeinflussbar. Wir können einzelne Beobachtungen anstellen, nach Artefakten suchen und diese gemäß aller Messverfahren der Archäologie und der Biologie ausmessen. Wir können die Evolution jedoch nicht nachträglich beeinflussen und beispielsweise ausprobieren, was passiert wäre, wenn die großen Saurier vor 65 Mio. Jahren nicht ausgestorben wären. Auch kosmische Phänomene können wir nur ausmessen, aber nicht beeinflussen. Ein drittes Beispiel ist das Weltklima und der Klimawandel. Die Menschheit als Teil des globalen Ökosystems kann angesichts der Zeitskalen und der Größenordnungen der Phänomene zwar Beobachtungen anstellen. Es ist aber unmöglich, eine Auswahl an alternativen Szenarien auszuprobieren.

Das Ausprobieren unterschiedlicher Szenarien ist charakteristisch für Experimente. Dabei ist es egal, ob man in der Küche Abwandlungen von Rezepten ausprobiert oder in der Wissenschaft unterschiedliche Szenarien und Situationen experimentell untersucht. Zu einem Experiment gehört, dass der Experimentator oder die Experimentatorin die Wirklichkeit willentlich beeinflussen kann. Der Mensch schafft

4.2 Ein Modell des Modellierens

unterschiedliche Bedingungen und beobachtet dann durch Messungen, was passiert. Für diese Willenshandlung unterstellen wir dem Menschen einen freien Willen, und ohne die Annahme eines freien Willens wäre das Konzept des Experiments undenkbar. Wäre der Mensch Teil der konstruierten Wirklichkeit und würde sich gemäß Abschn. 4.1 und der Systemgleichung in Gl. 4.8 vollständig vorbestimmt verhalten, so würde er kein Experiment veranstalten, sondern nur den Gang der Wirklichkeit beobachten.

Beachten Sie bitte, dass wir nicht in philosophischer Strenge klären können, ob wir uns willentlich für etwas entscheiden oder ob diese Entscheidung schon vorher feststand. Für die zweite These spricht, dass der Mensch als Lebewesen ein hochkomplexes biochemisches System ist, das auch Gegenstand naturwissenschaftlicher Forschung ist. Für die erste These spricht neben der Grundkonstitution unseres Zusammenlebens unsere individuelle Erfahrung, denn die allermeisten Menschen empfinden die Möglichkeit von eigenen freien Entscheidungen als real.

In unserem Formalismus befindet sich die konstruierte Wirklichkeit zu Beginn eines Experiments im Zustand $X(t)$, und sie würde sich ohne menschlichen Eingriff gemäß Gl. 4.8 bzw. nach unseren Überlegungen auch Gl. 4.28 weiterentwickeln. Der willentliche Eingriff des Experiments besteht nun darin, den Zustand $X(t)$ zu verändern und zu beobachten, welche Auswirkungen diese Veränderung hat. Zum Vergleich wiederum benötigt man den Fortgang des Systems ohne den Eingriff. Aus diesem Grund betrachten wir den menschlichen Einfluss auf das Weltklima auch nicht als Experiment.

Doch zu einem wissenschaftlichen Experiment gehören noch mehr Eigenschaften. Eine genaue Definition eines Experiments fällt schwer, aber typischerweise gibt es eine Versuchsanordnung, die von der Umgebung nach Einschätzung der Experimentatoren nicht oder nur sehr wenig beeinflusst wird und deren Zustand kontrolliert werden kann. Außerdem soll das Experiment wiederholbar oder reproduzierbar sein, wobei die Unterschiede zwischen den beiden Begriffen feinsinnig sind. Kurz gesagt, sollen, von Messungenauigkeiten abgesehen, dieselben Beobachtungen und Messergebnisse entstehen, wenn jemand anders zu einem anderen Zeitpunkt und eventuell an einem anderen Ort dieselbe Versuchsanordnung aufbaut und das Experiment noch einmal macht. Schließlich sollen die Ergebnisse objektiv, also unabhängig von der individuellen Interpretation des Menschen sein, der das Experiment durchführt.

In unserem Formalismus bedeutet dies, dass der Versuchsaufbau ein kleines Detail der konstruierten Wirklichkeit $\dot{X} = F(X)$ mit $X \in \mathbb{R}^n$ ist, der in den wenigen Komponenten $X_1, \ldots, X_\ell$ mit $\ell \ll n$ beschrieben werden kann. Diese Komponenten sollen kontrollierbar, also von dem Experimentator oder der Experimentatorin beeinflussbar sein. Wir nennen den Zustand des Versuchsaufbaus $X_{\text{exp}} = (X_1, \ldots, X_\ell)^T \in \mathbb{R}^\ell$, den der restlichen konstruierten Wirklichkeit $X_{\text{res}} = (X_{\ell+1}, \ldots, X_n)^T$ und zerlegen F in der Systemgleichung in Gl. 4.8 in vier Teile

$$\begin{pmatrix} \dot{X}_{\text{exp}} \\ \dot{X}_{\text{res}} \end{pmatrix} = \begin{pmatrix} F_{\text{ee}}(X_{\text{exp}}) + F_{\text{er}}(X_{\text{exp}}, X_{\text{res}}) \\ F_{\text{re}}(X_{\text{exp}}, X_{\text{res}}) + F_{\text{rr}}(X_{\text{res}}) \end{pmatrix} \quad \text{mit} \quad \begin{pmatrix} X_{\text{exp}}(0) \\ X_{\text{res}}(0) \end{pmatrix} = \begin{pmatrix} X_{\text{exp}}^{\text{ini}} \\ X_{\text{res}}^{\text{ini}} \end{pmatrix} \quad (4.35)$$

und insbesondere mit dem Teil der rechten Seite F_{er}, der den Einfluss der Wirklichkeit außerhalb des Versuchsaufbaus auf die Größen X_{exp} des Experiments enthält.

Dieser Einfluss kann von X_{exp} abhängen, aber die direkte Abhängigkeit der Größen voneinander soll in F_{ee} stehen.

In der idealen Situation $F_{\text{ee}} = 0$, dass das Verhalten des Versuchsaufbaus von den restlichen Größen unbeeinflusst ist, gilt $F_{\text{er}} = 0$. In diesem Fall liefert (φ, G) mit der Projektion

$$\varphi : X = (X_{\text{exp}}, X_{\text{res}})^{\mathrm{T}} \mapsto Y = X_{\text{exp}} \quad \text{und} \quad G(Y) = F_{\text{ee}}(Y) = F_{\text{ee}}(X_{\text{exp}})$$

ein exaktes Modell. Die Anfangsbedingung $Y^{\text{ini}} = X_{\text{exp}}^{\text{ini}}$ der Größen des Versuchsaufbaus können vom Experimentator willentlich beeinflusst werden, d.h. der Versuchsaufbau ist kontrollierbar. Der Fluss $\Gamma(t)$ der autonomen Differentialgleichung $\dot{Y} = G(Y)$ bildet $Y(0)$ auf $Y(t)$ ab, und ebenso ist $\Gamma(t) Y(t^{\text{ini}}) = Y(t^{\text{ini}} + t)$. Damit ist das ideale Experiment zu jedem beliebigen Zeitpunkt t^{ini} wiederholbar, und es reproduziert dieselben Ergebnisse nach denselben verstrichenen Zeiten seit dem Beginn t^{ini} des Experiments.

Typischerweise dient ein Experiment nicht nur dazu, den Verlauf von X_{exp} zu dokumentieren, sondern aus Messwerten $\psi(X_{\text{exp}}(t_i))$ auf die Funktion F_{ee} oder zumindest einige Eigenschaften dieser Funktion zu schließen, vgl. Abschn. 5.3 zur Identifikation von Parametern und Kap. 6 zu modernen Methoden der Identifikation von Modellen.

In realistischen Experimenten versucht man, den Einfluss F_{er} so klein wie möglich zu halten – zumindest nach dem aktuellen Wissensstand. Da die Systemgleichung und damit F unbekannt ist, ist dies im Allgemeinen nicht in Perfektion möglich. Wenn der Einfluss der nicht kontrollierten Größen X_{res} so groß ist, dass die unterschiedlichen Verläufe $X_{\text{exp}}(t^{\text{ini}} + t)$ unterschiedlicher Experimente mit gleichen kontrollierten Anfangsbedingungen $X_{\text{exp}}(t^{\text{ini}})$ nicht mehr mit Messungenauigkeiten oder ähnlichen Argumenten erklärt werden können, so erfüllt der Versuchsaufbau nicht die Anforderungen an ein wissenschaftliches Experiment. Die Annahme, dass der Versuchsaufbau unabhängig von der restlichen Wirklichkeit sei, wird also falsifiziert, vgl. Abschn. 2.3.

Etablierte Theorien wie beispielsweise die Mechanik oder die ganze klassische Physik erhalten viele Methoden, um F_{er} sehr klein zu machen. Einen Federschwinger mit der Bewegungsgleichung aus Gl. 1.6 kann man als Versuch im Labor aufbauen, und, abgesehen von vorbeifahrenden Straßenbahnen, Erdbeben oder ähnlichem, ist er von der restlichen Welt fast unbeeinflusst.

In wirtschaftswissenschaftlichen Fragestellungen ist es viel schwieriger, einen kontrollierten und von der restlichen Wirklichkeit nahezu unabhängigen Versuchsaufbau zu entwerfen. Denken Sie beispielsweise an ein theoretisches Experiment, um die Preisabsatzkurve in Gl. 1.34 zu ermitteln. Allein die Vorstellung, kontrolliert Strandkioske aufzustellen, um zu messen, bei welchen Preisen wie viel Ware abgesetzt wird, klingt abenteuerlich, und es gäbe unzählige äußere Einflüsse wie das Wetter, die Zusammensetzung der Kundschaft in den Schulferien und an langen Wochenenden oder auch die allgemeine wirtschaftliche Situation, die die experimentellen Ergebnisse beeinflussen.

4.2.5 Beobachteter Zufall

Mit den Bezeichnungen aus dem vorigen Abschn. 4.2.4 wird es leicht, als zufällig empfundene Beobachtungen zu erklären. In Abschn. 4.1.5 zum Determinismus haben wir besprochen, dass sich die Annahme eines echten Zufalls mit dem naturwissenschaftlichen Erkenntnisstreben nicht verträgt, und trotzdem empfinden wir den Ausgang eines Münzwurfs oder die Augenzahl beim Würfeln als zufällig. Beide Experimente beschäftigen sich mit Phänomenen der klassischen Mechanik, und dennoch empfinden wir ihre Ergebnisse als unvorhersehbar.

Eine Erklärung liegt darin, dass die Anfangsbedingungen $X_{\exp}^{\text{ini}}$ nicht genau genug kontrolliert werden können. Sowohl der Münzwurf als auch das Würfeln sind darauf angelegt, dass die Lage und die Geschwindigkeit der Münze oder des Würfels zu Beginn des Wurfes nicht perfekt kontrolliert werden können. Zusammen mit der sensiblen Abhängigkeit der Trajektorie $X_{\exp}(t)$ von den Anfangsbedingungen, die spätestens beim Aufprall auf eine Unterlage sichtbar wird, gelingt es uns bei korrekter Ausführung nicht, die Münze oder den Würfel so zu werfen, dass die möglichen Versuchsausgänge vorhergesagt werden können.

Aber selbst eine Maschine, die mit großer Präzision dieselben Anfangsbedingungen wählt, erzeugt beim Würfeln unterschiedliche Ergebnisse. Die Trajektorien der Würfe sind ähnlicher als beim menschlichen Würfelspiel auf dem Wohnzimmertisch, aber angesichts der Sensitivität der Lösung gegen kleine Einflüsse ist der Einfluss F_{er} der nicht kontrollierten Welt groß genug, um die Trajektorie und damit das Versuchsergebnis zu beeinflussen. Beide Versuchsaufbauten sind nicht genügend unabhängig von ihrer Umgebung.

In diesem Sinne geht der beobachtete Zufall auf nicht kontrollierte Größen außerhalb des Versuchsaufbaus zurück. Auch Messfehler stammen daher, dass nicht alle Einflussfaktoren kontrolliert werden. Es ist sinnvoll, sie als zufällig zu beschreiben, auch wenn wir wissen, dass sie keinem echten Zufall in philosophischer Strenge unterliegen.

Beispiel 4.18
Eine sehr vereinfachte Situation finden wir im System

$$\begin{pmatrix} \dot{X}_{\exp} \\ \dot{X}_{\text{res}} \end{pmatrix} = \begin{pmatrix} -X_{\exp} + \alpha^2 X_{\text{res}} \\ X_{\exp} - X_{\text{res}} \end{pmatrix} \text{ mit } \begin{pmatrix} X_{\exp}(0) \\ X_{\text{res}}(0) \end{pmatrix} = \begin{pmatrix} 1 \\ v \end{pmatrix} \in \mathbb{R}^2 \qquad (4.36)$$

mit jeweils einer skalaren Größe $X_{\exp} \in \mathbb{R}$ im Experiment und der skalaren Größe $X_{\text{res}} \in \mathbb{R}$, die die Welt außerhalb des Experiments symbolisiert. Die System-Modell-Relation $\varphi : \mathbb{R}^2 \to \mathbb{R}$ sei die Projektion auf die erste Komponente $X \mapsto X_{\exp}$, und die Modellgleichung ist $\dot{Y} = G(Y) = -Y$ mit der Anfangsbedingung $Y(0) = 1$. Der Parameter $\alpha \geq 0$ beschreibt den Einfluss der Umgebung auf das Experiment. Für $\alpha = 0$ ist das Experiment von der Umgebung unbeeinflusst, und das Modell ist exakt.

Ohne mögliche Messfehler und unter der Annahme einer vollständigen Information über den Zustand des Experiments beobachtet der Experimentator oder die

Experimentatorin

$$X_{\exp}(t) = \frac{1}{2}\left[(1-\alpha v)e^{-(1+\alpha)t} + (1+\alpha v)e^{-(1-\alpha)t}\right],$$

was für $\alpha \to 0$ gegen die Lösung der Modellgleichungen $Y(t) = e^{-t}$ konvergiert. Im Fall $\alpha = 0$, der zum idealen Experiment gehört, ist die Lösung $X_{\exp}(t)$ von v unabhängig, und das Experiment ist beliebig reproduzierbar. Wenn allerdings $\alpha > 0$ ist, dann beeinflusst $v = X_{\text{res}}^{\text{ini}}$ die Lösung. Ein Experimentator oder eine Experimentatorin beobachtet zu seiner oder ihrer Überraschung unterschiedliche Lösungen $X_{\exp} = X_{\exp}(t)$ in Abhängigkeit vom unkontrollierten und unbekannten v. Da keine Kontrolle über $v = X_{\text{res}}(0)$ existiert, erscheint der Einfluss von v auf die Lösung $X_{\exp}(t)$ als zufällig. Im Rahmen der Modellgleichung gibt es keine Chance, den zufälligen Einfluss von v zu erklären. Ist α und damit der Einfluss klein, so wird dies vielleicht als Messfehler interpretiert. Bei größeren α muss die Annahme, der Versuchsaufbau sei von außen unbeeinflusst, als falsifiziert angesehen und deshalb überdacht werden. Es ist ein Ansatzpunkt für neue Forschung. ■

4.2.6 Gültigkeitsbereiche von Modellen

Mit vielen etablierten Modellen und Modellvorstellungen ist ein Gültigkeitsbereich verbunden, für den meistens keine genaue Abgrenzung existiert.

Die Linearität zwischen Federkraft und Auslenkung aus Gl. 1.1 versehen wir mit dem Zusatz, dass die Auslenkung nicht zu groß sein darf, ohne dass wir wissen, wie groß zu groß wäre.

Die vereinfachende Annahme einer konstanten Fallbeschleunigung versehen wir mit dem Zusatz, dass die Fallhöhe über der Erdoberfläche nicht zu groß sein soll. Im Gegensatz zur Federkraft gibt es in diesem Beispiel mit dem Gravitationsgesetz eine genauere Beschreibung, die für kleine Höhendifferenzen – nicht zuletzt angesichts der Größenordnung anderer Einflüsse wie dem Luftwiderstand – gut durch eine konstante Fallbeschleunigung angenähert wird.

Aussagen über die Gültigkeit eines Modells verlangen also einen Bezug zu einer genaueren Beschreibung und eine Angabe des größten erwarteten Fehlers zwischen dem Modell und der genaueren Beschreibung.

In unserem Formalismus ist der Gültigkeitsbereich $\Omega \subseteq \mathcal{U}_{\text{adm}}$ des Modells (φ, G) mit der Modellgleichung $\dot{Y} = G(Y)$ mit Bezug zum System $\dot{X} = F(X)$ eine Menge von Anfangswerten X^{ini} und ein Zeitintervall $[0, T]$, sodass in einer geeigneten Norm der Fehler im Diagramm aus Gl. 4.14

$$\|Y(t) - \varphi(X(t))\| < S \quad \text{für alle} \quad X^{\text{ini}} \in \Omega \text{ und } t \in [0, T] \tag{4.37}$$

unterhalb einer Schranke S bleibt.

Eine Aussage wie in Gl. 4.37 wäre eine Absicherung oder ein Zertifikat, dass das Modell aus Gl. 4.11 unter den genannten Bedingungen das System Gl. 4.8 bis auf Fehler kleiner C ersetzen kann.

4.2 Ein Modell des Modellierens

Ein Schönheitsfehler von Gl. 4.37 besteht darin, dass der Gültigkeitsbereich in den Größen $X \in \mathcal{U}$ des Systems ausgedrückt wird und nicht in den Größen des Modells. Da wir in bei den meisten Modellen in den Modellgrößen Y denken, wäre es schöner, wenn wir den Gültigkeitsbereich als Teilmenge von $\mathcal{V}_{\text{adm}}$ angeben könnten. Das ist leider nicht möglich, weil zu einer Modellgröße Y ein im Allgemeinen größes Urbild $\varphi^{-1}(Y)$ von Systemzuständen gehört. Die unterschiedlichen $X \in \varphi^{-1}(Y)$ beeinflussen das System, sind jedoch aus Sicht des Modells ununterscheidbar, vgl. Abschn. 4.2.5.

Im Beispiel der Fallbeschleunigung taucht die Höhe über der Erdoberfläche im Modell der konstanten Fallbeschleunigung nicht auf. Hier gibt es im Modell kein Y, das eingeschränkt werden könnte, um zu große Höhen auszuschließen. Wir müssen also damit leben, dass der Gültigkeitsbereich eine Menge von Systemzuständen ist.

Sie können die Definition des Gültigkeitsbereichs für parameterabhängige Modelle wie in Gl. 4.31 und parameterabhängige Systeme wie in Gl. 4.28 anpassen, indem Mengen zulässiger Parameter eingeführt werden. Dies ergibt aber keine inhaltliche Neuerung, weil die Parameter ähnlich wie in Gl. 4.10 mit trivialen Differentialgleichungen ausgestattet als Anfangswerte interpretiert werden können.

In vielen realistischen Anwendungen, bei denen das System nicht explizit vorliegt, wird der Gültigkeitsbereich aus Erfahrungen abgeleitet oder aufbauend auf Messdaten angegeben. Mit Blick auf immer freiere und größere Modelle beispielsweise aus dem Maschinellen Lernen, vgl. Kap. 6, erwarten wir, dass die Angabe von Fehlerschranken und Gültigkeitsbereichen von Modellen gegenüber Systemen oder gegenüber genaueren, aber aufwendigeren Modellen wichtiger werden wird.

4.2.7 Kausalität und Korrelation

In Abschn. 4.1.4 haben wir diskutiert, dass es keinen experimentellen Nachweis des Kausalitätsprinzips gibt. Schlimmer noch, gibt es auch kaum eine Möglichkeit nachzuweisen, dass ein bestimmter Zusammenhang kausal ist.

Umgekehrt ist es leichter möglich, nachzuweisen, dass eine Beziehung zwischen zwei Phänomenen nicht kausal ist. Beispielsweise werden ernährungswissenschaftliche Erkenntnisse in populärwissenschaftlichen Veröffentlichungen gern als Wenn-Dann-Aussagen formuliert, z. B. „Wer drei Mal am Tag Obst isst, hat ein gesünderes Körpergewicht." Die suggerierte Kausalität in dieser Aussage widerlegen Sie, wenn Sie einigen übergewichtigen Versuchspersonen auftragen, ansonsten unverändert zu leben, aber drei Mal am Tag Obst zu essen, wobei man darauf achten könnte, durch das Obst keine zusätzliche Energie zuzuführen. Höchstwahrscheinlich werden die Versuchspersonen nicht abnehmen. Vielmehr liegt der Aussage eine gemeinsame Abhängigkeit vom sozioökonomischen Status und der Lebensweise zugrunde. Wohlhabende und entspannte Menschen haben ein geringeres Körpergewicht, und fast nur solche Menschen haben die Zeit und das Geld, drei Mal am Tag Obst zu essen. Die Aussage enthält also keinen kausalen Zusammenhang, sondern eine Korrelation.

Ein ähnliches Beispiel ist die Korrelation zwischen der Anzahl der Störche und der Geburtenrate, die beide mit der technischen Modernisierung und mit der

Verstädterung der Gesellschaft abnehmen. Die Modernisierung und die Verstädterung bilden die gemeinsame Ursache für die beiden Wirkungen der Abnahme der Zahl der Störche und des Rückgangs der Geburtenrate. Zwischen den beiden Wirkungen besteht eine Korrelation, aber kein kausaler Zusammenhang.

Wenn, z. B. in einer medizinischen Studie, eine Korrelation zwischen zwei Größen beobachtet wird, so kann allein daraus ein kausaler Zusammenhang weder belegt oder ausgeschlossen werden. Es fällt sogar schwer, den Unterschied zwischen einer Korrelation und einem kausalen Zusammenhang zu definieren, solange man sich nur auf Beobachtungen und Messdaten stützen kann, weil eine gemeinsame, eventuell noch unbekannte Ursache nicht ausgeschlossen werden kann.

In unserem Formalismus, bei dem wir eine theoretische Zugänglichkeit des Systems $\dot{X} = F(X)$ unterstellen, können wir dagegen die kausale Abhängigkeit zwischen zwei Komponenten X_k und X_j formell definieren. Wenn eine Änderung ΔX_k von X_k direkt zu einer Änderung ΔX_j von X_j führt, so betrachten wir X_k als Ursache der Wirkung X_j, d. h.

$$(\Delta X_k \Rightarrow \Delta X_j) \Leftrightarrow \frac{\partial}{\partial X_k} F_j(X) \neq 0.$$

Die Besetzungsstruktur der Jacobi-Matrix $\nabla F(X)$ ist die Adjazenzmatrix des gerichteten Graphen der kausalen Abhängigkeit, der eventuell vom Zustand X abhängt.

Zwei Größen mit einer gemeinsamen Ursache, die selbst nicht voneinander abhängen, nennen wir korreliert, und Komponenten, die über andere Komponenten in einer kausalen Kette miteinander verknüpft sind, hängen mittelbar voneinander ab.

Die Bestimmung der kausalen Abhängigkeiten wirkt in jeder sich entwickelnden Forschungsdisziplin mit der Begriffsbildung zusammen, weil die Wissenschaften nach Begriffen suchen, die eine möglichst übersichtliche Abhängigkeitsstruktur ergeben. Wir haben dies besonders in Abschn. 1.1 gesehen, wo viele Abhängigkeiten zwischen den Größen auf einfache Proportionalitäten reduziert sind. Solange wir multikausale Erklärungen wie bei der Populationsdynamik in Abschn. 1.2 haben, strebt die Gemeinschaft der wissenschaftlich Neugierigen typischerweise nach einfacheren und eingängigeren Erklärungen, auch wenn das nicht immer möglich ist.

4.2.8 Modellierungsansätze

Bei der Erstellung von Modellen lassen wir uns von unterschiedlichen Anforderungen oder Wünschen an das Modell leiten. Denken Sie an die Modellierungsaufgaben in Abschn. 3.3 zurück.

Ist für die Anwendung, die modelliert werden soll, eine übergeordnete Theorie verfügbar, so werden wir uns bei der Modellierung dieser Theorie bedienen und versuchen, die beobachteten Phänomene durch das Zusammenwirken der etablierten Zusammenhänge zu erklären, vgl. Abschn. 1.1. Wir erhalten ein theoriebasiertes Modell.

4.2 Ein Modell des Modellierens

Wenn der Rückgriff auf eine Theorie nicht möglich ist, so werden wir weiterhin plausible Zusammenhänge verwenden, die möglicherweise in anderen Gebieten etabliert sind, wie wir dies bei der Populationsdynamik in Abschn. 1.2 gemacht haben, aber die theoretische Fundierung des Modells nimmt ab.

Bei der Modellierung von Vorgängen, bei denen nur ein sehr qualitatives Wissen verfügbar ist wie beispielsweise in Abschn. 1.3 zu den mikroökonomischen Modellen, sind wir gezwungen, Modelle zu bauen, die weniger auf theoretischen Zusammenhängen beruhen, als vielmehr beobachtbare Phänomene nachstellen. Die Preis-Absatz-Kurve in Gl. 1.34 ist ein typisches Beispiel. Solche Modelle nennt man phänomenologische Modelle. Sie verhalten sich so, wie wir es von ihnen erwarten, denn genau so sind sie konstruiert.

Phänomenologische Modelle haben ihre Berechtigung überall dort, wo die zugrundeliegenden Mechanismen nicht oder noch nicht gut verstanden und sortiert sind. Sie können das Zusammenwirken von plausiblen Annahmen beschreiben und so Erklärungen für das Modellverhalten anbieten. Wir dürfen uns jedoch nicht verleiten lassen, das Modell, in das wir ein Phänomen hineingesteckt haben, als Erklärung des Phänomens anzusehen. Keines unserer mikroökonomischen Modelle erklärt, warum bei steigendem Preis der Absatz – zumindest der hier betrachteten Produkte am Strandkiosk – sinkt, weil wir dieses Phänomen zur Konstruktion des Modells verwendet haben.

Das phänomenologische Modell ist unabhängig vom Modellierungsziel, ein bestimmtes Phänomen zu erklären, vor dem wir in Abschn. 3.4.1 gewarnt haben. Eine sehr brachiale Umsetzung des Modellierungsziels, ein bestimmtes Phänomen zu erklären, wäre genau dieses Phänomen in einem phänomenologischen Modell nachzubilden und dann das Modell als Erklärung anzubieten. Welch ein Zirkelschluss.

Wegen der drohenden Gefahr solcher Zirkelschlüsse waren und sind Versuche populär, hypothesenfreie Modelle zu erstellen, also solche Modelle, deren Entwicklung unabhängig von der zu prüfenden Hypothese und vom zu erklärenden Phänomen sind. Das maschinelle Lernen, das wir in Kap. 6 besprechen, ist ein hypothesenfreier Modellierungsansatz.

Allen Modellen ist gemeinsam, dass sie sich an der Reproduktion von Beobachtungen, und zwar möglichst solchen, die bei der Entwicklung des Modells noch nicht berücksichtigt wurden, und an der Überprüfbarkeit von Modellvorhersagen messen lassen müssen. Ein zusätzlicher Punkt ist das Verständnis, das ein Modell befördert, also die Erklärungsmacht, die es für beobachtete Phänomene anbietet.

Ein interessantes Gedankenexperiment besteht in der Antwortmaschine, die richtige Antworten auf alle formulierbaren Fragen liefert, ohne eine einzige Begründung oder Erklärung zu liefern.

Denken Sie darüber nach, ob Sie der Antwortmaschine bei der Konstruktion eines Hauses auf schwierigem Baugrund oder bei der Auswahl der Therapie einer neuartigen Krankheit vertrauen würden.

Die Idee einer Antwortmaschine, also eines Modells ohne jeden Erklärungsgehalt, erscheint auf den ersten Blick widersinnig. Doch viele Menschen benutzen Navigationssysteme, die Fahrplanauskunft der Bahn oder Übersetzungsprogramme als Antwortmaschinen. Tatsächlich braucht man sehr viel zusätzliches Wissen, um diese Antwortmaschinen in Einzelfällen zu überbieten. Meistens sind die Auskünfte dieser partiellen Antwortmaschinen schon sehr überzeugend.

4.3 Zweiter Rückblick auf die Modelle

4.3.1 Federschwinger

Beim Federschwinger oder bei den größeren Feder-Masse-Systemen erscheint die Unterscheidung zwischen dem System in Gl. 4.8 und dem Modell in Gl. 4.11 etwas künstlich, weil wir davon überzeugt sind, dass die Theorie gute Erklärungen für mechanische Phänomene anbietet, und weil es gleichzeitig Versuchsanordnungen zu Feder-Masse-Systemen gibt, die abgegrenzt von anderen Einflüssen sehr genau das Verhalten zeigen, das die Bewegungsgleichungen in Gl. 1.6 oder in Gl. 1.13 vorhersagen.

Sollte man in einem mechanischen System Abweichungen zwischen den Messdaten und den Vorhersagen der Modellgleichungen entdecken, so würde niemand die Mechanik in Frage stellen, sondern beispielsweise mit den Techniken der Parameteridentifikation aus Abschn. 5.3 die Parameterwerte anpassen.

Die klassische Physik ist so gut verstanden, dass Argumente, sie sei nur eine Theorie zur Beschreibung einer konstruierten Wirklichkeit als philosophische Spitzfindigkeiten erscheinen.

4.3.2 Populationsdynamik

Anders verhält es sich mit den populationsdynamischen Modellen aus Abschn. 1.2. Schon an der Vielzahl der Modelle mit den Modellgleichungen in Gl. 1.17, in Gl. 1.19, in Gln. 1.23 und 1.24 und in Gl. 1.25 erkennen wir, dass die Modellierung eines Räuber-Beute-Systems weniger klar ist als bei den mechanischen Systemen. Wir gewinnen den berechtigten Eindruck, dass lebenswissenschaftliche Anwendungen weniger gut verstanden sind als die der klassischen Physik.

Wir fragen uns, wie das System aus Gl. 4.8 aussieht, zu dem die genannten Modelle gehören. Hier wird die Unterscheidung zwischen der konstruierten Wirklichkeit und der Wirklichkeit, vgl. Abb. 4.2, wichtig. Auch wenn wir nicht wissen, wie genau Raubfische andere Fische jagen, so haben wir bei der Entwicklung der populationsdynamischen Modelle die Interaktion zwischen Räubern und Beute in der konstruierte Wirklichkeit platziert und damit ihre naturwissenschaftliche Erkennbarkeit als Grundannahme unterstellt.

Wir können in den Komponenten des Systemzustands X alle Eigenschaften der beteiligten Tiere versammeln, d. h. ihre Positionen, ihre Geschwindigkeiten, ihren Sättigungsgrad und vieles andere mehr. Die System-Modell-Relation φ bildet dieses theoretisch zugängliche, aber praktisch nicht ermittelbare, Detailwissen, auf die vereinfachte Beschreibung der Gesamtpopulationen $u(t)$ der Beute und v der Räuber in

4.3 Zweiter Rückblick auf die Modelle

einem Gebiet ab. Die Abbildung φ ist sogar sehr einfach, denn sie zählt die Raubtiere und die Beutetiere.

Wäre das System der zahlreichen Individuen und ihres Verhaltens tatsächlich bekannt, so könnte man sein Lösungsverhalten mit den Lösungen der Modellgleichungen vergleichen. Da das System jedoch nicht bekannt ist, bleibt nur der Vergleich mit Messdaten oder Zählungen der Populationen, also mit Beobachtungen. Diese Beobachtungen sind rar und bilden das Systemverhalten nicht vollständig ab, und deshalb gibt es viel Spielraum für mögliche Modelle.

Wir wollen noch anmerken, dass die populationsdynamischen Modelle das System auf einer anderen Skala beschreiben. Während wir das System auf einer individuellen Skala angenommen haben, beschäftigen sich die Modelle mit dem Verhalten der Gesamtpopulationen. Wir können diesen Skalenübergang als Emergenz des vielfältigen Systems auf eine übergeordnete Beschreibungsebene interpretieren.

Ideen, biologische oder medizinische Systeme, z. B. in der Genomik oder Proteomik, durch ein emergentes Modell zu beschreiben, gibt es immer wieder, aber viele sind an der Vielfalt der Systeme gescheitert. Das hiesige System erinnert an den Versuch, den Autoverkehr oder Fußgängerströme einerseits als System von Individuen und anderseits als Modell auf der Ebene der Fahrzeug- bzw. Fußgängerdichte zu beschreiben.

Ein mathematisch streng beweisbarer Skalenübergang ist übrigens die Herleitung der Thermodynamik aus der statistischen Mechanik, die von einem riesigen System mikroskopischer Teilchen ausgeht und bei vergleichsweise übersichtlichen Modellgleichungen für Druck, Temperatur usw. ankommt.

4.3.3 Mikroökonomische Modelle

Bei den mikroökonomischen Modellen aus Abschn. 1.3 und aus Kap. 3 ist die Frage nach dem System, das wir durch die Modelle näherungsweise beschreiben, nicht unproblematisch. Die Modelle beschreiben menschliches Handeln, das nach unserer Vorstellung vom freien Willen, s. Abschn. 4.1.5, wenigstens mitbestimmt ist und das damit nur eingeschränkt zur konstruierten Wirklichkeit gehört.

Mikroökonomische Modelle wie andere Modelle in den Wirtschafts- und Gesellschaftswissenschaften reklamieren aber nicht, dass sie das Handeln einzelner Menschen vorhersagen, sondern sie beschreiben das Wirken von Gruppen von Individuen, die sich im Durchschnitt und als ganze Gruppe wie ein Homo oeconomicus verhalten. Die konstruierte Wirklichkeit enthält den Homo oeconomicus und alle anderen quantifizierbaren und erklärbaren Einflüsse. Die Modelle versuchen nun, einfache Mechanismen auszuwählen und zusammenzustellen, die sich mit dem Konzept des Homo oeconomicus erklären lassen, und von anderen individuellen Einflüssen, die erklärbar, aber vielleicht unbekannt sind, zu abstrahieren. Insbesondere schließen die wirtschaftlichen Modelle den freien Willen der handelnden Individuen, sich z. B. wirtschaftlich unvernünftig zu verhalten und gerade an diesem Tag entspannt zu feiern, aus.

Damit unterstreichen gerade Modelle und Erklärungen, die sich im Grenzbereich der mathematisierten Theorien bewegen, dass wir gerade nicht die Wirklichkeit in all ihren Facetten zu ergründen versuchen, sondern eine konstruierte Wirklichkeit, die nach übergeordneten Gesetzmäßigkeiten funktioniert.

Denken Sie an gesellschaftliche, zwischenmenschliche und psychologische Phänomene und versuchen Sie, die naturwissenschaftlich erklärbaren Anteile aus der konstruierten Wirklichkeit zu identifizieren.

Zum Abschluss dieses Kapitels schauen Sie bitte noch einmal auf die Modellierungsaufgaben aus Abschn. 3.3, und ordnen Sie diese in das Modell des Modellierens ein.

Halten Sie die Augen offen, wo überall modellhafte Erklärungen angeboten werden und welche Grundannahmen dabei implizit vermittelt werden. Die Modellierung wird Sie nicht mehr loslassen.

Werkzeuge zur Modellanalyse   5

Inhaltsverzeichnis

5.1	Differentialgleichungen und dynamische Systeme	157
5.2	Modellfamilien	171
5.3	Parameteridentifikation	175
5.4	Stochastische Einflüsse	179

In diesem Kapitel sammeln wir Werkzeuge, mit denen wir mathematische Modelle analysieren. Zuerst schauen wir uns Differentialgleichungen an, denn viele der Modelle sind als Differentialgleichungen formuliert. Einerseits ist die Modellierung mit der Formulierung des Modells abgeschlossen, und die Analyse der Modellgleichungen beginnt. Andererseits berücksichtigen wir bereits beim Modellieren die spätere Analyse. Wir versuchen also, die beiden Ziele einer möglichst genauen Wiedergabe der berücksichtigten Mechanismen und einer möglichst einfachen Handhabbarkeit der Modellgleichungen gegeneinander abzuwägen.

Um gute Modelle zu entwickeln, braucht man die mathematischen Werkzeuge der späteren Analyse der Modelle. Deshalb wäre es gerechtfertigt, ein Buch wie dieses, mit den Werkzeugen, also den Differentialgleichungen und den dynamischen Systemen, zu beginnen. Doch diese Themen sind nicht Teil der Modellierung, und außerdem wäre ein theoretischer Beginn aus Sicht der Modellierung recht langweilig. Deshalb kommen die Werkzeuge hier.

5.1 Differentialgleichungen und dynamische Systeme

5.1.1 Gewöhnliche Differentialgleichungen

Eine gewöhnliche Differentialgleichung ordnet einem Zustand, der durch den Vektor $\mathbf{q} = \mathbf{q}(t) \in \mathbb{R}^n$ beschrieben wird, über die rechte Seite $\mathbf{f}$, die zusätzlich von der Zeit abhängen darf, die Zustandsänderung $\dot{\mathbf{q}} \in \mathbb{R}^n$, also die zeitliche Ableitung des

Zustands, zu. Zusammen mit dem Anfangszustand $\mathbf{q}^{\text{ini}}$ entsteht das Anfangswertproblem

$$\dot{\mathbf{q}} = \mathbf{f}(t, \mathbf{q}) \quad \text{und} \quad \mathbf{q}(0) = \mathbf{q}^{\text{ini}}, \tag{5.1}$$

das die momentane Abhängigkeit der Zustandsänderung vom Zustand und der Zeit beschreibt. Ausgehend vom Anfangszustand, steht in Gl. 5.1 also zu jedem Zustand, wie dieser sich entwickelt, und so entsteht die Lösung $\mathbf{q} = \mathbf{q}(t)$ als Funktion, die den Zustand in Abhängigkeit von der Zeit beschreibt.

Man kann sich vorstellen, dass an jedem Zustand $\mathbf{q} \in \mathbb{R}^n$ ein Schild steht, welches zeigt, wie es weitergeht, und dass sich aus dem Verfolgen der Schilder vom Anfangszustand $\mathbf{q}^{\text{ini}}$ ausgehend die Lösung $\mathbf{q}(t)$ zusammensetzt. Auf dieser Idee beruht das Richtungsfeld, das jedem Paar $(t, \mathbf{q})$ gemäß Gl. 5.1 die Richtung $\dot{\mathbf{q}}$ zuordnet. Im Fall $n = 1$ eines skalaren Zustands zeichnet man ein $(t, \mathbf{q})$-Diagramm und an genügend viele Punkte einen Pfeil in Richtung $(h, h\dot{\mathbf{q}})$ mit einem kleinen Faktor $h > 0$, sodass ein Feld voller Pfeile entsteht, die eine Vorstellung vom Verlauf der Lösungen vermitteln. Im zweidimensionalen Fall $n = 2$ wird diese Zeichnung sehr unübersichtlich, weil die Lage der Pfeile in einem perspektivischen Bild kaum erkennbar ist. Man bevorzugt dann das Phasendiagramm, welches zu einem festen Zeitpunkt t oder besser noch für eine autonome Differentialgleichung jedem Zustand $\mathbf{q}$ die Richtung $\dot{\mathbf{q}}$ zuordnet, s. Abb. 5.1.

Numerische Lösungsverfahren basieren auf derselben Idee, aus der momentanen Abhängigkeit eine zeitabhängige Lösung zusammenzusetzen. Allerdings können sie dies nicht kontinuierlich tun, sondern nur in diskreten Zeitschritten. Die Grundidee aller numerischen Verfahren besteht darin, aus einem Näherungswert $\mathbf{q}_k \approx \mathbf{q}(t_k)$ des Zustands zu einem Zeitpunkt t_k eine Näherung $\mathbf{q}_{k+1}$ für den Zustand $\mathbf{q}(t_{k+1})$ zu einem späteren Zeitpunkt t_{k+1} zu berechnen. Dazu wird die rechte Seite $\mathbf{f}$ über dem Intervall $[t_k, t_{k+1}]$ in

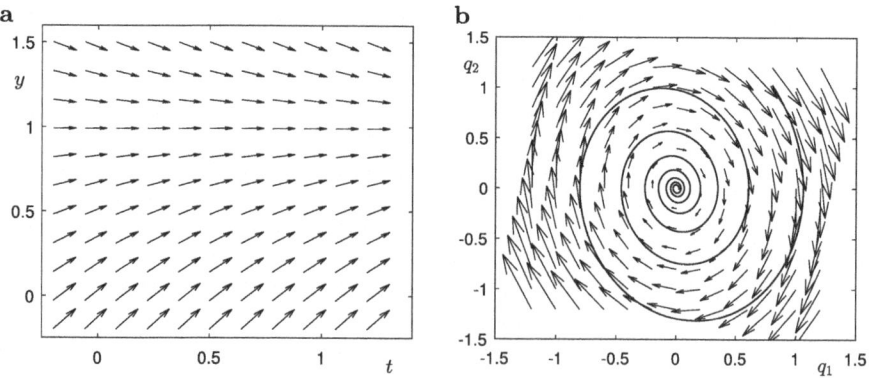

Abb. 5.1 **a** Richtungsfeld der skalaren Differentialgleichung $y' = 1 - y$. **b** Phasendiagramm der autonomen Differentialgleichung $\dot{\mathbf{q}} = \mathbf{f}(\mathbf{q})$ mit $\mathbf{q} = (q_1, q_2)^T \in \mathbb{R}^2$ sowie $\dot{q}_1 = q_2$ und $\dot{q}_2 = -2q_1 - q_2/4$, vgl. Gl. 1.6 des Federschwingers mit $m = 1$, $d = \frac{1}{4}$ und $k = 2$

5.1 Differentialgleichungen und dynamische Systeme

$$\mathbf{q}(t_{k+1}) = \mathbf{q}(t_k) + \int_{t_k}^{t_{k+1}} \dot{\mathbf{q}}(t)\,\mathrm{d}t = \mathbf{q}(t_k) + \int_{t_k}^{t_{k+1}} \mathbf{f}(t, \mathbf{q}(t))\,\mathrm{d}t$$

integriert, wobei der Integrand unbekannt ist, weil die Lösung $\mathbf{q}(t)$ erst berechnet wird. Es bleiben also nur Näherungsverfahren, um das Integral über $\mathbf{f}$ zu bestimmen, und die numerischen Verfahren unterscheiden sich in diesen Näherungsverfahren.

Das einfachste Verfahren ist das explizite Euler-Verfahren, bei dem das Integral über $\mathbf{f}$ durch ein Rechteck der Breite $t_{k+1} - t_k$ und der Höhe $\mathbf{f}(t_k, \mathbf{q}(t_k))$ am linken Rand des Intervalls $[t_k, t_{k+1}]$ angenähert wird. Ersetzt man die Zustände $\mathbf{q}(t_k)$ durch die Näherungswerte, so entsteht die Formel des expliziten Euler-Verfahrens

$$\mathbf{q}_{k+1} = \mathbf{q}_k + (t_{k+1} - t_k)\mathbf{f}(t_k, \mathbf{q}_k) \quad \text{mit} \quad \mathbf{q}_0 = \mathbf{q}^{\text{ini}}. \tag{5.2}$$

Mit Blick auf das Richtungsfeld und $h = t_{k+1} - t_k$ schaut das explizite Euler-Verfahren auf den Wegweiser an der Stelle $\mathbf{q}_k$ und geht einen Schritt der Länge h in die angezeigte Richtung, wo es wieder auf den Wegweiser schaut.

Bei den vielen Näherungen, die bei der Motivation von Gl. 5.2 verwendet wurden, ist eine Analyse der numerischen Fehler angezeigt. Sie wird in Vorlesungen oder Büchern zur Numerik gewöhnlicher Differentialgleichungen für größere Klassen von numerischen Verfahren dargelegt.

Das explizite Euler-Verfahren ist das einfachste und schlichteste numerische Verfahren. Im praktischen Einsatz sind andere Verfahren, die das Integral raffinierter annähern, und die die Schrittweiten $t_{k+1} - t_k$ so steuern, dass die numerischen Fehler klein bleiben. Wo sich die Lösung $\mathbf{q}(t)$ schnell ändert, sind kleine Schrittweiten notwendig, und wo sie sich langsam ändert, dürfen die Schrittweiten größer sein.

Um all diese interessanten und wichtigen numerischen Fragen müssen sich Anwenderinnen und Anwender von numerischen Lösungsverfahren nur eingeschränkt kümmern, aber es gibt auch kein bestes Verfahren, das für alle Differentialgleichungen einsetzbar ist.

Im Internet finden Sie zahlreiche Beispielprogramme zur numerischen Lösung von Differentialgleichungen für unterschiedliche Programmiersprachen wie Python, Julia, Matlab oder Octave. Selbst ohne mathematische Kenntnisse kann jeder oder jede mit etwas Programmierkenntnis Differentialgleichungen numerisch lösen. Nachdem man das erste Beispielprogramm geladen und ausgeführt hat, was durchaus nervenaufreibend sein kann, muss man nur die rechte Seite eingeben und eventuell ein paar Einstellungen anpassen. Probieren Sie es aus. Bei den ersten Modellierungsversuchen von realistischen Systemen wie in Abschn. 3.3 und im gesamten vorliegenden Buch werden nur in seltenen Fällen Differentialgleichungen herauskommen, deren numerische Lösung Schwierigkeiten bereitet. Detailliertere Modelle mit vielen Komponenten und Parametern können numerisch anspruchsvoll werden, aber man sollte sich der Modellgleichungen sehr sicher sein, bevor man Arbeit in ihre numerische Lösung investiert. Andernfalls entwickelt man numerische Lösungsverfahren für Gleichungen, an deren Lösung man nicht mehr interessiert ist.

Viele Anwenderinnen und Anwender wissen um die numerischen Probleme, die bei der Lösung von Differentialgleichungen auftreten können, und nutzen die Ergebnisse der Forschung in der Numerik, indem sie unterschiedliche Lösungsverfahren, die oft schlicht Löser genannt werden, ausprobieren. Da es uns in diesem Buch um die Modellierung geht, werden wir genauso verfahren. Wir wollen aber die wichtige Unterscheidung zwischen nicht-steifen und steifen Differentialgleichungen nicht verschweigen. Steife Differentialgleichungen bilden Vorgänge ab, die auf zwei oder mehr unterschiedlichen Zeitskalen ablaufen. Explizite Lösungsverfahren wie das explizite Euler-Verfahren in Gl. 5.2 und seine genaueren und anspruchsvolleren Geschwisterverfahren folgen bei der Schrittweitensteuerung der schnellsten Skala, auf der sich die Größen am schnellsten ändern, und passen die Schrittweite an diese Skala an. Die Schrittweite wird dadurch sehr klein. Das explizite Verfahren braucht sehr lange, oder bricht sogar ab. Dies sind Indizien für steife Differentialgleichungen, die zwingend implizite numerische Löser erfordern, bei denen die neuen Näherungswerte $\mathbf{q}_{k+1}$ nicht wie in Gl. 5.2 explizit aus den Näherungswerten für frühere Zeitpunkte ausgerechnet werden können, sondern nur durch die Lösung einer im Allgemeinen nichtlinearen Gleichung. Das implizite Euler-Verfahren als einfachster Vertreter hat beispielsweise die Form

$$\mathbf{q}_{k+1} = \mathbf{q}_k + (t_{k+1} - t_k)\mathbf{f}(t_{k+1}, \mathbf{q}_{k+1}),$$

und hier sehen Sie, dass $\mathbf{q}_{k+1}$ zweimal auftaucht, also nur implizit als Lösung einer Gleichung gegeben ist.

In Gl. 5.1 haben wir unkommentiert eine gewöhnliche Differentialgleichung erster Ordnung angesetzt, in der nur die erste Ableitung der gesuchten Größe $\mathbf{q}$ auftritt. Die meisten numerischen Verfahren und die meisten Implementierungen von Lösern verwenden diese Form. Der Grund liegt darin, dass eine Differentialgleichung höherer Ordnung durch Einführung neuer Variablen in ein System erster Ordnung überführt werden kann.

Beispiel 5.1
Die Bewegungsgleichung des Federschwingers in Gl. 1.6 ist von zweiter Ordnung. Sie lautet $my'' + dy' + ky = p(t)$ mit den Anfangswerten $y(0) = y_0$ und $y'(0) = v_0$. Durch die Einführung der beiden Größen $q_1(t) = y(t)$ und $q_2(t) = y'(t)$, die durch $q_1' = q_2$ miteinander verknüpft sind, ergibt sich für den mechanischen Zustand $\mathbf{q} = (q_1, q_2)^T \in \mathbb{R}^2$ das System von Differentialgleichungen erster Ordnung

$$\mathbf{q}' = \begin{pmatrix} 0 & 1 \\ -\frac{k}{m} & -\frac{d}{m} \end{pmatrix} \mathbf{q} \quad \text{mit} \quad \mathbf{q}(0) = \begin{pmatrix} y_0 \\ v_0 \end{pmatrix}$$

in der Form von Gl. 5.1. Für eine Differentialgleichung höherer Ordnung benötigen Sie entsprechend mehr Komponenten im Vektor $\mathbf{q}$. Probieren Sie es aus. ∎

Aus der Vielfalt der analytischen Lösungsverfahren stellen wir hier nur zwei vor. Die Trennung der Variablen demonstrieren wir am Beispiel des logistischen Wachstums aus Abschn. 1.2.3.

5.1 Differentialgleichungen und dynamische Systeme

Beispiel 5.2
Das logistische Wachstum mit einer auf $K = 1$ normierten Kapazität und skalierter Wachstumsrate $\alpha = 1$ folgt der nichtlinearen Differentialgleichung

$$\frac{dy}{dt} = y' = y(1-y),$$

die wir aus Abschn. 1.2.3 kennen. Die Idee der Trennung der Variablen besteht darin, die Terme inklusive der Differentiale nach den Abhängigkeiten von t und y zu sortieren, was nur für rechte Seiten möglich ist, die sich als Produkt von Termen in t mit Termen in y schreiben lassen. Die so separierten Ausdrücke werden dann integriert, und es entsteht in diesem Beispiel

$$\int \frac{dy}{y(1-y)} = \int \left(\frac{1}{y} + \frac{1}{1-y}\right) dy = \int dt + c$$

mit der Integrationskonstante $c \in \mathbb{R}$. Durch das Auswerten der Integrale erhält man

$$\ln|y| - \ln|1-y| = \ln\left|\frac{y}{1-y}\right| = t + c \quad \text{bzw.} \quad \frac{y}{1-y} = Ce^t$$

mit $C = \pm e^c$. Das unbestimmte Vorzeichen $\pm$ stammt aus dem Betrag, und eine Probe ergibt, dass $C = 0$ auch eine Lösung ergibt, nämlich die konstante Lösung $y \equiv 0$. Das Umstellen nach y liefert schließlich die Familie der Lösungen

$$y(t) = \frac{Ce^t}{1 + Ce^t} = \frac{1}{\tilde{c}e^{-t} + 1} \quad \text{mit} \quad \frac{1}{C} = \tilde{c} \in \mathbb{R}.$$

Zeichen Sie die Lösungsschar für unterschiedliche $\tilde{c}$. ∎

Etwas allgemeiner ist der e-Ansatz zur analytischen Lösung von homogenen linearen Differentialgleichungen mit konstanten Koeffizienten, d. h. von

$$\mathcal{L}(y) = y^{(n)} + a_{n-1}y^{(n-1)} + \ldots + a_1 y' + a_0 y = 0 \quad \text{mit} \quad y^{(n)} = \frac{d^n y}{dt^n}.$$

Der Ansatz $y(t) = e^{\lambda t}$ führt auf

$$\mathcal{L}(e^{\lambda t}) = e^{\lambda t}[\lambda^n + a_{n-1}\lambda^{n-1} + \ldots + a_1\lambda + a_0] = e^{\lambda t} p(\lambda) = 0$$

mit dem charakteristischen Polynom $p = p(\lambda)$. Wir sehen, dass jede Nullstelle λ von p eine Lösung $e^{\lambda t}$ liefert. Gibt es n paarweise verschiedene Nullstellen von p, wobei ein nichtkonstantes Polynom n-ter Ordnung nicht mehr als n Nullstellen haben kann, so erhalten wir n linear unabhängige Lösungen der Differentialgleichung n-ter Ordnung. Bei doppelten oder mehrfachen Nullstellen sind neben $e^{\lambda t}$ auch die Funktionen $te^{\lambda t}$ bei doppelten Nullstellen und $t^2 e^{\lambda t}, t^3 e^{\lambda t}$ bei dreifachen, vierfachen

Nullstellen usw. Lösungen. Wegen der Linearität von $\mathcal{L}$ sind Linearkombinationen von Lösungen auch wieder Lösungen.

Wir sehen, dass Nullstellen λ mit einem Realteil $\operatorname{Re}\lambda < 0$ Lösungen liefern, die für $t \to \infty$ gegen 0 streben. Wir sagen, die Lösungen klingen ab, und aus praktischer Sicht kommen sie der Null nahe genug, sodass die Abweichungen nicht mehr messbar sind.

Ganz analog funktioniert der e-Ansatz für homogene lineare Systeme $\dot{\mathbf{q}} = A\mathbf{q}$ mit konstanten Koeffizienten $A \in \mathbb{R}^{n \times n}$. Der Ansatz $\mathbf{q} = e^{\lambda t}\mathbf{v}$ führt auf das Eigenwertproblem $\lambda \mathbf{v} = A\mathbf{v}$ mit den Eigenwerten λ und den Eigenvektoren $\mathbf{v}$ der Koeffizientenmatrix A. Wieder führen Eigenwerte mit negativem Realteil dazu, dass die zugehörigen Lösungen gegen null abklingen.

Wir erwähnen noch den Satz von Peano, der die Existenz von Lösungen von Gl. 5.1 unter der schwachen Voraussetzung sichert, dass die rechte Seite $\mathbf{f} : \mathbb{R} \times \mathbb{R}^n \to \mathbb{R}^n$ stetig ist. Der Satz von Picard und Lindelöf garantiert sogar die Eindeutigkeit von $\mathbf{q} = \mathbf{q}(t)$, wenn $\mathbf{f}$ bezüglich dem Zustand $\mathbf{q}$ Lipschitz-stetig ist, was wir in Abschn. 4.1.4 mit der instantanen starken Kausalität assoziiert haben.

Daraus folgt, dass sich zwei unterschiedliche Lösungen $\mathbf{q}_1(t)$ und $\mathbf{q}_2(t)$ einer Differentialgleichung mit Lipschitz-stetigem $\mathbf{f}$ nicht schneiden, denn am Schnittpunkt bei t_s mit $\mathbf{q}_1(t_s) = \mathbf{q}_2(t_s)$ wäre ihr weiterer Verlauf gleich. Die beiden Lösungen laufen auch nicht in eine gemeinsame Lösung zusammen, denn die zeitumgekehrte Differentialgleichung mit $\tau = -t$ zu Gl. 5.1 lautet

$$\frac{\mathrm{d}}{\mathrm{d}\tau}\mathbf{q} = -\mathbf{f}(-\tau, \mathbf{q}),$$

und zwei zusammenlaufende Lösungen würden sich nach der Zeitumkehr voneinander trennen wie die Lösungen von Gl. 4.4 mit einer nicht Lipschitz-stetigen rechten Seite. Dies steht im Widerspruch dazu, dass die zeitumgekehrte Differentialgleichung weiterhin eine Lipschitz-stetige rechte Seite hat.

Die Lösungen einer Differentialgleichung wie in Gl. 5.1 liegen also wie die Haare eines Zopfes nebeneinander, und zusätzlich hängt $\mathbf{q}(t)$ für jedes t stetig von den Anfangswerten $\mathbf{q}^{\mathrm{ini}}$ ab, vgl. Sensitivität von Lösungen gegenüber Störungen der Anfangswerte und der Parameter. Für $n = 2$ erkennt man im zweidimensionalen Phasendiagramm interessante Konsequenzen, weil die Lösungsschar als Zopf nicht viel Platz hat. In den Phasendiagrammen in Kap. 1 sehen Sie einige Beispiele.

Wir schließen diesen Abschnitt mit einer Fortsetzung des Beispiels 4.7 zum SIR-Modell.

Beispiel 5.3

Aus den beiden Differentialgleichungen $S' = -\alpha S I$ und $I' = \alpha S I - \varrho I$ bildet man mit

$$\frac{\mathrm{d}I}{\mathrm{d}S} = \frac{I'}{S'} = \frac{\alpha S I - \varrho I}{-\alpha S I} = \frac{\varrho}{\alpha S} - 1 \tag{5.3}$$

eine Differentialgleichung für $I = I(S)$, mit der man die Trajektorien $(S(t), I(t))^{\mathrm{T}} \in \mathbb{R}^2$ im zweidimensionalen (S, I)-Phasendiagramm ohne Umweg über die zeitabhängige Lösung bestimmt.

Lösen Sie die Differentialgleichung mittels Trennung der Variablen, und zeichnen Sie die Trajektorien im Phasendiagramm ein. Beachten Sie, dass realistische Anfangswerte große S und kleine I enthalten und dass S im zeitlichen Verlauf abnimmt. Sie erhalten eine Lösungsschar, in der alle Lösungen beim epidemischen Schwellwert $S_{\text{epi}} = \frac{\varrho}{\alpha}$ die maximale Infiziertenzahl haben und die sämtlich bei $I(t_{\text{fin}}) = 0$ mit positivem $S(t_{\text{fin}}) > 0$ enden. Gemäß dem SIR-Modell bleiben also immer nicht-infizierte und nicht-immunisierte Individuen nach der Epidemie übrig, was jedoch für eine große Ansteckungsrate α sehr wenige oder auch praktisch unmögliche Bruchteile von Individuen sein können. ∎

5.1.2 Dynamische Systeme

Unter dem Begriff der dynamischen Systeme verallgemeinern wir die Idee der Differentialgleichungen, die einen Zusammenhang zwischen dem Zustand eines Systems oder Modells und der Zustandsänderung beschreiben, und konzentrieren uns bei der Untersuchung der entstehenden zeitlichen Abläufe der Zustände auf qualitative Eigenschaften.

Kontinuierliche dynamische Systeme

Wir beginnen mit dynamischen Systemen auf einer kontinuierlichen Zeitskala, und dies sind autonome Differentialgleichungen $\dot{\mathbf{q}} = \mathbf{f}(\mathbf{q})$. Im Gegensatz zu Gl. 5.1 beschränken wir uns bei der Betrachtung von dynamischen Systemen auf rechte Seiten $\mathbf{f} : \mathbb{R}^n \to \mathbb{R}^n$, die nicht von der Zeit t, sondern nur vom Zustand $\mathbf{q} \in \mathbb{R}^n$ abhängen.

Durch die Beschränkung auf autonome Differentialgleichungen ändert sich der Zusammenhang zwischen Zustand und Zustandsänderung mit fortschreitender Zeit nicht, und wir können mehr qualitative Eigenschaften formell beschreiben als bei den allgemeineren Gleichungen in Gl. 5.1.

Wir sehen dies bereits bei der Definition von stationären Punkten $\mathbf{q}^* \in \mathbb{R}^n$. Das sind Zustände, die sich nicht ändern, an denen also die Zustandsänderung verschwindet. Es gilt $\mathbf{f}(\mathbf{q}^*) = \mathbf{0} \in \mathbb{R}^n$, und $\mathbf{q}(t) = \mathbf{q}^*$ sind zeitliche konstante, also stationäre, Lösungen. Eine Differentialgleichung wie in Gl. 5.1 kann auch zeitlich konstante Lösungen haben, allerdings hängen die Stellen, bei denen $\mathbf{f}$ gleich dem Nullvektor wird, im Allgemeinen von der Zeit ab.

Zur Bestimmung der stationären Punkte sind die in Abschn. 1.2.2 verwendeten Nullklinen nützlich. Die Nullkline $\mathcal{N}_j$ enthält all die Zustände $\mathbf{q}$, bei denen die j-te Komponente $f_j = f_j(\mathbf{q})$ der rechten Seite $\mathbf{f} = (f_1, \ldots, f_n)^{\text{T}}$ verschwindet, d.h. mit $\mathbf{e}_j$ als j-tem Einheitsvektor

$$\mathcal{N}_j = \{\mathbf{q} \in \mathbb{R}^n : f_j(\mathbf{q}) = \mathbf{f}(\mathbf{q}) \cdot \mathbf{e}_j = 0\}.$$

Auf $\mathcal{N}_j$ gilt $\dot{q}_j = 0$, was beim Einzeichnen der Trajektorien ins Phasendiagramm hilfreich sein kann. Die Nullklinen werden durch eine Gleichung in n Unbekannten beschrieben. Im Allgemeinen sind es Vereinigungen von $(n-1)$-dimensionalen

Flächen, die den $\mathbb{R}^n$ in Teilgebiete einteilen. Innerhalb der Teilgebiete wechseln die Ableitungen $\dot{q}_j$, $j = 1, \ldots, n$ ihre Vorzeichen nicht, und der Schnitt aller Nullklinen $\mathcal{N}_j$, $j = 1, \ldots, n$ ist die Menge der stationären Punkte.

Die kommenden Begriffe widmen sich der Frage, in welchem Sinne die Lösungen $\mathbf{q} = \mathbf{q}(t)$ zu bestimmten stationären Punkten streben oder in deren Nähe bleiben. Wir fassen diese qualitative Eigenschaft von stationären Punkten unter den Begriffen der Attraktivität und Stabilität von stationären Punkten zusammen.

Ein stationärer Punkt $\mathbf{q}^*$ heißt attraktiv, wenn er die Lösungen $\mathbf{q}(t)$, die schon nahe bei ihm sind, für $t \to \infty$ anzieht.

Definition 5.1
Ein stationärer Punkt $\mathbf{q}^*$ des dynamischen Systems $\dot{\mathbf{q}} = \mathbf{f}(\mathbf{q})$ heißt attraktiv, wenn es ein $\varepsilon > 0$ gibt, sodass

$$\|\mathbf{q}(0) - \mathbf{q}^*\| < \varepsilon \text{ impliziert, dass } \lim_{t \to \infty} \mathbf{q}(t) = \mathbf{q}^*$$

gilt. Das Attraktionsgebiet eines stationären Punktes

$$\mathbf{A}(\mathbf{q}^*) = \{\mathbf{q}^{\text{ini}} \in \mathbb{R}^n : \lim_{t \to \infty} \mathbf{q}(t) = \mathbf{q}^*\}$$

ist die Menge aller Anfangszustände, von denen aus das dynamische System zu diesem Punkt strebt. ♦

Suchen Sie unter allen bisherigen Modellen solche, bei denen Sie die Nullklinen und die Attraktionsgebiete bestimmen können, und machen Sie Skizzen des Phasenraums.

Ein anderer Begriff, der ähnlich klingt, ist die Stabilität eines stationären Punktes.

Definition 5.2
Ein stationärer Punkt $\mathbf{q}^*$ des dynamischen Systems $\dot{\mathbf{q}} = \mathbf{f}(\mathbf{q})$ heißt stabil, wenn

$$\forall \varepsilon > 0 \; \exists \delta > 0 : \|\mathbf{q}(0) - \mathbf{q}^*\| < \delta \Rightarrow \|\mathbf{q}(t) - \mathbf{q}^*\| < \varepsilon \; \forall t > 0,$$

d. h. dass es zu jeder noch so kleinen ε-Umgebung um $\mathbf{q}^*$ eine δ-Umgebung gibt, sodass Anfangswerte aus der δ-Umgebung dazu führen, dass die Trajektorie, die ε-Umgebung nicht verlässt. ♦

Ein stabiler stationärer Punkt muss nicht attraktiv sein. Die Ruhelage des ungedämpften Federschwingers ist stabil aber nicht attraktiv. Machen Sie eine Skizze des Phasenraums und der Trajektorien, und suchen Sie nach der δ-Umgebung in Abhängigkeit von $\varepsilon > 0$. Andersherum muss ein attraktiver stationärer Punkt nicht stabil sein, denn Trajektorien, die kurz neben einem attraktiven stationären Punkt $\mathbf{q}^*$ starten, können einen weiten Weg haben, bevor sie sich $\mathbf{q}^*$ wieder nähern.

In vielen Fällen denken wir jedoch an eine Eigenschaft, die Attraktivität und Stabilität vereint.

5.1 Differentialgleichungen und dynamische Systeme

Definition 5.3
Ein attraktiver und stabiler stationärer Punkt heißt asymptotisch stabil. ◆

Wir beweisen einen prominenten Satz, mit dem die asymptotische Stabilität eines stationären Punktes überprüft werden kann. Dazu wird das dynamische System am stationären Punkt linearisiert, und die Realteile der Eigenwerte der Jacobi-Matrix von **f** erlauben Aussagen über die asymptotische Stabilität.

Satz 5.4
Gilt für einen stationären Punkt $\mathbf{q}^*$ von $\dot{\mathbf{q}} = \mathbf{f}(\mathbf{q})$, dass die Realteile der Eigenwerte von $\nabla \mathbf{f}(\mathbf{q}^*)$ kleiner als null sind, also $\operatorname{Re} \operatorname{spec} \nabla \mathbf{f}(\mathbf{q}^*) < 0$, so ist $\mathbf{q}^*$ asymptotisch stabil.

Beweisskizze Mit $\mathbf{q} = \mathbf{q}^* + \mathbf{z}$ führen wir den Zustand $\mathbf{z}$ mit Bezug zum stationären Punkt $\mathbf{q}^*$ ein. Die Linearisierung der genügend glatten Funktion **f** ergibt

$$\dot{\mathbf{z}} = \dot{\mathbf{q}} = \mathbf{f}(\mathbf{q}^* + \mathbf{z}) = \mathbf{f}(\mathbf{q}^*) + \nabla \mathbf{f}(\mathbf{q}^*) \cdot \mathbf{z} + \mathcal{O}(\|\mathbf{z}\|^2) \approx \nabla \mathbf{f}(\mathbf{q}^*) \cdot \mathbf{z}.$$

Für kleine **z**, also nahe am stationären Punkt lässt sich das dynamische System durch ein lineares Differentialgleichungssystem mit der Matrix $A = \nabla \mathbf{f}(\mathbf{q}^*)$ approximieren. Da die Eigenwerte von A von der Null entfernt liegen, wird der quadratische Term für kleine **z** klein genug, und der lineare Term dominiert. Der e-Ansatz ergibt wegen der negativen Realteile der Eigenwerte exponentiell abklingende Lösungen, und der Punkt $\mathbf{q}^*$ ist asymptotisch stabil. □

Denken Sie zum Abschluss dieses Abschnitts über dynamische Systeme mit $n = 2$ Gleichungen nach, zeichnen Sie die Nullklinen ein, überlegen Sie, wo stabile, asymptotisch stabile und instabile stationäre Punkte liegen können und wie sich der Phasenraum $\mathbb{R}^2$ in Attraktionsgebiete aufteilt. Sie erhalten damit eine gute Vorstellung vom Verhalten dynamischer Systeme, auch wenn hier der Platz fehlt, die zugehörigen mathematischen Sätze vorzustellen.

Zeitdiskrete dynamische Systeme

Wenn die Modellierung diskrete Zeitschritte sinnvoll erscheinen lässt, so schreibt man das dynamische System häufig so, dass der neue Zustand $\mathbf{q}_{k+1}$ mit dem Index $k + 1$, welcher für den nächsten Zeitpunkt steht, vom aktuellen Zustand $\mathbf{q}_k$ abhängt. Dies tritt beispielsweise bei der Modellierung von genetischen Vererbungen in Generationsfolgen aber auch bei Brettspielen mit diskreten Zügen auf. Es entsteht die Iteration

$$\mathbf{q}_{k+1} = \mathbf{g}(\mathbf{q}_k) = \mathbf{q}_k + \mathbf{f}(\mathbf{q}_k) \text{ mit } \mathbf{f}(\mathbf{q}) = \mathbf{g}(\mathbf{q}) - \mathbf{q}, \quad (5.4)$$

die wir gleich so aufgeschrieben haben, dass zum aktuellen Zustand die zeitdiskrete Veränderung $\mathbf{f}(\mathbf{q}_k)$ addiert wird. Auch in dieser Form begegnen wir wieder einer Funktion **f**, die Zustände auf Zustandsänderungen abbildet.

Das Euler-Verfahren in Gl. 5.2, wie auch jedes andere numerische Lösungsverfahren für gewöhnliche Differentialgleichungen, überführt ein kontinuierliches dynamisches System näherungsweise in ein diskretes dynamisches System für die Näherungen zu den Zeitpunkten t_k. Beachten Sie, dass die Länge des Zeitschritts in Gl. 5.2 ein Faktor ist, der die prinzipielle Gestalt nicht ändert.

Bei zeitdiskreten dynamischen Systemen sind stationäre Punkte durch $\mathbf{q}^* = \mathbf{g}(\mathbf{q}^*)$ bzw. ebenfalls durch $\mathbf{f}(\mathbf{q}^*) = \mathbf{0}$ gekennzeichnet. Die Begriffe der Attraktivität und Stationarität übertragen sich analog.

Allerdings können die Attraktivitätsgebiete $\mathcal{A}(\mathbf{q}^*)$ bei zeitdiskreten dynamischen Systemen sehr viel komplizierter aussehen. Bei den kontinuierlichen dynamischen Systemen sind die Attraktivitätsgebiete Vereinigungen der Teilgebiete, in die der $\mathbb{R}^n$ durch die Nullklinen zerlegt wird. Sie sind bereits deshalb einfach zusammenhängend, weil die Trajektorie ein stetiger Weg von $\mathbf{q}^{\text{ini}}$ zum attraktiven stationären Punkt $\mathbf{q}^*$ ist. Zeitdiskrete dynamische Systeme mit Gl. 5.4 machen dagegen in jedem Schritt einen Sprung, sodass die Attraktivitätsgebiete sehr zerklüftet sein können.

Beispiel 5.4
Die Anwendung des Newton-Verfahrens zur iterativen numerischen Bestimmung von Nullstellen auf die komplexwertige Funktion $f : \mathbb{C} \to \mathbb{C}$ mit $f(z) = z^3 - 1$ liefert

$$z_{k+1} = z_k - \frac{f(z_k)}{f'(z_k)} = \frac{2z_k}{3} + \frac{1}{3z_k^2}.$$

Mit einem Vektor $\mathbf{q}_k = (u_k, v_k)^{\text{T}} \in \mathbb{R}^2$, der mit $z_k = u_k + iv_k$ Real- und Imaginärteil von z_k enthält, lautet die Iteration

$$\mathbf{q}_{k+1} = \mathbf{g}(\mathbf{q}_k) = \frac{2}{3}\mathbf{q}_k + \frac{1}{3}\frac{1}{(u_k^2 + v_k^2)^2}\begin{pmatrix} u_k^2 - v_k^2 \\ -2u_k v_k \end{pmatrix}.$$

Diese Iteration konvergiert für alle Startwerte außer $z^{\text{ini}} = 0$ bzw. $\mathbf{q}^{\text{ini}} = \mathbf{0}$ gegen eine der drei komplexen Wurzeln von 1, die $f(z) = 0$ lösen. Die Attraktionsgebiete, die Sie durch numerisches Abtasten eines Quadrats um die Null ermitteln, ergeben ein sehenswertes fraktales Muster. Probieren Sie es aus. ∎

Die Übertragung von Satz 5.4 für zeitdiskrete dynamische Systeme führt mit $\mathbf{z}_k = \mathbf{q}_k - \mathbf{q}^*$ zwar in analoger Weise auf $\mathbf{z}_{k+1} = \nabla \mathbf{g}(\mathbf{q}^*)\mathbf{z}_k + \mathcal{O}(\|\mathbf{z}_k\|^2)$, aber das entstehende Kriterium $|\operatorname{spec} \nabla \mathbf{g}(\mathbf{q}^*)| < 1$ ist äquivalent dazu, dass die Eigenwerte von $\nabla \mathbf{f}(\mathbf{q}^*)$ in einem Kreis um $-1 \in \mathbb{C}$ mit dem Radius 1 liegen.

Für einige Modelle ist gerade das vielfältige Lösungsverhalten von diskreten dynamischen Systemen interessant. Andererseits ist Verwendung diskreter Zeitpunkte mit einem sprunghaften Übergang des Zustands $\mathbf{q}_k$ zu $\mathbf{q}_{k+1}$ bereits eine starke Abstraktion oder Idealisierung der zugrundeliegenden kontinuierlichen Vorgänge. Bevor man sich in langwierige mathematische Untersuchungen stürzt, sollte man sich also fragen, ob die erhofften mathematischen Aussagen und der Aufwand zu ihrer Ermittlung im Rahmen der Genauigkeit der Modelle gerechtfertigt sind.

5.1 Differentialgleichungen und dynamische Systeme

Wir schließen die kurze Besprechung der zeitdiskreten dynamischen Systeme mit der logistischen Iteration, die an das logistische Wachstum in Abschn. 1.2.3 erinnert.

Beispiel 5.5
In einem Biotop mit der skalierten Kapazität $K = 1$ sei die Größe einer Population zu einem mit k indizierten Zeitpunkt q_k. Die Populationsgröße wächst bis zum nächsten Zeitpunkt um einen Faktor $w > 1$. Außerdem soll berücksichtigt werden, dass ein Anteil $s(1 - q_k)$, der mit der Nähe zu der Kapazitätsgrenze wächst, stirbt. Als würden sie nacheinander stattfinden, werden nun beide Faktoren mit q_k multipliziert, und die logistische Iteration

$$q_{k+1} = cq_k(1 - q_k) \text{ mit } c = ws \tag{5.5}$$

entsteht. Programmieren Sie diese Iteration, starten Sie beispielsweise mit $q^{\text{ini}} = \frac{1}{2}$, und tragen Sie $q_{1000}, \ldots, q_{2000}$ in Abhängigkeit von c in ein Diagramm ein. Sie werden feststellen, dass diese Iterierten nach dem Abklingen der Anfangsphase für $c \in [0, 1]$ fast perfekt null sind, dass also $q^* = 0$ für diesen Parameter ein asymptotisch stabiler stationärer Punkt ist. Für $c \in [1, 3]$ ist $q^* = \frac{c-1}{c}$ ein asymptotisch stabiler stationärer Punkt, und die Null ist ein instabiler stationärer Punkt. Für noch größere $c \in (3, 1 + \sqrt{6}]$ beobachten Sie zwei Werte, zwischen denen die Iteriertenfolge wechselt. Man spricht von periodischen Orbits der Länge 2. Der vorige stabile Punkt $\frac{c-1}{c}$ ist nun instabil. Wenn man c weiter vergrößert, erhält man für immer schmaler werdende Intervalle des Parameters c Orbits der Länge 4, 8 usw. Schließlich treten oberhalb von $c \approx 3.57$ chaotische Folgen auf, die keine periodischen Orbits mehr bilden. Ab $c = 4$ wird die Folge $(q_k)_k$ wieder langweilig, denn sie divergiert monoton.

In dem Diagramm, das Sie erstellt haben, gabeln sich die Punkte, die Sie geplottet haben. Von der Gabel stammt das Wort Bifurkation für die Stellen, an denen sich die stabilen Punkte verzweigen. In diesem Falle also bei $c = 1$, $c = 3$, $c = 1 + \sqrt{6}$ usw. Die Untersuchung der Abhängigkeit des Lösungsverhaltens von Iterationen wie Gl. 5.5 oder auch von Differentialgleichungen von Parametern ist das Kerngeschäft der Theorie der dynamischen Systeme oder der nichtlinearen Dynamik.

Hier sehen Sie, dass das mathematische Verhalten der Iteration in Gl. 5.5 sehr interessant und in der Analyse herausfordernd ist. Über die logistische Iteration sind viele mathematische Sätze bewiesen worden, die zur Chaostheorie gehören. Diese Sätze sind natürlich interessant, aber das Modell in Gl. 5.5 beschreibt die Entwicklung einer Population mit Wachstum und innerer Konkurrenz nur in sehr idealisierter Form. ∎

Zeitdiskrete dynamische Systeme eignen sich auch zur Modellierung von Brettspielen, bei denen die Spieler und Spielerinnen in Abhängigkeit vom Zustand $\mathbf{q}_k$ einen Zug machen, also eine Veränderung hin zum Zustand $\mathbf{q}_{k+1}$ machen. Die Funktion $\mathbf{g}$ enthält dann die Spielstrategie des jeweiligen Spielers. Ein prominentes Beispiel ist – auch wenn es mangels Spielentscheidungen kein echtes Spiel ist – das Game of Life oder Conways Spiel des Lebens, bei dem Schritt für Schritt die belebten Zellen in einem rechteckigen Netz durch die Besetzung der Nachbarzellen bestimmt werden.

Auch Markow-Ketten, die die Wahrscheinlichkeiten enthalten, mit denen mögliche Realisierung einer Zufallsvariablen angenommen werden, sind diskrete dynamische Systeme. In diesem Fall würden wir die Vektoren der Wahrscheinlichkeiten als Zustände $\mathbf{q}_k \in \mathbb{R}^n$ ansehen.

Gelegentlich nennt man diskrete dynamische Systeme auch zelluläre Automaten oder Agentensysteme. Die Idee hinter den Agentensystemen besteht darin, dass biologische oder gesellschaftliche Prozesse durch Agenten modelliert werden, die nach festgelegten Strategien Entscheidungen treffen. Dies führt auf Iterationen wie in Gl. 5.4, bei denen in der Funktion $\mathbf{g}$ die Entscheidungen mehrerer Agenten zusammengefasst werden. Versuchen Sie, eine täglich wiederkehrende Versteigerung von Produkten, z. B. auf einem Fischmarkt, zu modellieren. Die Bieter und Bieterinnen entscheiden sich in Abhängigkeit der Beobachtungen vom Vortag, welche Höchstsumme sie heute bieten. Dazu benötigen Sie fast wie in Kap. 3 für jeden Bieter und jede Bieterin eine Gewinnfunktion, die davon abhängt, wie sehr das Produkt gebraucht wird. Verzweifeln Sie nicht, denn dies ist eine schwierige Aufgabe. Ihre ersten Modelle werden zum Erliegen des Handels oder zu Mondpreisen führen.

5.1.3 Partielle Differentialgleichungen

Modelle, deren Größen nicht nur von einer Variablen wie der Zeit t, sondern von mehreren Variablen, beispielsweise von der Zeit $t \in \mathbb{R}$ und von dem Ort $\mathbf{x} \in \mathbb{R}^d$ abhängen, führen im Allgemeinen auf partielle Differentialgleichungen.

Das Beispiel 4.9 in Abschn. 4.2 beschäftigt sich mit der Wärmeleitungsgleichung $u_{,t} = a u_{,xx}$, für die zeit- und ortsabhängige Temperatur $u = u(t, \mathbf{x})$ in einem eindimensionalen Medium. Dort ist also $\mathbf{x} = (x) \in \mathbb{R}^1$. Bei einer zweidimensionalen Platte mit $d = 2$ oder einem dreidimensional ausgedehnten homogenen Material würden wir die Wärmeleitungsgleichung als $u_{,t} = a \Delta u$ mit dem Laplace-Operator Δ schreiben. Diesen Situationen ist gemeinsam, dass die erste partielle Ableitung $u_{,t}$ nach der Zeit mit den zweiten partiellen Ortsableitungen verknüpft ist. Ein lokales Maximum von u führt zu einer negativen Zeitableitung, und ein lokales Minimum zu einer positiven zeitlichen Veränderung. Wir erkennen schon an dieser Beobachtung die ausgleichende Tendenz der Wärmeleitungsgleichung.

Trotzdem ist die Theorie der partiellen Differentialgleichungen komplizierter, und man braucht viel Vorwissen und viel Erfahrung, um gute Modelle mit partiellen Differentialgleichungen zu entwickeln. Auf der anderen Seite werden einige Terme und Ausdrücke immer wieder verwendet, um ortsabhängige Phänomene zu beschreiben. Beispielsweise der Laplace-Operator beschreibt einen diffusiven ausbreitenden Mechanismus, der Unterschiede in der Größe u ausgleicht. Forscherinnen und Forscher aus den angewandten Wissenschaften verwenden ortsauflösende Modelle mit Erfolg, indem sie die bekannten Terme für die zu berücksichtigenden Mechanismen aufnehmen, Simulationspakete für partielle Differentialgleichungen verwenden und die Ergebnisse insbesondere dann mit Mathematikerinnen und Mathematikern diskutieren, wenn die Ergebnisse überraschende Eigenschaften haben.

5.1 Differentialgleichungen und dynamische Systeme

In der abstrakten Schreibweise von Modellen in Gl. 4.11 ist der Zustand $Y(t) = u(t, \cdot)$ die Temperaturverteilung zum Zeitpunkt t, und G bildet den Zustand vermittels $G : u \mapsto a\Delta u$ auf die Zustandsänderung $\dot{Y}(t) = u_{,t}(t, \cdot)$ ab. Strenggenommen würde man G in diesem Fall eher einen Operator als eine Funktion nennen. Andererseits ist ein Operator eine Funktion auf dem Raum der Funktionen u, weshalb die Schreibweise $\dot{Y} = G(Y)$ gerechtfertigt ist.

Wir demonstrieren das Entstehen von Modellen mit Ortsauflösung am Lotka-Volterra-Modell mit Gl. 1.17, das die Interaktion zwischen der Beute-Population u und der Räuber-Population v enthält. In Abschn. 1.2.1 wurden beiden Populationsgrößen durch jeweils eine skalare Größe beschrieben. Man kann sich die Gesamtpopulationen in einem abgegrenzten Biotop vorstellen oder die Reduktion auf skalare Größen als Idealisierung interpretieren, um die Interaktion zwischen beiden Populationen zu verstehen.

Realistischerweise bewegen sich die Tiere jedoch, und speziell in der Adria, welche der geographische Ausgangspunkt des Lotka-Volterra-Modells ist, gibt es kaum ein abgegrenztes Biotop. Vielmehr ist es vorstellbar, dass die Beute-Population sich diffusiv verteilt, weil sie auf der Nahrungssuche in unterschiedliche Richtungen schwimmt. Die Räuber-Population wird nicht ungerichtet im Meer herumschwimmen, sondern auf Nahrungssuche den Beute-Fischen folgen. Doch davon sehen wir vorerst ab, und nehmen auch für die Räuber-Population ein diffusives Verhalten an.

Unter diesen Annahmen entsteht für die ortsabhängige Beute-Population $u = u(t, \mathbf{x})$ und die ebenfalls ortsabhängige Räuber-Population $v = v(t, \mathbf{x})$ das System partieller Differentialgleichungen

$$u_{,t} = \alpha u - \beta u v + \kappa_u \Delta u, \\ v_{,t} = \gamma u v - \delta v + \kappa_v \Delta v \tag{5.6}$$

mit den beiden Diffusionskonstanten $\kappa_u, \kappa_v > 0$. Zur partielle Differentialgleichung gehören ein Gebiet $\Omega \subset \mathbb{R}^d$, in dem sie gültig sein soll, und Randbedingungen am Rand $\partial\Omega$ des Gebietes. Ein abgegrenztes Biotop wird dadurch modelliert, dass der Fluss von u und v über den Rand verschwindet.

Gl. 5.6 enthält die lokalen Terme des Lotka-Volterra-Modells, die beschreiben, wie die Populationen an einem Ort miteinander oder aufeinander reagieren, und die Diffusionsterme. Deshalb heißen solche Gleichungen Reaktions-Diffusions-Gleichung, und sie haben ein sehr reichhaltiges Lösungsverhalten. Für die Populationsdynamik sind wandernde Wellen besonders interessant, und erstaunlicherweise kann das Zusammenwirken von den Reaktionstermen mit einem stabilen stationären Punkt und den Diffusionstermen mit einem ausgleichenden Verhalten dazu führen, dass der stationäre Punkt instabil wird, d.h. dass instabile Populationsdynamiken, wie sie tatsächlich beobachtet werden, erst durch die Ortsauflösung der Modelle beschreibbar werden. Solche durch die Diffusion erzeugten Instabilitäten werden als Turing-Muster bezeichnet und dienen als Erklärung von vielfältigen biologischen Prozessen wie gemustertem Tierfell oder Vegetationsmustern in Trockengebieten.

Der Mechanismus, dass die Beute dem Nahrungsangebot und dass die Räuber der Beute folgen, heißt Chemotaxis. Der Name kommt daher, dass beispielsweise

Einzeller im Meer chemischen Signalen folgen. Der Chemotaxis-Term der Räuber lautet

$$j_{\text{chtax}} = -\eta \nabla \cdot [u \nabla v],$$

und er wird zur zweiten Gleichung in Gl. 5.6 addiert, wenn das chemotaktische Suchverhalten der Räuber im Modell berücksichtigt werden soll. Allerdings hängt der Fluss j_{chtax} von der Größe der Beute-Population oder vielmehr ihrem Gradienten ab, wie man nach Anwendung der Produktregel erkennt. Deshalb führt die Berücksichtigung der Chemotaxis zu nichtlinearen partiellen Differentialgleichungen, deren mathematische Analyse noch deutlich schwieriger ist. Der analoge Term für Beute enthält übrigens die Menge der Nahrung für die Beute, z. B. die Verteilung des Planktons und der Kleinpflanzen im Wasser, für die auch Differentialgleichungen gebraucht werden. Wir sehen, dass die Modelle schnell groß und größer werden und sich der mathematischen Analyse mehr und mehr entziehen. Sind sie zu groß, kann man die Lösungen typischerweise noch ausrechnen, aber immer weniger qualitative Aussagen über das Lösungsverhalten machen. Denken Sie mit Blick auf das Minuszeichen darüber nach, warum chemotaktisches Verhalten zu einer Bewegung der Räuber-Population zum attraktivsten, also Beute-reichsten Ort führt. Hier sollte man sich überlegen, dass dies nicht zu einer unrealistischen Singularität der Räuber-Population führt, und tatsächlich wirkt die Diffusion in der Tendenz einer solchen Zusammenballung entgegen.

Ein anderer Mechanismus ist die Konvektion, also der gerichtete Transport beispielsweise in einer Meeresströmung. Ein konvektiver Fluss mit dem Geschwindigkeitsvektor $\mathbf{w} \in \mathbb{R}^d$ für die Beute lautet

$$j_{\text{konv}} = -\nabla \cdot [\mathbf{w} u],$$

wobei analog für die Räuber das u durch ein v ersetzt wird. Wir erkennen die Begründung des konvektiven Terms in der reinen Konvektionsgleichung mit konstantem Geschwindigkeitsvektor $\mathbf{w}$, die $u_{,t} = -\nabla \cdot [\mathbf{w} u] = \mathbf{w} \cdot \nabla u$ lautet und deren Lösungen die Form $u(t, \mathbf{x}) = U(\mathbf{x} - \mathbf{w}t)$ haben. Die Funktion $u(0, \mathbf{x}) = U(\mathbf{x})$ wird dabei mit der Geschwindigkeit $\mathbf{w} \in \mathbb{R}^d$ durch den Raum $\mathbb{R}^d$ transportiert.

Wir sehen, dass Modelle mit partiellen Differentialgleichungen in besonderem Maße auf die Form aus Gl. 4.28 führen. Einerseits liegt dies daran, dass die einzelnen Mechanismen durch bekannte und wohluntersuchte mathematische Terme mit jeweils einem Parameter für die Intensität des Mechanismus repräsentiert werden. Andererseits liegt es daran, dass die Theorie der partiellen Differentialgleichungen anspruchsvoll ist und ein neuer Term oder eine neue Modifikation eines bekannten Terms zunächst umfangreich untersucht und bedacht werden muss.

Diskretisierungsverfahren für die numerische Behandlung von partiellen Differentialgleichungen beginnen häufig mit einer Diskretisierung des Ortes auf einem Gitter von Stützstellen $\mathbf{x}_i$, $i = 1, \ldots N$ mit typischerweise großem N im Gebiet Ω sowie der örtlichen Ableitungen. Dadurch entsteht ein großes System von gewöhnlichen Differentialgleichungen, vgl. Abschn. 5.1.1, für die Näherungslösung mit $u_i(t) \approx u(t, \mathbf{x}_i)$. Dieses System hat idealerweise ein vergleichbares Lösungsverhalten wie die partielle Differentialgleichung, sodass qualitative Eigenschaften der

5.2 Modellfamilien

Lösung in der partiellen Differentialgleichung und in ihrer Diskretisierung zu finden sind.

Außerdem kann man viele partielle Differentialgleichungen als Agentensystem auf einem Gitter schreiben. Für Gl. 5.6 würden die Gitterzellen die Populationen in solch einem Teilstück des Gebiets enthalten. Die Reaktionsterme würde durch lokale Reaktionen innerhalb der Zelle modelliert und beispielsweise die Diffusion dadurch, dass ein kleiner Teil der Population in Gitterzelle in dem Zeitschritt auf alle Richtungen verteilt abwandert.

Aus jeder partiellen Differentialgleichung kann man auf diese Weise ein Agentensystem machen. Umgekehrt gilt dies jedoch nicht. In einem Agentensystem sind sehr vielfältige Mechanismen beschreibbar. Allerdings wird die Untersuchung des Verhaltens des entstehenden zeitdiskreten dynamischen Systems meistens sehr schwierig und oft sogar unmöglich. Da die numerische Behandlung aber einfach ist, eignet sich dieses Vorgehen dennoch, um aus numerischen Simulationen einen Eindruck vom Lösungsverhalten des Modells zu bekommen.

5.2 Modellfamilien

In diesem Abschnitt untersuchen wir unterschiedliche Modelle im Verhältnis zueinander. Analog zu Gl. 4.28 untersuchen wir Modellgleichungen der Form

$$\dot{Y} = G(Y, \mathbf{b}) = \beta_1 G_1(Y) + \ldots + \beta_s G_s(Y) \tag{5.7}$$

in Abhängigkeit vom Parametervektor $\mathbf{b} = (\beta_1, \ldots, \beta_s) \in \mathbb{R}^s$. Ein Modell mit der Modellgleichung ist also durch die Auswahl der Mechanismen $G_1, \ldots, G_s$ und der Parameter $\beta_1, \ldots, \beta_s$ festgelegt.

Mit der Menge $\mathcal{B} \subseteq \mathbb{R}^s$ der zulässigen Parameter, dem Fluss $\Gamma_\mathbf{b}$ und der Menge der zulässigen Anfangswerte $\mathcal{V}_{\text{adm}}$, vgl. Gl. 4.12 in Abschn. 4.2, ergibt sich die Menge

$$\mathcal{G} = \{Y(t) = \Gamma_\mathbf{b} Y^{\text{ini}} : \mathbf{b} \in \mathcal{B}, Y^{\text{ini}} \in \mathcal{V}_{\text{adm}}\}$$

der möglichen Lösungen der Modellgleichungen. Wenn die Mechanismen voneinander unabhängig sind, also keine Redundanzen enthalten und nicht durcheinander ersetzt werden können, so sind die Menge $\mathcal{G}$ aller Lösungen und die Menge $\mathcal{B} \times \mathcal{V}_{\text{adm}}$ aller möglichen Paarungen der Parameter und Anfangswerte bijektiv aufeinander abbildbar.

Die Auswahl der Mechanismen spiegelt sich also in $\mathcal{B}$ ebenso wider wie in $\mathcal{G}$.

5.2.1 Modellverfeinerungen und Teilmodelle

Mit dieser Betrachtungsweise können wir definieren, was ein Teilmodell und was eine Modellerweiterung ist. Einfach ausgedrückt, berücksichtigt ein Teilmodell weniger Mechanismen, und eine Modellerweiterung zieht zusätzliche Mechanismen in

Betracht. Obwohl es intuitiv klar erscheint, dass eine Erweiterung eines Modells die Variabilität des Lösungsverhaltens erhöht und so mehr Beobachtungen und Phänomene wiedergeben kann, ist eine formelle Definition einer Modellerweiterung und umgekehrt eines Teilmodells mit einer eingeschränkten Variabilität der Lösungen weniger naheliegend.

Sei M_1 ein Modell, das die Mechanismen $\{G_1, \ldots, G_s\}$ berücksichtigt und für das Parameter aus

$$\mathcal{B}_1 = [0, \bar{\beta}_1] \times \ldots \times [0, \bar{\beta}_s]$$

zugelassen sind, wobei für die Obergrenzen der einzelnen Parameter ∞ zugelassen ist. Wichtig ist, dass die Parameter $\beta_1, \ldots, \beta_s$ null sein können, was bedeutet, dass der zugehörige Mechanismus im Modell nicht auftaucht. Die Menge der zum Modell M_1 gehörigen Trajektorien sei $\mathcal{G}_1$.

Sei nun $\Pi : \mathbb{R}^s \to \mathbb{R}^s$ eine Projektion auf einen Teilraum des $\mathbb{R}^s$, sodass eine eingeschränkte Parametermenge $\mathcal{B}_2 = \Pi\mathcal{B}_1 \subset \mathcal{B}_1$ entsteht. Das zugehörige Modell nennen wir M_2. Im Falle einer orthogonalen Projektion auf einzelne Komponenten des Parametervektors enthält $\mathcal{B}_2$ Parametervektoren, die einige Mechanismen ausblenden, indem ihre Parameter null gesetzt sind. Andernfalls werden Linearkombinationen der Mechanismen gebildet, die durch weniger als s Parameter beschrieben werden.

In allen Fällen folgt aus $\mathcal{B}_2 \subset \mathcal{B}_1$ wegen der unveränderten zulässigen Anfangswerte in $\mathcal{V}_{\text{adm}}$, dass die möglichen Lösungen ebenfalls die Teilmengenbeziehung $\mathcal{G}_2 \subset \mathcal{G}_1$ erfüllen. Somit ist M_2 ein Teilmodell von M_1, was gleichbedeutend damit ist, dass M_1 eine Modellerweiterung von M_2 ist. Jedes Verhalten, das durch Modell M_2 abgebildet wird, kommt auch als Lösung der Modellgleichungen von Modell M_1 vor.

Beispiel 5.6
Die Trajektorie des Federschwingers mit der Modellgleichung aus Gl. 1.6 hängt von den drei Parametern in $\mathbf{b} = (m, d, k)$ ab. Die Anregung $p = p(t)$ ist dagegen extern gegeben und kann als eigener Mechanismus interpretiert werden. In diesem Fall ist $\mathcal{B}_1 = [0, \infty) \times [0, \infty) \times [0, \infty)$, wobei die Grenze $m = 0$ aus Modellierungssicht fragwürdig ist, weil ein Federschwinger ohne Masse kein Federschwinger ist.

Der ungedämpfte Federschwinger erfüllt $\mathcal{B}_2 = [0, \infty) \times \{0\} \times [0, \infty) \subset \mathcal{B}_1$, und das Modell M_2 des ungedämpften Federschwingers ist ein Teilmodell des allgemeinen Federschwingers als Modell M_1. ∎

Oft werden Modelle von groben zu feinen Modellen aufgebaut. Aus den prinzipiell in Frage kommenden Mechanismen wird einer ausgewählt. Dann wird das Modell mit einem Mechanismus durch den nächsten Mechanismus erweitert und so fort. Im Allgemeinen führt jede Auswahl aus den s Mechanismen $\{G_1, \ldots, G_s\}$ zu einem Teilmodell des durch Gl. 5.7 gegebenen Modells. Es entsteht eine vollständige Potenzmenge möglicher Modelle, die eine Modellfamilie bilden, vgl. Abb. 4.4.

Bei nur zwei in Frage kommenden Mechanismen G_1 und G_2 gibt es die beiden Modelle, die nur einen der Mechanismen berücksichtigen, und die Modellerweite-

5.2 Modellfamilien

rung aus beiden Mechanismen. Formell könnte man das Modell ohne Mechanismen, das nur konstante Lösungen hat, dazuzählen und erhält die gesamte Potenzmenge von $\{G_1, G_2\}$. Entsprechend gibt es bei drei Mechanismen sechs mögliche Modelle, und für Anwendungen mit sehr vielen Mechanismen wie z. B. in der Genomics- oder Proteomics-Forschung werden die Modellfamilien riesig groß.

In vielen praktischen Anwendungen sind die Mechanismen jedoch nicht beliebig kombinierbar. Wie schon am Ende von Abschn. 4.2.2 angesprochen, wirken bei einem fallenden Regentropfen unter anderem die Schwerkraft, der Luftwiderstand und die Verformung des Tropfens zusammen. Ohne die Schwerkraft bildet keiner der anderen beiden Mechanismen ein Modell für den fallenden Tropfen, und ohne den Luftwiderstand hat die Verformung des Tropfens keinen Einfluss auf das Fallen. Die Modellfamilie aus diesen drei Mechanismen fällt zu einer Modellhierarchie zusammen, vgl. Abb. 4.4**b**. Selbstverständlich gibt es noch mehr Mechanismen wie beispielsweise die Bewegung des Wassers im Regentropfen, die das Fallen des Tropfens beeinflussen und die dazu führen, dass Regentropfen als aufgefächerte Schirmchen heruntersegeln und uns Menschen nicht als langgestreckte Wassernadeln durchbohren.

5.2.2 Konkurrierende Modelle

Modelle M_1 und M_2 mit Lösungsmengen $\mathcal{G}_1$ und $\mathcal{G}_2$, die nicht Teilmengen voneinander sind, nennen wir konkurrierende Modelle. Wenn zwei oder mehr konkurrierende Modelle zur Auswahl stehen, wären Kriterien wünschenswert, welches der Modelle geeigneter ist, eine oder mehrere Beobachtungen zu beschreiben.

Die Erkenntnis von Satz 4.3, dass jedes Modell mit einer geeigneten System-Modell-Relation φ wenigstens für kurze Zeitintervalle sogar ein exaktes Modell jedes Systems sein kann, sollte unsere Hoffnung auf ein objektives und allgemeines Kriterium zur Modellauswahl dämpfen.

Es gibt unterschiedliche Anforderungen an Modelle, wobei Wünsche das bessere Wort als Anforderungen ist. Zum einen sollen Modelle das qualitativ erwartete Lösungsverhalten zeigen. Als Nächstes sollen Modelle Beobachtungen und Messungen auch quantitativ wiedergeben. Schließlich wünschen wir uns von Modellen, dass sie mit wenigen Mechanismen und wenigen Parametern auskommen.

Im besten Fall haben wir ein kleines übersichtliches Modell, das wir gut interpretieren können, das ein qualitativ richtiges Lösungsverhalten zeigt und mit dem es gelingt, Messwerte zu reproduzieren. Allerdings können alle Kombinationen der drei Wünsche auftreten. Ein Modell könnte einige wenige vorhandene Messwerte zwar recht genau wiedergibt, aber ein Lösungsverhalten zeigen, das qualitativ nicht plausibel ist.

Eine Möglichkeit, zwischen konkurrierenden Modellen zu unterscheiden, besteht darin, eine Modellfamilie aus allen Mechanismen, die in den zur Auswahl stehenden Modellen vorkommen, zu bilden, sodass das umfassendste Modell der Modellfamilie eine Modellgleichung der Form von Gl. 5.7 hat. Jedes Modell der Modellfamilie ist ein Teilmodell des umfassendsten Modells und entsteht, indem einige Komponenten des Parametervektors $\mathbf{b} = (\beta_1, \ldots, \beta_s)$ auf null gesetzt werden.

Zusätzlich definiert man einen Gesamtfehler Θ der Modelle zu den vorhandenen Messdaten und zu dem erwarteten qualitativen Lösungsverhalten. Hierbei hat man typischerweise viele Freiheiten. Im kommenden Abschn. 5.3 zur Parameteridentifikation wird als ein prominenter Term die Summe der quadrierten Fehler zwischen Messdaten und den Lösungen der Modellgleichungen verwendet. Aber es gibt noch mehr Varianten.

Qualitative Eigenschaften der Lösungen sind ebenfalls quantifizierbar, s. Abschn. 4.1.6, und die Abweichung vom plausiblen Verhalten kann als Strafterm in den Gesamtfehler aufgenommen werden. Wird beispielsweise eine konvexe Lösungskomponente Y_j für ein j erwartet, so wäre das Integral über den quadrierten negativen Anteil der zweiten Ableitung ein denkbarer Strafterm. Analog wird eine positive Lösungskomponente erzwungen, indem die negativen Anteile auftretender Lösungen bestraft werden.

Um den dritten Wunsch nach kleinen übersichtlichen Modellen zu formalisieren, kann man die Anzahl der von null verschiedenen Parameter in den Gesamtfehler Θ aufnehmen. Die Idee stammt von den sogenannten Informationskriterien, die meistens in einem engen Rahmen die Anzahl der Parameter mit der Genauigkeit der Reproduktion von Messdaten aufwiegen.

Außerhalb solcher engen Rahmen gibt es jedoch keine allgemein einsetzbaren Abwägungen zwischen den unterschiedlichen Anteilen im Gesamtfehler Θ, der, man hätte es kaum anders erwartet, minimiert werden soll. Die Gewichtung der Anteile garantiert dem Menschen hinter dem Modell einen großen Einfluss auf die Modellauswahl, auch wenn die Minimierung von Θ mit einer scheinbaren Objektivität lockt.

Zum Abschluss sprechen wir die Frage an, wie wir aus dem Parametervektor $\mathbf{b} = (\beta_1, \ldots, \beta_s)$ die Komponenten auswählen, die nicht null gesetzt werden und die damit für die auftretenden Mechanismen stehen. Wir wollen also die wichtigen Mechanismen auswählen und so ein Modell identifizieren, das den vorher festgelegten Gesamtfehler Θ minimiert.

Für diese Fragestellung eignet sich die sparsame Optimierung, die Minima bevorzugt, bei der möglichst wenige Komponenten ungleich null sind. Der zugehörige Strafterm wäre die Anzahl der Nichtnullkomponenten in $\mathbf{b}$, der allerdings zu Optimierungsproblemen führt, die zum ausgesprochen anspruchsvollen und aufwendigen Rucksackproblem äquivalent sind. Deshalb regularisiert man diesen widerspenstigen Strafterm zur ℓ_1-Norm $\|\mathbf{b}\|_1 = |\beta_1| + \ldots + |\beta_s|$.

Der Versuch, die Modellauswahl bzw. die Modellidentifikation zu formalisieren, hat uns dazu geführt, dass wir uns auf einen Gesamtfehler und besonders auf die Gewichte an den einzelnen Anteilen festlegen mussten. Das ist grundsätzlich möglich, weil alle Begriffe quantifizierbar sind, s. Abschn. 4.1.6, aber nicht eindeutig. Nach dieser Quantifizierung wird die Modellidentifikation zu einer Identifikation der Parameter $\mathbf{b} = (\beta_1, \ldots, \beta_s)$, die wir im kommenden Abschnitt besprechen. Modellidentifikation ist eine Parameteridentifikation innerhalb der Modellfamilie.

5.3 Parameteridentifikation

In vielen Anwendungsfällen begegnen wir der Situation, dass theoretische Überlegungen eine Modellgleichung $\dot{Y} = G_b(Y)$ für $Y = Y(t) \in \mathbb{R}^m$ in Abhängigkeit von einem Parametervektor $\mathbf{b} = (\beta_1, \ldots, \beta_s)^T \in \mathbb{R}^s$ nahelegen, für den es aber weder in der Literatur noch aus anderen Quellen verlässliche Parameter gibt.

Wir beschreiben in diesem Abschnitt, wie wir aus Messwerten oder allgemeiner Datenpunkten diejenigen Parameter bestimmen, mit denen die Daten am besten approximiert werden. In Gl. 4.15 haben wir diese Situation skizziert. Die Messung ψ, die Zustände $X(t_i)$ aus der konstruierten Wirklichkeit zu den Zeitpunkten t_i, $i = 1, \ldots, I$ in den Raum $\mathcal{W}$ der Messergebnisse abbildet, liefert Daten (t_i, Z_i) mit $Z_i = \psi(X(t_i))$. Selbstverständlich sind diese Messergebnisse im Allgemeinen mit Messfehlern behaftet. Da die Messfehler jedoch auch zur konstruierten Wirklichkeit gehören, genügt diese Schreibweise, vgl. Abschn. 4.2.5.

Auch die Anfangswerte $Y^{\text{ini}} = Y(0)$ sind nicht immer bekannt. Auch sie sollen gegebenenfalls aus den Daten bestimmt werden. Allerdings kann man Anfangswerte und Parameter ineinander überführen. Man kann Parameter zu Anfangswerten machen, indem man zusätzliche neue Komponenten $Y_{\text{neu}} \in \mathbb{R}^s$ einführt, die der trivialen Differentialgleichung $\dot{Y}_{\text{neu}} = 0$ mit den Anfangswerten $Y_{\text{neu}}(0) = \mathbf{b}$ genügen. Andersherum werden aus Anfangswerten Parameter, wenn man $\mathbf{b}_{\text{neu}} = Y^{\text{ini}} \in \mathbb{R}^m$ setzt und eine Differentialgleichung für $U = Y - Y^{\text{ini}}$ aufstellt. Diese lautet dann $\dot{U} = G_b(U + \mathbf{b}_{\text{neu}})$ mit $U(0) = 0 \in \mathbb{R}^m$, und sie enthält den längeren Parametervektor $(\mathbf{b}^T, \mathbf{b}_{\text{neu}}^T)^T \in \mathbb{R}^{s+m}$.

Aufgrund der Transformierbarkeit zwischen Parametern und Anfangswerten beschränken wir uns auf den Fall einer parameterabhängigen Modellgleichung

$$\dot{Y} = G_b(Y), \ Y(0) = Y^{\text{ini}} \text{ mit } \Gamma_b(t): Y^{\text{ini}} \mapsto Y(t)$$

mit einem Parametervektor $\mathbf{b} \in \mathbb{R}^s$, der dadurch bestimmt werden soll, dass die messbaren Größen der Modellgleichung $Z(t_i) = \chi(Y(t_i))$ mit den Daten Z_i aus den Messungen in möglichst gute Übereinstimmung gebracht werden. Der Modellzustand $Y(t)$ hängt vom Parametervektor ab, sodass $Y_b = Y_b(t)$ eine Bezeichnung wäre, die diese Abhängigkeit verdeutlicht.

Erinnern Sie sich daran, dass nicht alle Komponenten des Modellzustands Y den Messungen zugänglich sein müssen. In Beispiel 4.7 zum SIR-Modell haben wir besprochen, dass Neuinfektionen bei meldepflichtigen Krankheiten gut bekannt sind, doch nicht die Ausheilung. Durch Aufsummieren der Neuinfektionen ist die Größe $I(t) + R(t)$ Messungen zugänglich, nicht jedoch $I(t)$ allein. Im glücklichen Fall, dass alle Komponenten des Modellzustands messbar sind, ist χ aus Gl. 4.15 die Identität, und es gilt $Z = Y$.

Schließlich brauchen wir eine Zielfunktion, die den Unterschied zwischen den Daten Z_i und den messbaren Modellzuständen $\chi(Y(t_i)) = \chi(\Gamma_b(t_i)Y^{\text{ini}})$ misst und die minimiert wird. Eine häufig verwendete Zielfunktion ist die Summe der quadrierten Differenzen

$$\Theta(\mathbf{b}) = \sum_{i=1}^{I} w_i \left\| \chi(\Gamma_b(t_i) Y^{\text{ini}}) - Z_i \right\|^2 \to \min, \qquad (5.8)$$

die hier um Gewichte $w_i \geq 0$ ergänzt wurde, mit denen die Wichtigkeit der Messdaten eingestellt werden kann. Ist ein bestimmtes w_i groß, so geht der Messwert Z_i oder vielmehr die Abweichung des Modellzustands von diesem Messwert stärker in Θ ein, und diese Abweichung wird bei der Minimierung der Zielfunktion besonders klein. Die Messwerte, denen Sie vertrauen, haben ein hohes Gewicht verdient, und diejenigen, die möglicherweise weniger genau bestimmt sind oder weniger wichtig sind, bekommen ein kleineres Gewicht.

Die Wahl der Zielfunktion Θ ist nicht festgelegt. Sie ist davon bestimmt, wie die Abweichungen zu den Zeitpunkten t_i zu einer Zielfunktion Θ sinnvoll zusammengefasst werden, und auch davon, wie geeignet die Zielfunktion für die Minimierung ist. Der zweite Grund ist erkenntnistheoretisch fragwürdig, denn man benutzt utilitaristisch eine Methode, weil sie einfach anzuwenden ist und nicht, weil sie besonders geeignet ist. Dieses Wechselspiel muss die wissenschaftliche Praxis aushalten, doch sollte man sich bewusst machen, dass die Wahl der Zielfunktion Θ und die Wahl eventueller Gewichte sowie der Norm in Gl. 5.8 viel Freiraum bieten, um unterschiedliche Parametervektoren zu identifizieren, die man jeden für den besten halten kann.

Übrigens ist die Zielfunktion $\Theta = \Theta(\mathbf{b})$ häufig nicht schön und trotz der vermeintlich einfachen Form als Summe von Quadraten in ihrer Abhängigkeit von $\mathbf{b}$ recht kompliziert. Das liegt daran, dass die Lösung $Y(t) = \Gamma_b(t) Y^{\text{ini}}$ meistens in komplizierter Weise vom Parameter $\mathbf{b}$ abhängt, vgl. Beispiel 5.7.

Bis hierhin haben wir die Parameteridentifikation aus einer Datenperspektive angesehen. Die möglicherweise messfehlerbehafteten Daten stammen aus der Wirklichkeit, und die Parameter werden so identifiziert, dass das Modell am besten zu den Messdaten passt.

Im Vergleich betrachten wir bei der Referenzperspektive das Systemverhalten $X = X(t)$ als bekannt und suchen im Ersatzmodell $\dot{Y} = G_b(Y)$ den Parametervektor, der am besten zum Systemverhalten passt. In diesem Fall würden wir die von $\mathbf{b}$ abhängigen Modellzustände $Y(t)$ mit $\varphi(X(t))$ vergleichen, denn nun liegt der gesamte Vektor X vor. Beim Vergleich der Modellzustände mit in $\mathcal{V}$ projizierten Systemzuständen brauchen wir uns nicht auf diskrete Zeitpunkte zu beschränken, sodass Gl. 5.8 in

$$\Theta(\mathbf{b}) = \int_0^T w(t) \left\| \Gamma_b(t) Y^{\text{ini}} - \varphi(X(t)) \right\|^2 dt \to \min$$

mit der Gewichtsfunktion $w(t) \geq 0$, die man allgemeiner auch spezifisch für einzelne Komponenten wählen könnte, übergeht. Das Minimum von $\Theta(\mathbf{b})$ liefert in Abhängigkeit von der gewählten Zielfunktion, der Gewichte und der Norm wieder den

5.3 Parameteridentifikation

Parametervektor **b**, für den die Modellgleichung am besten zur gegebenen Systemgleichung passt. Der verbleibende Fehler ist die Abweichung zwischen dem Modell und dem System, und er ist in der reinen Referenzperspektive nicht von zufälligen Messfehlern beeinflusst. Es ist ein rein epistemischer Modellfehler.

Dagegen würde man in der Datenperspektive den Anteil von Θ, der auf die zufälligen Fehler in den Messdaten zurückgeht, den aleatorischen Fehler nennen. Dieser kommt in realistischen Anwendungen zum epistemischen Fehler dazu und ist in der Praxis von diesem kaum zu unterscheiden. Theoretisch ist der epistemische Fehler derjenige, der übrig bleibt, wenn alle zufälligen Einflüsse ausgeschlossen werden. Doch genau dies ist in realistischen Anwendungen fast nicht möglich.

Beispiel 5.7
Die Modellgleichung $Y(t) = -bY = G_b(Y)$ mit $Y(0) = 1 = Y^{\text{ini}} \in \mathbb{R}$ hat die parameterabhängige Lösung $Y(t) = e^{-bt}$. Der Fluss ist hier analytisch geschlossen als $\Gamma_b(t) : Y^{\text{ini}} \mapsto Y^{\text{ini}} e^{-bt}$ verfügbar.

Außerdem seien die Messdaten (t_i, X_i) gegeben. Wir nehmen die einfache Situation, dass die System-Modell-Relation φ die Identität ist. Wir versuchen also die bestapproximierende Funktion $Y(t) = e^{-bt}$ für die gegebenen Daten zu finden, d. h. im einfachsten Fall die Zielfunktion

$$\Theta(b) = \sum_{i=1}^{I} [e^{-bt_i} - X_i]^2 \to \min \quad \text{bzw.} \quad \Theta(b) = \int_0^T [e^{-bt} - X(t)]^2 \to \min$$

in der Datenperspektive für gegebene Daten bzw. in der Referenzperspektive für gegebenes Systemverhalten $X(t)$ zu minimieren. In diesem Beispiel hängt die Lösung $Y(t) = e^{-bt}$ monoton von dem skalaren Parameter b ab, und bei monotoner Veränderung von b wird die Lösung über die Daten (t_i, X_i) bzw. über die gegebene Funktion $X(t)$ geschoben, vgl. Abb. 5.2. Dadurch ist es leicht nachzuweisen, dass diese Zielfunktion $\Theta(b)$ konvex ist, was die Minimierung sehr erleichtert, aber im Allgemeinen nicht der Fall sein muss. ∎

Ein alternativer Ansatz für die Parameteridentifikation hinterfragt die Rollen der Messdaten und der Modellgleichung. Mit der Minimierung in Gl. 5.8 haben wir die Modellgleichung perfekt erfüllt, denn wir benutzen ihre Lösung. Dagegen dient die Zielfunktion dazu, die Daten bestmöglich, aber trotzdem nur ungefähr zu treffen. Ebenso gut könnten wir die Messdaten als perfekt ansehen, denn sie sind das beste, was zur Verfügung steht, und die Modellgleichung nur ungefähr lösen. Das klingt besonders dann vernünftig, wenn die Modellgleichung nur eine vage Vermutung ist oder wenn sie gewählt wurde, weil sie einfach oder schön war, also gerade nicht, weil ein besonderes Zutrauen in ihre Modellierungsstärke bestand. Also machen wir uns ans Werk.

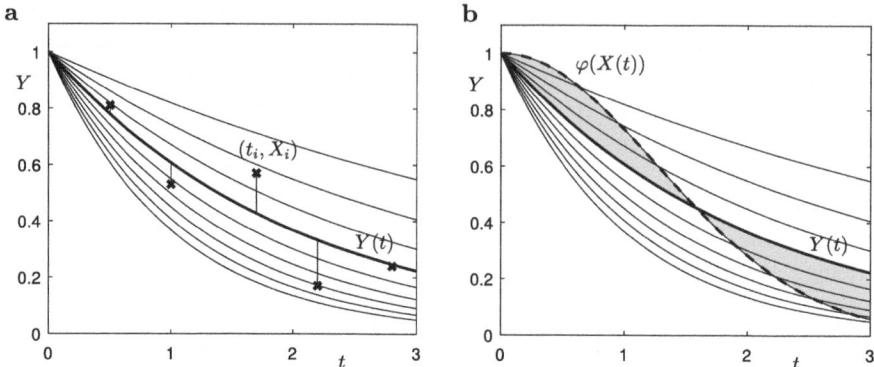

Abb. 5.2 a Parameteridentifikation aus der Datenperspektive als Anpassung der parameterabhängigen Lösung einer Differentialgleichung an Messdaten. Aus einer Funktionenschar wird diejenige mit dem kleinsten Gesamtfehler Θ zu den Messdaten X_i bestimmt. **b** Parameteridentifikation aus der Referenzperspektive als Anpassung der parameterabhängigen Lösung der Modellgleichungen an eine Lösung der Systemgleichung. Aus einer Funktionenschar wird diejenige bestimmt, die das projizierte Systemverhalten $\varphi(X(t))$ am besten approximiert, vgl. graue Fläche

Die zeitliche Änderung von $\chi(\Gamma_b(t_i)Y^{\text{ini}}) = \chi(Y)$ vergleichen wir in

$$\frac{d}{dt}\chi(Y(t)) = \nabla\chi(Y(t))\dot{Y}(t) = \nabla\chi(Y(t))G_b(Y(t)) \approx$$
$$\approx \frac{\psi(X(t+\Delta t)) - \psi(X(t))}{\Delta t} \approx \frac{d}{dt}\psi(X(t))$$

mit einer numerischen Approximation der zeitlichen Änderung von $\psi(X(t))$, hier dem rechtsseitigen Differenzenquotienten. Die alternative Zielfunktion lautet dann

$$\Theta_{\text{alt}}(\mathbf{b}) = \sum_{i=1}^{I-1} w_i \left\| \nabla\chi(Y(t_i))G_b(Y(t_i)) - \frac{Z_{i+1} - Z_i}{t_{i+1} - t_i} \right\|^2$$

in der Datenperspektive und

$$\Theta_{\text{alt}}(\mathbf{b}) = \int_0^T w(t) \left\| G_b(Y(t)) - \frac{d}{dt}\varphi(X(t)) \right\|^2 dt$$

in der Referenzperspektive, wobei jeweils Gewichte w_i bzw. $w(t)$ erlaubt sind.

Besonders vorteilhaft erscheint der alternative Ansatz der Parameteridentifikation, wenn die Modellgleichung wie Gl. 4.31 eine Linearkombination von Mechanismen mit den Parametern $\beta_1, \ldots, \beta_s$ als Koeffizienten ist. Dann ist $\Theta(\mathbf{b})$ bei festem $Y = Y(t)$ ein Paraboloid in den Parametern und bestens für die Minimierung geeignet. Allerdings täuscht der erste Eindruck, denn die Lösung $Y(t)$ hängt auch hier von **b** ab. Trotzdem ist die Minimierung im Allgemeinen freundlicher.

Probieren Sie die Parameteridentifikation aus. Beginnen Sie bei dem einfachen Beispiel 5.7 mit einer numerischen Lösung dieser einfachen Modellgleichung, und steigern Sie sich zum Federschwinger in Gl. 1.6. Sie können die Messdaten im Rechner generieren und dann den Rechner beauftragen, die Parameter wiederzufinden.

Die Umsetzung der Parameteridentifikation in einem Computerprogramm erfordert ein wenig Konzentration. Auf der obersten Ebene wird die Zielfunktion $\Theta = \Theta(\mathbf{b})$ mit einem Optimierungsverfahren minimiert. Jede Auswertung von Θ für einen Parametervektor $\mathbf{b}$ erfordert die Lösung der Modellgleichungen, die auf der untersten Programmebene in jedem Schritt der Zeitintegration der Differentialgleichung die rechte Seite $G_b(Y)$ auswertet. Der Parameter $\mathbf{b}$ muss folglich durch alle Programmebenen gereicht werden. Schließlich braucht man zur Berechnung der bestapproximierenden Modellzustände die Lösung der Modellgleichung noch einmal auf der oberen Programmebene. Probieren Sie es aus. Es lohnt sich.

5.4 Stochastische Einflüsse

Bei der Vorstellung der Datenmodelle in Abschn. 1.4.2 sind uns beim Würfeln oder beim Verkauf von Kleidung Phänomene begegnet, die zur Anwendung passend durch Zufallsvariablen beschrieben werden.

Der Würfel wird bei einem Spiel eingesetzt, um eine unter den natürlichen Zahlen von 1 bis 6 gleichverteilte Zufallszahl zu erzeugen. Es ist also sinnvoll, bei der Modellierung des Spiels „Mensch ärger Dich nicht" Zufallsvariablen zu verwenden, vgl. Abschn. 3.3.1. Der einzelne simulierte Spielverlauf ist konsequenterweise zufällig. Trotzdem ist die Wahrscheinlichkeitsverteilung der Spielsituationen bei festgelegter Spielstrategie nach jedem Spielzug deterministisch, und Aussagen des Modells wie beispielsweise die Erfolgswahrscheinlichkeit einer Spielstrategie sind deterministisch.

Die Verwendung von Zufallsvariablen widerspricht somit nicht der in Abschn. 4.1.5 besprochenen Grundannahme, dass die konstruierte Wirklichkeit in geeigneten Begriffen deterministisch ist. Das Mensch-ärger-Dich-nicht-Spiel ist in den Wahrscheinlichkeitsverteilungen deterministisch.

Wir demonstrieren in diesem Abschnitt, wie zufällige Einflüsse in deterministischen Modellen Berücksichtigung finden.

5.4.1 Logistische Iteration mit zufälligen Einflüssen

Die logistische Iteration $q_{k+1} = cq_k(1 - q_k)$ in Gl. 5.5 ergänzen wir auf zwei Arten um stochastische Einflüsse. Zuerst nehmen wir an, dass der Anfangswert q_0 zufällig ist und sich die Werte dann rein deterministisch entwickeln. Danach folgt ein Beispiel, bei dem die Iterierten q_{k+1} in jedem Schritt einer zufälligen Beeinflussung unterliegen.

Beispiel 5.8
Wir betrachten die logistische Iteration aus Gl. 5.5 mit $c = \frac{3}{2}$. Der Startwert $q_0 = \frac{1}{3}$ führt auf die stationäre Iteriertenfolge mit $q_0 = q_1 = q_2 = \ldots$

Nun nehmen wir an, dass der Anfangswert q_0 die Realisierung einer Zufallsvariablen Q_0 ist und dass sich der zufällige Anfangswert dann gemäß Gl. 5.5 ohne weitere zufällig Einflüsse entwickelt.

Als einen einfachen Fall betrachten wir Q_0, das auf $\{\frac{2}{9}, \frac{4}{9}\}$ gleichverteilt ist. Jede der beiden Realisierungen wird also mit derselben Wahrscheinlichkeit $\mathbb{P}(q_0 = \frac{2}{9}) = \mathbb{P}(q_0 = \frac{4}{9}) = \frac{1}{2}$ angenommen.

Mit gleicher Wahrscheinlichkeit lauten die Itereriertenfolgen

$$\frac{2}{9} \mapsto \frac{7}{27} \mapsto \frac{70}{243} \mapsto \ldots \quad \text{und} \quad \frac{4}{9} \mapsto \frac{10}{27} \mapsto \frac{85}{243} \mapsto \ldots$$

Die beiden gleichwahrscheinlichen Realisierungen von Q_1 sind $\{\frac{7}{27}, \frac{10}{27}\}$. Schon der Erwartungswert von Q_1 nach der ersten Iteration ist ungleich q_1, denn es gilt

$$\mathbb{E}Q_1 = \frac{17}{54} \neq q_1 = \frac{1}{3} \quad \text{und} \quad \mathbb{E}Q_2 = \frac{155}{486} \neq q_1 = \frac{1}{3}.$$

Die Erwartungswerte der Zufallsvariablen entwickeln sich in dieser beispielhaften Überlegung unterhalb der Iteration, die beim Erwartungswert $\mathbb{E}Q_0$ des Anfangswerts startet. ■

Beispiel 5.9
Interessanter ist die Situation, dass die Iterierten nach Ausführung eines Schritts von Gl. 5.5 mit gleicher Wahrscheinlichkeit um ε erhöht oder vermindert wird. Diesmal wird die Iteration in jedem Schritt zufällig beeinflusst.

Selbst mit einem eindeutigen Startwert q_0 ergeben sich mit gleicher Wahrscheinlichkeit die beiden Realisierungen $q_1 = cq_0(1-q_0) + \varepsilon$ und $q_1 = cq_0(1-q_0) - \varepsilon$ der Zufallsvariablen Q_1. Im nächsten Schritt entstehen aus jedem diesen beiden Werten mit jeweils gleicher Wahrscheinlichkeit wieder zwei Werte. Die Zufallsvariable Q_2 im zweiten Iterationsschritt hat also vier gleichwahrscheinliche Realisierungen usw.

Mit wiederum $c = \frac{3}{2}$, $q_0 = \frac{1}{3}$ und $\varepsilon = \frac{1}{9}$ entstehen aus dem determinierten Wert $Q_0 = \{q_0\}$ die Auswahlen

$$Q_1 = \left\{\frac{2}{9}, \frac{4}{9}\right\} \quad \text{und} \quad Q_2 = \left\{\frac{4}{27}, \frac{10}{27}, \frac{7}{27}, \frac{13}{27}\right\} \quad \text{usw.},$$

bei denen die ersten beiden möglichen Realisierungen von Q_2 aus dem ersten Wert von Q_1 entstehen und entsprechend für die hinteren beiden.

Hier gilt zwar noch $\mathbb{E}Q_1 = q_1$, aber ebenso wie im vorigen Beispiel $\mathbb{E}Q_2 = \frac{17}{54} \neq q_2$. Das Auseinanderfallen dieser beiden Werte wird sich fortsetzen, und die stochastische Betrachtung liefert auch in diesem einfachen Szenario ein anderes Verhalten des Erwartungswerts als das deterministische Modell. ■

5.4 Stochastische Einflüsse

Wir sehen, dass beide Situationen zu Entwicklungen der Iteriertenfolge führen, die ein von der deterministischen Entwicklung abweichendes Verhalten zeigen. Modelle mit stochastischen Einflüssen beschreiben im Allgemeinen Eigenschaften der Wahrscheinlichkeitsverteilung, die über die deterministische Entwicklung des Erwartungswerts und der Varianz der Zufallsgrößen hinausgehen.

Probieren Sie aus, die Fibonacci-Folge aus Beispiel 1.2 um zufällige Einflüsse zu ergänzen. Beispielsweise können sich die neugeborenen Kaninchenpaare mit gleicher Wahrscheinlichkeit zwei oder drei Zeitintervalle Zeit lassen, um das erste neue Kaninchenpaar zu bekommen. Sie könnten ausprobieren, wie die Entwicklung der Kaninchenpopulation beeinflusst wird, wenn pro Zeitintervall mit Wahrscheinlichkeit $p < 1$ ein Fuchs oder Marder kommt und ein neugeborenes Kaninchenpaar stiehlt. Denken Sie sich noch weitere Situationen aus, und untersuchen Sie zuerst beispielhaft und dann durch kombinatorische Überlegungen die Evolution des Erwartungswerts und der Varianz der Größe der Kaninchenpopulation.

Nach diesen möglichst einfachen Beispielen übertragen wir die Szenarien aus den Beispielen 5.8 und 5.9 auf kontinuierliche dynamische Systeme.

5.4.2 Zufällige Einflüsse in dynamischen Systemen

Wir betrachten ein kontinuierliches dynamisches System $\dot{\mathbf{q}} = \mathbf{f}(\mathbf{q})$ mit $\mathbf{q} \in \mathbb{R}^d$, und zuerst lassen wir wie in Beispiel 5.8 zu, dass der Anfangswert $\mathbf{q}(0) = \mathbf{q}^{ini}$ zufällig ist, also durch eine Zufallsvariable $Q(0)$ beschrieben wird. Dieser zufällige Anfangswert entwickelt sich jetzt deterministisch fort, sodass zu jedem Anfangswert $\mathbf{q}^{ini}$ genau eine Trajektorie $\mathbf{q} = \mathbf{q}(t)$ gehört. Diese Trajektorien bilden ein Ensemble, und die Zufallsvariable $Q(t)$ zum Zeitpunkt t ergibt sich aus dem Verfolgen der Trajektorien aus $Q(0)$. Die zeitabhängige Zufallsvariable $(Q(t))_t$ bildet einen stochastischen Prozess, der in diesem Fall vergleichsweise einfach ist, weil die Zufallsvariable $Q(0)$ über den Fluss $\Phi : \mathbf{q}^{ini} \to \mathbf{q}(t)$ lediglich transformiert wird.

Stochastische Prozesse sind ein mathematisches Konzept, das beachtliche mathematische Schwierigkeiten bereithält. Hier stellen wir die Grundidee für den einfachsten Fall vor, dass nämlich eine genügend glatte zeitabhängige Wahrscheinlichkeitsdichte $\varrho = \varrho(t, \mathbf{q})$ über dem Phasenraum, also den möglichen Zuständen $\mathbf{q}$, existiert. Damit vermeiden wir viele herausfordernde Fragen aus der Theorie der stochastischen Prozesse und können uns der Grundidee ohne große theoretische Vorarbeit nähern.

Die Berechnung des stochastischen Prozesses entspricht unter der strengen Glattheitsannahme der Bestimmung der zeitabhängigen Wahrscheinlichkeitsdichte. Wir stellen uns vor, dass das Ensemble der Lösungen $\mathbf{q}(t)$ mit der Dichte $\varrho(t, \mathbf{q})$ gewichtet ist. Das Gewicht bewegt sich im Phasenraum mit dem Fluss $\mathbf{I} = \varrho(t, \mathbf{q})\dot{\mathbf{q}} = \varrho(t, \mathbf{q})\mathbf{f}(\mathbf{q})$, denn am Punkt $\mathbf{q}$ bewegt sich die Trajektorie in Richtung $\dot{\mathbf{q}} = \mathbf{f}(\mathbf{q})$ und transportiert dabei das infinitesimale Gewicht $\varrho(t, \mathbf{q})dV$.

Aus der Kontinuitätsgleichung $\varrho_{,t} + \nabla \cdot \mathbf{I} = 0$ erhalten wir die Evolutionsgleichung

$$\varrho_{,t} = -\nabla \cdot [\varrho\, \mathbf{f}(\mathbf{q})] \quad \text{mit} \quad \varrho(0, \mathbf{q}) = \varrho^{\text{ini}}(\mathbf{q}) \tag{5.9}$$

für die zeitliche Entwicklung der Wahrscheinlichkeitsdichte. Dies liegt daran, dass die Divergenz bezüglich $\mathbf{q}$ die Quellen und Senken des Flusses enthält und so angibt, ob das Gewicht am Punkt $\mathbf{q}$ abnimmt oder anwächst. Ein dramatischerer Name für Gl. 5.9 lautet Fokker-Planck-Gleichung für den stochastischen Prozess mit zufälligen Anfangswerten.

Nehmen wir analog zum Beispiel 5.9 an, dass die Entwicklung der Trajektorien zu jedem Zeitpunkt durch zufällige Einflüsse gestört wird. Dadurch kommen wir den Schwierigkeiten der Beschreibung stochastischer Prozesse näher, denn zuerst müsste geklärt werden, welche zeitkontinuierlichen zufälligen Einflüsse mathematisch sinnvoll und damit im weitesten Sinne realistisch sind.

Wollen Sie einen zufälligen Weg durch eine Stadt wählen, so könnten Sie an jeder Straßenecke würfeln, in welche Richtung Sie Ihren Stadtspaziergang fortsetzen. Sie kommen so zwar nicht besonders weit, weil Sie mit großer Wahrscheinlichkeit wieder zurückwandern, aber mit wachsender Zeit bewegen Sie sich in einem langsam größer werdenden Teil der Stadt auf einem Zickzackweg, der Irrfahrt oder Random Walk genannt wird. Der Übergang von einer solchen Irrfahrt, bei der Sie zu diskreten Zeitpunkten neue Richtungen bestimmen, zu einer kontinuierlichen Irrfahrt ist nichttrivial. Die verbal mögliche Vorstellung, dass Sie in jedem infinitesimalen Moment die Richtung des Weges neu bestimmen, würde bedeuten, dass in beliebig kleinen Zeiträumen unendlich oft gewürfelt wird, und bei jedem Wurf würde eine von der vorigen unabhängige Richtung bestimmt. Sie würden fast sicher an einer Stelle stehen bleiben. Zu einer kontinuierlichen Irrfahrt gehört eine Festlegung, dass die neu bestimmten Richtungen durch die vorigen Richtungen beeinflusst werden und dass dieser Einfluss mit der Zeitdifferenz langsam genug absinkt, damit der zeitkontinuierliche Prozess überhaupt vom Fleck kommen kann. Dies führt auf tiefliegende und anspruchsvolle Fragestellungen. Die Brownsche Bewegung wird beispielsweise durch den sogenannten Wiener-Prozess modelliert.

Deutlich zugänglicher ist die Vorstellung, dass die Wahrscheinlichkeitsdichte ϱ der Zustände im Phasenraum einer zusätzlichen Diffusion unterliegt. Das deterministische Ensemble aus Gl. 5.9 wird in jedem Zeitpunkt durch einen diffusiven Mechanismus, der für das zufällige Auseinanderstreben der gelösten Teilchen steht, beeinflusst. Dies entspricht einer zufälligen Störung der rechten Seite des dynamischen Systems durch einen Wiener-Prozess, und wir können mit dem vergleichsweise übersichtlichen Konzept der partiellen Differentialgleichung

$$\varrho_{,t} = -\nabla \cdot [\varrho\, \mathbf{f}(\mathbf{q})] + \alpha \Delta \varrho \quad \text{mit} \quad \varrho(0, \mathbf{q}) = \varrho^{\text{ini}}(\mathbf{q}) \tag{5.10}$$

arbeiten, die wieder eine Fokker-Planck-Gleichung für die Wahrscheinlichkeitsdichte, aber diesmal mit einer zufällig gestörten rechten Seite ist. Wie bei der Wärmeleitungsgleichung in Gl. 4.17 und bei der Reaktions-Diffusions-Gleichung in Gl. 5.6 hat der diffusive Term $\alpha \Delta \varrho$ eine ausgleichende Tendenz, und die Lösung von Gl. 5.10 ist im Vergleich zu der von Gl. 5.9 glatter und breiter.

5.4 Stochastische Einflüsse

Die Fokker-Planck-Gleichung in Gl. 5.10 bietet eine handwerkliche Möglichkeit, zufällige Einflüsse auf ein dynamisches System in die Modellierung aufzunehmen, ohne sich den konzeptionellen Schwierigkeiten der Theorie der stochastischen Differentialgleichungen auszusetzen. Die Voraussetzung der Existenz einer genügend glatten zeitabhängigen Wahrscheinlichkeitsdichte ist der Preis für diese Erleichterung.

Schöne neue Welt 6

Inhaltsverzeichnis

6.1 Maschinelles Lernen, künstliche Intelligenz, Data Science – alles eins? 185
6.2 Liegt alles Wissen in den Daten? 197
6.3 Perspektiven 198

6.1 Maschinelles Lernen, künstliche Intelligenz, Data Science – alles eins?

Die drei klangvollen Begriffe aus der Überschrift sind zurzeit in aller Munde. Sie sind neue Verheißungen zur Lösung vielfältiger Fragestellungen, und zahlreiche Forscherinnen und Forscher sehen in ihnen neue Arbeitsfelder für die Mathematik, die Informatik und die angrenzenden angewandten Wissenschaften. In diesem kurzen Kapitel stellen wir die Grundideen hinter den Begriffen vor und ordnen sie in unseren Blick auf die Modellierung ein.

Auf einem sehr abstrakten Niveau besteht jedes Wissen, das wir haben, darin, Eingangsgrößen, die wir im Vektor **x** zusammenfassen, zu Ausgangsgrößen **y** zu verarbeiten. Diese Verarbeitung wird als Anwendung einer Funktion $\mathcal{F}$ auf die Eingangsgrößen interpretiert.

Die Addition zweier Zahlen x_1 und x_2 besteht darin, die Funktion

$$\mathcal{F}: \mathbb{R}^2 \to \mathbb{R} \text{ mit } \mathbf{x} = (x_1, x_2)^\mathrm{T} \text{ und } y = \mathcal{F}(\mathbf{x}) = x_1 + x_2$$

auszuwerten. Die Eingangsgrößen sind die im Vektor $\mathbf{x} = (x_1, x_2)^\mathrm{T} \in \mathbb{R}^2$ zusammengefassten Zahlen x_1 und x_2, und die Ausgangsgröße ist der Vektor $\mathbf{y} = (y) \in \mathbb{R}^1$. Menschen, die wissen, wie man Zahlen addiert, können typischerweise ein Rechenschema erklären, wie die Addition funktioniert. Sie haben eine mehr oder weniger genau ausgeprägte Definition, was die Summe zweier Zahlen ist, und können, abgesehen von Irrtümern, entscheiden, ob die Summe zweier Zahlen richtig ist.

Auch die Entscheidung, ob ein Bild eine Tasse zeigt oder nicht, können wir als Auswertung einer Funktion $\mathcal{F}$ interpretieren. Die Eingangsgrößen sind dann die Farbpixel eines Bildes, was den Vektor **x** aller Farbkodierungen der Pixel sehr lang werden lässt, und die Ausgangsgröße $\mathbf{y} = (y) \in \mathbb{R}^1$ besteht aus der Entscheidung, ob das Bild eine Tasse zeigt, z. B. beschrieben durch $y = 1$, oder nicht, was wir durch $y = 0$ kodieren könnten. Eventuell würden wir Werte zwischen 0 und 1 zulassen, um anzuzeigen, wie wahrscheinlich das Bild eine Tasse zeigt.

In dem Beispiel der Entscheidung, ob eine Tasse dargestellt ist, gibt es keine klare Funktionsvorschrift, wie **y** aus **x** entsteht. Die Schwierigkeiten beginnen schon damit, einen kleinen Krug von einer Tasse klar zu unterscheiden. Auch könnte ein Nachttopf auf dem Bild mit einer größeren Tasse verwechselt werden, was Sie im richtigen Leben sicher vermeiden wollen. Aber auch außerhalb solcher ungenauer Begriffsdefinitionen, die sehr typisch für die Sprache sind, ist es kaum vorstellbar, ein klares Schema anzugeben, wie aus den Pixeln des Bildes auf die Ausgabegröße **y** geschlossen werden kann. Trotzdem wissen wir bei den meisten Objekten sehr genau, ob es sich um eine Tasse handelt oder nicht.

Beim kindlichen Spracherwerb haben wir in unzähligen Versuchen gelernt, welche Objekte zu welchen Begriffen passen. Wir haben also so viele Paare

$$(\mathbf{x}_i, \mathbf{y}_i), \ i = 1, \ldots, I \ \text{mit} \ \mathbf{y}_i \approx \mathcal{F}(\mathbf{x}_i) \tag{6.1}$$

gesammelt, dass wir eine alltagstaugliche Vorstellung entwickeln konnten, welche Objekte als Tassen bezeichnet werden und welche eher nicht. Das Wissen, welches Bild eine Tasse zeigt, steckt also in der Funktion $\mathcal{F}$, von der wir allerdings nur die Datenpunkte in Gl. 6.1 wirklich kennen. In unserem Kopf haben wir trotzdem eine Vorstellung entwickelt, wie wir auch von neuen Objekten recht zielsicher entscheiden können, ob es sich um eine Tasse handelt oder nicht. Die Kenntnis der Funktion $\mathcal{F}$ an den Datenpunkten $\mathbf{x}_i$ reicht also, um für neue Eingangsgrößen **x** in der Nähe der Datenpunkte zu entscheiden, wie die Ausgangsgröße **y** höchstwahrscheinlich aussehen wird.

Das Maschinelle Lernen bildet den Lernprozess nach, mit dem wir gelernt haben, was eine Tasse ist. Wir werden dies im nächsten Abschnitt besprechen. Das Ergebnis dieser Lernprozesse nennt man Künstliche Intelligenz, und in der Tat besteht jede unserer Intelligenzleistungen darin, Eingangsgrößen zu Ausgangsgrößen zu verarbeiten. Die Teildisziplin der Wissenschaft, die sich unter anderem mit dem Lernprozess beschäftigt, nennt sich Data Science. Sehen Sie selbst, was sich dahinter verbirgt.

Hätten wir für die Addition ein paar Daten wie beispielsweise

$$(\mathbf{x}_1, \mathbf{y}_1) = ((1, 1)^T, 2), \ (\mathbf{x}_2, \mathbf{y}_2) = ((1, 3)^T, 4), \ (\mathbf{x}_3, \mathbf{y}_3) = ((4, 1)^T, 5)$$

und

$$(\mathbf{x}_4, \mathbf{y}_4) = ((4, 3)^T, 7) \ \text{und} \ (\mathbf{x}_5, \mathbf{y}_5) = ((5, 2)^T, 7),$$

so könnten wir aus diesen fünf Beispielen natürlich vermuten, dass sich die Ausgangsgröße $\mathbf{y} = (y)$ als Summe der beiden Komponenten der Eingangsgröße

6.1 Maschinelles Lernen, künstliche Intelligenz, Data Science – alles eins?

$\mathbf{x} = (x_1, x_2)^T$ ergibt. Damit hätten wir eine Systematik in die Daten hineingelegt und das zugehörige Rechenschema erraten, auch wenn die fünf Daten allein keinen belastbaren Grund dafür liefern, dass $\mathcal{F} : (300, -200)^T \mapsto 100$ gelten soll.

Würden wir jedoch aus den fünf Daten in derselben Weise lernen wollen, welcher Zusammenhang $\mathcal{F}$ zwischen den Eingangsgrößen und der Ausgangsgröße besteht, wie Kinder beim Spracherwerb lernen, welche Gegenstände unter den Begriff Tasse fallen, so würden wir uns an den Daten orientieren, um für Eingangsgrößen $\mathbf{x}$ in der Nähe der gegebenen Daten eine wahrscheinliche Ausgangsgröße $\mathbf{y}$ anzunähern. Um beispielsweise $\mathcal{F}((1, 2)^T)$ anzunähern, können wir $\mathcal{F}(\mathbf{x}_1) = 2$ und $\mathcal{F}(\mathbf{x}_2) = 4$ nutzen. Da $\mathbf{x} = (1, 2)^T$ genau zwischen $\mathbf{x}_1$ und $\mathbf{x}_2$ liegt, erscheint $\mathcal{F}(\mathbf{x}) = 3$ als guter Tipp. Dafür brauchen wir das Rechenschema hinter $\mathcal{F}$ nicht entdeckt zu haben. Die einzige Voraussetzung für unseren Tipp besteht darin, dass die Funktion $\mathcal{F}$ nicht zu sehr zappelt, dass also ihr Verhalten durch die Daten gut wiedergegeben wird. Überlegen Sie sich, warum Sie welchen Tipp für $\mathcal{F}((3, 2)^T)$ am wahrscheinlichsten halten, wenn Sie nur die Daten betrachten und nicht das in diesem Fall recht gut erkennbare Rechenschema.

Bedenken Sie bitte, dass die fünf Daten ebenso wenig Anlass dafür geben, Ihren Tipp für wahr zu halten wie jeden anderen Tipp oder die Vermutung, dass die sechste Person, die Sie heute treffen, dieselbe Haarfarbe hat wie die ersten fünf Personen, die alle schwarze Haare hatten. Sie haben für Ihren Tipp implizit verwendet, dass der Zusammenhang $\mathcal{F}$ gutartig ist und sich nicht unerwartet zappelig verhält.

In diesem Beispiel haben wir einfach zu durchschauende Daten interpoliert. Sobald die Daten etwas komplizierter oder zusätzlich mit Messfehlern behaftet sind, braucht man etwas bessere Methoden, um die Ausgangsgrößen $\mathbf{y} = \mathcal{F}(\mathbf{x})$ für Eingangsgrößen $\mathbf{x}$, bei denen man das Ergebnis noch nicht kennt, zu approximieren.

Die Grundidee kann man dennoch mit einer Preistabelle vergleichen, bei der die Preise für ausgewählte Mengen verzeichnet sind. Beispielsweise könnte die Trockenpilz GmbH & Co. KG anbieten, jede beliebige Menge getrockneter Morcheln zu liefern. Sie stellt jedoch nur die Preistabelle 6.1 zur Verfügung. Obwohl die Daten eine gute Vorstellung von dem dahinterliegenden $\mathcal{F}$ liefern, würden wir vermutlich nicht auf die Idee kommen, nach einer formelhaften Beschreibung von $\mathcal{F}$ zu suchen, sondern eher eine Skizze machen. Für Mengen in der Nähe der angegebenen Datenpunkte $\mathbf{x}_i$ erhalten wir so einen guten Eindruck vom zugehörigen Preis, aber niemand würde auf die Idee kommen, mit Hilfe von Tab. 6.1 den Kaufpreis von einer Tonne getrockneter Morcheln zu ermitteln.

Für Mengen, wie sie in der Gastronomie üblich sind, reichen die Datenpunkte aus Tab. 6.1, und die Preise für andere Mengen kann man durch Interpolation der Werte

Tab. 6.1 Daten $(\mathbf{x}_i, \mathbf{y}_i)$ in einer Preistabelle für getrocknete Morcheln mit einem Mengenrabatt. Für Mengen $\mathbf{x}$ unterhalb von etwa 1000 g liefern die Daten eine gute Preisvorstellung, auch wenn nicht absolut klar ist, wie viel 90 g getrocknete Morcheln kosten

i	1	2	3	4	4	6
Menge $\mathbf{x}_i$	10 g	20 g	50 g	100 g	200 g	500 g
Preis $\mathbf{y}_i$	8 €	14 €	30 €	50 €	100 €	200 €

annähern. Man benutzt nur die Daten zur Approximation von $\mathcal{F}(\mathbf{x})$, jedoch keine Hypothese über die genaue Gestalt von $\mathcal{F}$, so wie wir auch bei der Zuordnung von Bildern oder Objekten zum Begriff Tasse keine definierende Beschreibung hatten. Deshalb nennt man solche Modellierungsansätze hypothesenfrei. Und ganz sicher ist das approximative $\mathcal{F}$, das aus den Daten bestimmt wird, ein Modell für den Zusammenhang von Mengen und Preisen. Es passt zu den statischen Modellen, die wir in Abschn. 1.4.1 angesprochen haben.

6.1.1 Grundidee und Funktionsweise

Nachdem wir einen allerersten Eindruck vom Maschinellen Lernen bekommen haben, begeben wir uns wieder in die Welt der Differentialgleichungen. Dazu betrachten wir das System $\dot{X} = F(X)$ mit der Anfangsbedingung $X(0) = X^{\text{ini}} \in \mathbb{R}^n$ in Gl. 4.8 als Referenz auf einen Ausschnitt der Wirklichkeit, der durch ein einfacheres Modell beschrieben werden soll. Wir haben in Abschn. 4.1.8 diskutiert, dass wir das System $\dot{X} = F(X)$ ebenso gut als konstruierte Wirklichkeit selbst ansehen können.

Aus diesem System beziehen wir unsere Daten. Unterschiedliche Anfangswerte $X_j^{\text{ini}} \in \Omega \subset \mathcal{U}_{\text{adm}}$ führen nach den Zeiten $t_i > 0$ zu den Systemzuständen $X_{ij} = X(t_i) = \Phi(t_i) X_j^{\text{ini}}$. Wir simulieren damit ein Experiment, bei dem unterschiedliche Anfangszustände X_j^{ini} eingestellt werden und bei dem dann nach den Zeiten t_i die entstehenden Systemzustände X_{ij} abgelesen oder gemessen werden. In realistischen Versuchen sind die gemessenen Systemzustände zusätzlich fehlerbehaftet. Doch vorerst erklären wir die Grundidee für perfekte Daten.

Die Eingangsgrößen sind die Anfangswerte X_{ini} und die Zeiten t_i. Die Ausgangsgrößen sind die sich einstellenden Systemzustände $X(t_i)$. Die einzelnen Versuchsergebnisse mit $J \in \mathbb{N}$ unterschiedlichen Anfangszuständen und $I \in \mathbb{N}$ unterschiedlichen Zeitpunkten liefern die Daten $(\mathbf{x}_{ij}, \mathbf{y}_{ij})$ und die Zuordnung

$$\mathbf{x}_{ij} = (t_i, X_j^{\text{ini}}) \mapsto (X_{ij}) = \mathbf{y}_{ij} \quad \text{mit} \quad i = 1, \ldots, I, \ j = 1, \ldots, J. \tag{6.2}$$

Ein Ansatz des Maschinellen Lernens besteht darin, den Zusammenhang aus Gl. 6.2, der durch die zugrundeliegende Differentialgleichung in Gl. 4.8 erzeugt wird, nicht durch ein Differentialgleichungsmodell zu modellieren, sondern durch eine Funktion

$$\mathcal{F} : \mathbb{R} \times \mathbb{R}^n \to \mathbb{R}^n \quad \text{mit} \quad \mathcal{F}(\mathbf{x}_{ij}) \approx \mathbf{y}_{ij} \tag{6.3}$$

zu beschreiben. Die Suche nach einer geeigneten Funktion $\mathcal{F}$ ist im Allgemeinen wesentlich aufwendiger als die erratene Interpolation zum ersten Beispiel der Addition zweier Zahlen. Doch auch in diesem Szenario unterstellen wir, dass die Funktion $\mathcal{F}$ genügend gutartig ist, um aus den Daten $(\mathbf{x}_{ij}, \mathbf{y}_{ij})$ auf gute Näherungen für solche Anfangsbedingungen X^{ini} und Zeitpunkte t zu schließen, für die wir die Systemzustände $X(t)$ noch nicht aus den Daten in Gl. 6.2 ablesen können.

Mit der Funktion $\mathcal{F}$ rekonstruieren wir den Fluss $\Phi(t) : X^{\text{ini}} \mapsto X(t)$ so gut wie möglich. Die Funktion $\mathcal{F}$ übernimmt die Rolle des Flusses Γ des Modells, weil es

6.1 Maschinelles Lernen, künstliche Intelligenz, Data Science – alles eins?

ebenso das Verhalten des Systems in vereinfachter Form annähert. Allerdings handelt es sich bei $\mathcal{F}$ um ein statisches Modell wie in Abschn. 1.4.1, das eine Funktion approximiert, und bei Γ um das Ergebnis einer Differentialgleichung, die durch eine Auswahl von Mechanismen und eine Auswahl von Komponenten das Systemverhalten nachbildet.

In realistischen Anwendungen sind die Daten eventuell nicht so vollständig wie in Gl. 6.2, wo sie auf einem rechteckigen Netz aus Anfangsbedingungen und Zeitpunkten vorliegen, und zusätzlich fehlerbehaftet. Das Ungefähr-Zeichen $\approx$ in Gl. 6.3 wird damit bedeutungsvoll, weil eine perfekte Nachbildung der fehlerbehafteten Daten unnötigerweise auch die Fehler enthalten würde. Wir sind aber typischerweise daran interessiert, die Fehler auszugleichen und nicht in unsere modellhafte Beschreibung aufzunehmen. Sie erkennen, dass es neben der Grundidee viele kleinere und größere Fragen gibt, in deren Behandlung das Know-how der Data Sciences liegt.

Das eben besprochene Vorgehen besteht darin, die Abhängigkeit des Systemzustands $X(t)$ von den Anfangswerten X^{ini} und der Zeit t, für die mit der Systemgleichung $\dot{X} = F(X)$ und $X(0) = X^{\text{ini}}$ in Gl. 4.8 ein möglicherweise kompliziert auszuwertender Zusammenhang vorhanden ist, näherungsweise durch die Approximation $\mathcal{F}(t, X^{\text{ini}}) \approx X(t)$ aus Gl. 6.3 zu ersetzen. Man nähert also einen mechanismenbasierten und rechentechnisch komplizierten Zusammenhang, aus dem die Daten stammen, durch eine direkte Approximation des Zusammenhangs an.

Ein anderes Szenario entsteht, wenn wir das Maschinelle Lernen dazu benutzen, einen Zusammenhang zu beschreiben, für den wir keinen noch so komplizierten oder noch so kompliziert auszuwertenden Formalismus zur Verfügung haben, sondern nur Daten. Wir beginnen wieder mit der konstruierten Wirklichkeit in der Systemgleichung $\dot{X} = F(X)$ und $X(0) = X^{\text{ini}}$ aus Gl. 4.8, für die wir ein Modell $\dot{Y} = G(Y)$ mit $Y(0) = Y^{\text{ini}}$ wie in Gl. 4.11 entwickeln wollen. Wir betrachten die System-Modell-Relation φ als festgelegt, d.h. wir haben uns entschieden, in welchen Begriffen $Y \in \mathbb{R}^m$ das Modell formuliert ist und wie diese Begriffe aus der konstruierten Wirklichkeit herauskommen. Im einfachsten Fall ist φ eine Auswahl von Begriffen, die wir in der konstruierten Wirklichkeit vermuten. Bei gegebenem φ finden wir sofort $Y^{\text{ini}} = \varphi(X^{\text{ini}})$, jedoch ist, wie in Abschn. 4.2.1 besprochen, bei gegebenem φ nicht gesichert, dass ein G existiert, welches die Exaktheitsbedingung in Gl. 4.24 erfüllt. Im Allgemeinen gibt es also kein exaktes Modell zu gegebenem φ.

Das System aus Gl. 4.8 liefert mit unterschiedlichen Anfangsbedingungen X_j^{ini}, $j = 1, \ldots, J$ und zu unterschiedlichen Zeitpunkten t_i die zugehörigen Systemzustände $X_{ij} = X(t_i) = \Phi(t_i) X_j^{\text{ini}}$, die wir als Ergebnisse aus Experimenten interpretieren können. Die Modellzustände zum Zeitpunkt t_i sind nun $Y_{ij} = \varphi(X_{ij})$. Zur Näherung der Änderung der Modellzustände können finite Differenzen zeitlich naher Modellzustände verwendet werden. Eine kleine Zeitdifferenz Δt erlaubt die Näherung mit dem rechtsseitigen Differenzenquotienten

$$Y_{ij}^{\text{ch}} \approx \frac{\varphi(X(t_i + \Delta t)) - \varphi(X(t_i))}{\Delta t} = \ldots$$
$$\ldots = \frac{1}{\Delta t}\left[\varphi\left(\Phi(t_i + \Delta t) X_j^{\text{ini}}\right) - \varphi\left(\Phi(t_i) X_j^{\text{ini}}\right)\right]. \tag{6.4}$$

Dieser Differenzenquotient modelliert die experimentelle Bestimmung der Änderung unserer Modellgrößen. Aus den Systemzuständen zu den Zeitpunkten t_i und $t_i + \Delta t$ werden die Modellzustände ermittelt, aus denen die Änderung des Modellzustands angenähert wird. Dabei sind wir auf den rechtsseitigen Differenzenquotienten nicht festgelegt, und wir können die Änderung des Modellzustands mit jeder Approximation der Ableitung unserer Wahl bestimmen.

Die Anwendung der Taylor-Entwicklung auf

$$X(t_i + \Delta t) = X(t_i) + \Delta t \cdot \dot{X}(t_i) + \mathcal{O}(\Delta t^2) = X(t_i) + \Delta t F(X(t_i)) + \mathcal{O}(\Delta t^2)$$

liefert übrigens

$$Y_{ij}^{\text{ch}} \approx \frac{\varphi(X(t_i)) + \nabla\varphi(X(t_i))F(X(t_i))\Delta t + \mathcal{O}(\Delta t^2) - \varphi(X(t_i))}{\Delta t} = \ldots$$
$$\ldots = \nabla\varphi(X(t_i))F(X(t_i)) + \mathcal{O}(\Delta t)$$

und damit einen Term, den wir aus der Exaktheitsbedingung in Gl. 4.24 kennen. Das ist erwartungsgemäß, denn wir suchen eine Beschreibung von $G(Y_{ij})$.

Mit den Modellzuständen Y_{ij} und den zugehörigen Näherungen der Änderungen Y_{ij}^{ch} haben wir Daten $(\mathbf{x}_{ij}, \mathbf{y}_{ij})$ für die gesuchte Funktion G, nämlich

$$\mathbf{x}_{ij} = (Y_{ij}) \mapsto (Y_{ij}^{\text{ch}}) = \mathbf{y}_{ij} \text{ mit } i = 1, \ldots, I, \ j = 1, \ldots, J, \qquad (6.5)$$

die in diesem Szenario bereits wegen der Approximation der Ableitungen durch den Differenzenquotienten in Gl. 6.4 fehlerbehaftet sind. In realistischen Experimenten treten außerdem Messungenauigkeiten auf und eventuelle epistemische Ungewissheiten, weil die Modellzustände nicht eindeutig aus der konstruierten aber realistischerweise unbekannten Wirklichkeit bestimmt sind.

Eine Funktion $\mathcal{F}$, die die Daten in Gl. 6.5 approximiert, repräsentiert die gesuchte Funktion G aus der Modellgleichung. Dieser Ansatz ist hypothesenfrei, denn zur Ermittlung der Funktion $\mathcal{F}$ bzw. G wurden keine Mechanismen und keine Untersuchungen, wie wir sie im vorderen Teil dieses Buches ausführlich diskutiert haben, verwendet. Die einzige Zutat waren die Daten in Gl. 6.5.

Beide Szenarien werden in den Data Sciences eingesetzt. Das erste Szenario, bei dem der Fluss Φ maschinell gelernt wird, eignet sich für Differentialgleichungen, bei denen die Zustände in gutartiger Weise von den Anfangswerten und der verstrichenen Zeit abhängen, denn die Funktion $\mathcal{F}$ kann nur die Eigenschaften des gesuchten Zusammenhangs wiedergeben, die in den Daten enthalten sind.

Für komplizierte Abhängigkeiten eignet sich das zweite Szenario. Aus experimentellen Daten, die rechentechnisch aufwendigen Simulationen eines komplizierten HiFi-Modells $\dot{X} = F(X)$ sein können, stammen Snapshots, also Schnappschüsse X_{ij}. Die Schnappschüsse führen beispielsweise mit Gl. 6.4 zu den Daten in Gl. 6.5, aus denen maschinell die Funktion G des Ersatzmodells gelernt wird. Das Ersatzmodell, welches rechentechnisch einfacher sein soll und ein LoFi-Modell

6.1 Maschinelles Lernen, künstliche Intelligenz, Data Science – alles eins?

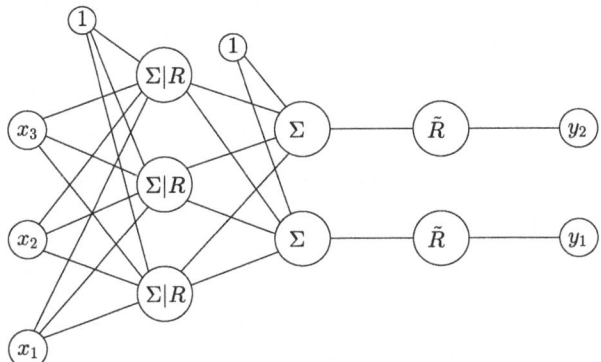

Abb. 6.1 Grundsätzlicher Aufbau eines Neuronalen Netzes in einer sehr kleinen Variante. Die Eingangsgrößen $\mathbf{x} = (x_1, x_2, x_3, \ldots)$ aktivieren in Abhängigkeit von ihrem Zahlenwert mehrere künstliche Neuronen (große Kreise), die bei unterschiedlichen Schwellwerten aktiv werden. Der gewichtet summierte Output aktiviert wieder andere künstliche Neuronen, bis schließlich die Ausgangsgrößen $\mathbf{y} = (y_1, y_2, \ldots)$ entstehen. Ein großes Neuronales Netz kann bei gleicher Netzstruktur durch die Wahl der Parameter, Schwellwerte und Gewichte unterschiedlichste Zusammenhänge zwischen $\mathbf{x}$ und $\mathbf{y}$ realisieren

ist, wurde hypothesenfrei, also nur aus der Approximation der Schnappschüsse bestimmt.

Bis hierhin haben wir Modellierungsaufgaben und die zu lernenden Funktionen diskutiert. Jetzt wird es darum gehen, wie das Maschinelle Lernen funktioniert, wenn die Eingangs- und Ausgangsgrößen und damit die Daten etwas komplizierter sind als in Tab. 6.1.

Ein Ansatz zur Verbindung von Eingangs- und Ausgangsgrößen sind Neuronale Netze, s. Abb. 6.1. Die Grundidee der künstlichen Neuronalen Netze basiert auf den Abläufen im menschlichen Gehirn, deren Nervenzellen ein natürliches neuronales Netz bilden.

Eine Nervenzelle erhält an einer ihrer Synapsen einen Reiz von einer anderen Zelle. Ist der Reiz stark genug, so leitet die Nervenzelle ihn, gegebenenfalls verstärkt oder abgeschwächt, an eine benachbarte Nervenzelle weiter. Diese Weitergabe von Informationen ähnelt in der Grundstruktur der Abbildung einer Eingangsgröße $\mathbf{x}$ auf eine Ausgangsgröße $\mathbf{y}$. Der Zusammenhang zwischen $\mathbf{x}$ und $\mathbf{y}$ wird dadurch bestimmt, ab welchem Schwellwert die Nervenzelle reagiert, in welchem Maße die Nervenzelle den ankommenden Reiz verstärkt oder dämpft und wie sie ihn mit anderen Reizen von anderen Nervenzellen kombiniert. Unser Gehirn konserviert in der Art der Weiterverarbeitung der Reize unsere Erfahrungen, und das natürliche neuronale Netz ist das Ergebnis all unserer Lernprozesse.

Die komplizierten Prozesse des natürlichen neuronalen Netzes im Gehirn werden in den künstlichen Neuronalen Netzen nachgebildet. Dazu wird die Reizverarbeitung und -weitergabe zu drei Verarbeitungsschritten abstrahiert, die wir an einem Neuronalen Netz mit einer einfachen Struktur, vgl. Abb. 6.2, erläutern. In diesem einfachen Neuronalen Netz gibt es eine Eingangsgröße $\mathbf{x} = (x) \in \mathbb{R}^1$, die als modifizierter Reiz an eine Schicht künstlicher Neuronen geleitet wird. Die Outputs dieser

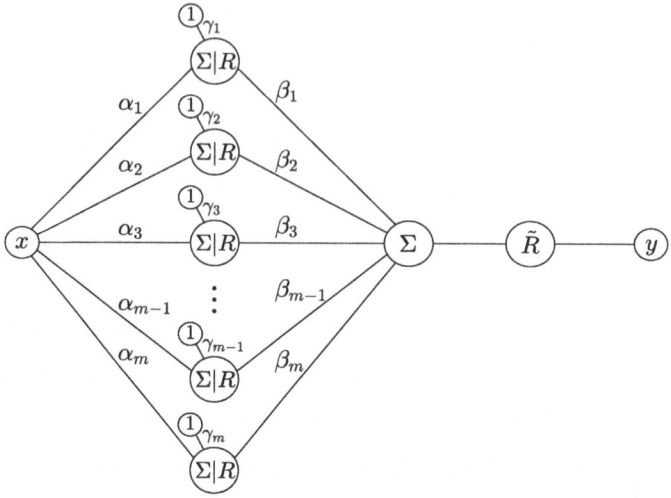

Abb. 6.2 Aufbau eines neuronalen Netzes mit einer Schicht, einer Eingangsgröße $\mathbf{x} = (x)$ und einer Ausgangsgröße $\mathbf{y} = (y)$. Die mit α_j multiplizierte Eingangsgröße x aktiviert die Neuronen der einen Schicht, die jeweils ab dem Schwellwert γ_j aktiv werden. Der Schwellwert wird durch die Grundaktivierung mit 1 und dem Faktor γ_j als Summe geschrieben. Der Output der Neuronen wird mit den Gewichten β_j summiert und mit der Aktivierungsfunktion $\tilde{R}$ zum Output $\mathbf{y} = (y)$ verarbeitet

Neuronen werden kombiniert und nach einer weiteren Verarbeitung als skalare Ausgangsgröße $\mathbf{y} = (y) \in \mathbb{R}^1$ ausgegeben. Mit dieser einfachen Netzstruktur und den skalaren Eingangs- und Ausgangsgrößen beschränken wir die denkbaren Modellierungsaufgaben auf die Annäherung einer skalaren Funktion $\mathcal{F} : \mathbb{R} \to \mathbb{R}$ wie aus Tab. 6.1, aber das Grundprinzip der Neuronalen Netze wird nachvollziehbar.

Im ersten Verarbeitungsschritt wird die Eingangsgröße x mit einem Neuronspezifischen Gewicht α_j multipliziert. Bei mehr als einer Eingangsgröße erhält jeder Eingang ein individuelles Gewicht α_{jk}. Im zweiten Schritt wird in jedem Neuron, an das der jeweils modifizierte Reiz $\alpha_j x$ gesendet wurde, die Summe aus den gewichteten Eingangsgrößen und einer mit $-\gamma_j$ gewichteten Grundaktivierung 1 gebildet. Den Wert γ_j können wir als den Schwellwert ansehen, ab dem das Neuron reagiert und den Reiz weiterleitet. Diese Reaktion wird im dritten Verarbeitungsschritt durch die Anwendung einer Aktivierungsfunktion R auf die Summe $\alpha_j x - \gamma_j$ umgesetzt. Ja, richtig, wir könnten sagen, dass die Reaktion des Neurons modelliert wird.

Dieser Verarbeitungsprozess von einer oder mehreren Eingangsgrößen zu einer vorläufigen Ausgangsgröße $R(\alpha_j x - \gamma_j)$ wird für alle Neuronen in der Schicht angewendet. Die so gewonnenen Werte werden für den Gesamtausgabewert des Netzes mit Gewichten β_j multipliziert, addiert und durch ein ggf. andere Aktivierungsfunktion $\tilde{R}$ in einen Ausgabewert y verwandelt. Und wieder wird durch die Faktoren α_j, die Schwellwerte γ_j, die Gewichte β_j und die Aktivierungsfunktionen R und $\tilde{R}$ bestimmt, was das Neuronale Netz tut, d. h. wie die Ausgangsgröße y von der Eingangsgröße x abhängt. Eine wichtige Teilidee der künstlichen Neuronalen Netze besteht darin, diese vielen Werte nicht vorzugeben oder aus theoretischen Grundlagen abzuleiten, sondern sie als Ergebnis eines Lernprozesses zu bestimmen.

Häufig genutzte Aktivierungsfunktionen R, $\tilde{R}$ sind ReLU-Funktionen, was ‚rectified linear unit' abkürzt, und sigmoide, also S-förmige, Funktionen, vgl. Abb. 6.3. Die ReLU-Funktion mit

$$R_{\text{ReLU}}(x) = \begin{cases} 0 & \text{für } x < 0, \\ x & \text{für } x \geq 0 \end{cases}$$

ist bis zum Schwellwert 0 konstant und anschließend linear. Die Funktion ist stetig, aber nicht differenzierbar. Hingegen ist die Sigmoid-Funktion

$$R_{\text{sig}}(x) = \frac{1}{1 + e^{-x}}$$

stetig differenzierbar und strebt für betragsgroße negative x asymptotisch gegen 0, und für große positive Argumente strebt sie gegen 1. Auch hier können wir $x = 0$ als Schwellwert ansehen. Negative x ergeben ein schwaches Signal $R_{\text{sig}}(x)$, große x dagegen ein starkes Ausgangssignal der sigmoiden Aktivierungsfunktion.

Für ein Neuronales Netz wie in Abb. 6.2 mit einem Eingabewert x, einem Ausgabewert y und m Neuronen in einer Schicht ergibt sich eine Darstellung, die der Modellgleichung in Gl. 4.31 erstaunlich ähnlich ist. Wir wählen zur Verdeutlichung die speziellen Gewichte $\alpha_j = 1$ und die Identität $\tilde{R}(z) = z$ als Aktivierungsfunktion $\tilde{R}$. Der dreischrittige Ablauf am j−ten Neuron folgt der Abbildung

$$x \mapsto \alpha_j x \mapsto \alpha_j x - \gamma_j \cdot 1 \mapsto R(\alpha_j x - \gamma_j) = R(x - \gamma_j).$$

Bei der Zusammenführung der einzelnen Neuronen mit der Aktivierungsfunktion ergibt sich der Zusammenhang

$$y = \mathcal{F}(x) = \beta_1 R(x - \gamma_1) + \ldots + \beta_m R(x - \gamma_m) \tag{6.6}$$

zwischen der Eingangsgröße x und der Ausgabegröße y. Im Sinne der Modellgleichung können wir jedes Neuron als Mechanismus interpretieren, und die Ausgabegröße ist eine Linearkombination dieser Mechanismen mit den Koeffizienten β_j.

Die approximierende Funktion $\mathcal{F}$ erbt die Differenzierbarkeitseigenschaften der Aktivierungsfunktion R. Für die beiden Varianten der ReLU-Funktion und der sigmoiden Funktion zeigt Abb. 6.3 die approximierende Funktion, die entweder stückweise linear oder optisch glatt wirkt. Die glatte Kurve sieht aus, als wäre sie eine bessere Approximation eines Zusammenhangs als die stückweise lineare Funktion, aber beide Funktionen benutzen gleich viele Parameter und liefern, allgemein betrachtet, gleich gute Approximationen.

Der Zusammenhang in Gl. 6.6 ist ein Beispiel für eine hypothesenfreie Modellierung im Sinne von Gl. 6.3. Ähnlich wie in der Modellgleichung 4.31 ist die rechte Seite der Gleichung in einzelne Mechanismen zerlegt, die im Fall der Neuronalen

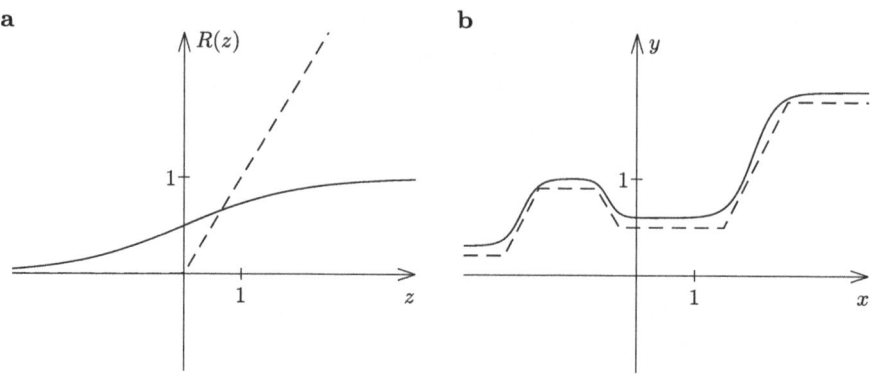

Abb. 6.3 a ReLU-Funktion (gestrichelt) und sigmoide Ansatzfunktion (durchgezogen). **b** Approximierende Funktionen g, stückweise linear bei ReLU-Funktionen (gestrichelt) und optisch glatt für sigmoide Funktionen (durchgezogen, leicht nach oben verschoben)

Netze aber nicht gezielt ausgewählt wurden, sondern sich durch die Wahl geeigneter Parameter $\alpha = (\alpha_1, \ldots, \alpha_m), \beta = (\beta_1, \ldots, \beta_m), \gamma = (\gamma_1, \ldots, \gamma_m)$ ergeben.

Denken Sie darüber nach, dass die Struktur eines Neuronalen Netzes und die einzelnen Schritte der Umwandlung der Eingangsgrößen in die Ausgangsgrößen vergleichsweise einfach sind. Es ist erstaunlich, wie vielfältige Zusammenhänge mit einer so einfachen, wenn auch großen, Struktur vermittelt werden können.

Die Bestimmung geeigneter Gewichte im Neuronalen Netz ist mit der Parameteridentifikation in Modellgleichungen vergleichbar, vgl. Abschn. 5.3. Die Zielfunktion Θ in Gl. 5.8 von der Parameteridentifikation für Differentialgleichungen wird im Bereich des Maschinellen Lernens als Verlustfunktion bezeichnet. Die Verlustfunktion Θ vergleicht für I Datenpaare $(\mathbf{x}_i, \mathbf{y}_i)$, $i = 1, \ldots, I$ den Ausgabewert $\mathcal{F}(\mathbf{x}_i)$ des Neuronalen Netzes mit dem zugehörigen Datenwert $\mathbf{y}_i$, beispielsweise über den mittleren quadratischen Fehler

$$\Theta((\mathbf{x}_i, \mathbf{y}_i)_{i=1}^{I}; \alpha, \beta, \gamma) = \sum_{i=1}^{I} \|\mathcal{F}(\mathbf{x}_i) - \mathbf{y}_i\|^2, \tag{6.7}$$

wobei $\mathcal{F}$ über Gl. 6.6 von den Gewichten α, β, γ für die einzelnen Neuronen abhängt.

Das Ziel des Maschinellen Lernprozesses ist die Anpassung der Gewichtsvektoren α, β und γ, sodass die Verlustfunktion Θ minimal wird. Dieser Optimierungsprozess wird häufig mit Gradientenabstiegsverfahren realisiert, bei denen der Gradient von Θ bezüglich der Gewichte α, β, γ berechnet wird und bei denen dann die Gewichte in Richtung des Gradienten verändert werden. Die meistgenutzten Gradientenabstiegsverfahren beeinflussen die Richtung des Gradienten zusätzlich, um die fälschliche Konvergenz gegen ein lokales, nicht optimales Minimum zu erschweren. Für realistische Aufgaben eingesetzte Neuronale Netze sind typischerweise groß, und die Parametervektoren α, β und γ sind lang. In der Optimierung von Θ steckt wiederum viel Forschung und viel Know-how, damit die Berechnung des Minimums in akzeptabler Zeit und mit zufriedenstellender Genauigkeit erfolgt.

6.1 Maschinelles Lernen, künstliche Intelligenz, Data Science – alles eins?

Nach der Optimierung der Parameter liefert das Neuronale Netz einen Zusammenhang $\mathbf{y} = \mathcal{F}(\mathbf{x})$, der im besten Fall das Verhalten des den Daten zugrundeliegenden Modells approximiert. Üblicherweise werden viel größere Netze als das einschichtige Netz in Abb. 6.2 verwendet, bei denen die Wirkungen der einzelnen Neuronen verschachtelt und in mehreren Schichten in der Funktion $\mathcal{F}$ auftauchen und mehr Eingabe- und Ausgabegrößen enthalten sind. Eine Zuordnung $\mathcal{F} : \mathbf{x} \mapsto \mathbf{y}$ ist daher normalerweise nur schwer im Sinne einer Modellbildung interpretierbar und erklärbar. Die Gestaltung der Netzstruktur, damit das Neuronale Netz anpassungsfähig genug, aber auch nicht zu groß wird, verlangt wieder einiges Know-how.

In Abgrenzung zum vollkommen hypothesenfreien Maschinellen Lernen bieten Physics-Informed Neuronal Networks, abgekürzt PINNs, die Möglichkeit, einerseits Differentialgleichungsmodelle zu gewinnen, die einfacher interpretierbar sind als allgemeine Zusammenhänge $\mathcal{F}$, und andererseits Hypothesen in den Maschinellen Lernprozess einzubinden. Die Grundidee besteht darin, die Zuordnung von Eingangsgrößen $\mathbf{x}$ auf die Änderung der Ausgangsgrößen in Gl. 6.5 zu approximieren. Eine Möglichkeit zur Umsetzung besteht im Differenzenquotienten in Gl. 6.4, der in Software-Paketen mit Verfahren höherer Genauigkeit angenähert werden kann.

Ein wesentlicher Unterschied der PINNs zum zuvor beschriebenen Prozess ist die Vorgabe einer Klasse von physikalisch möglichen oder wenigstens denkbaren Funktionen, die als rechte Seite der Differentialgleichung in Frage kommen. Die Verlustfunktion Θ beinhaltet dann neben dem Vergleich der gelernten Ausgangswerte mit den Datenwerten auch den Vergleich der gelernten rechte Seite einer Differentialgleichung mit der Approximation einer Ableitung der Ausgangsgrößen. Die PINNs optimieren die Verlustfunktion innerhalb der Klasse physikalisch denkbarer Zusammenhänge, was mit der Modellidentifikation verwandt ist und was sich in vielen Anwendungen als effektiver erwiesen hat.

Durch zusätzliche Terme in der Verlustfunktion kann man, wie in Abschn. 5.2.2 beschrieben, dafür sorgen, dass Modelle mit wenigen Mechanismen bevorzugt werden, sodass überschaubare Zusammenhänge für eine künstliche Flussfunktion Φ entstehen. Die PINNs verbinden Ansätze hypothesenfreier Modellierung mit mechanismen-basierter Modellierung, wie sie in den ersten Kapiteln diskutiert wurde.

Die beschriebene Annäherung eines Modells $\mathcal{F} : \mathbf{x} \mapsto \mathbf{y}$ durch ein Neuronales Netz mittels einer Verlustfunktion Θ ist ein überwachter Lernprozess, da vollständige Datenpaare $(\mathbf{x}_i, \mathbf{y}_i)$ mit $i = 1, \ldots, I$ vorliegen.

Häufig werden die Datenpaare in drei Klassen eingeteilt: Ein großer Teil wird zum Lernen der Gewichte in Gl. 6.7 verwendet, und die weiteren Datenpaare dienen zur Validierung und zum Testen des gelernten Modells.

Im Gegensatz dazu stehen unüberwachte Lernverfahren, bei denen nach Zusammenhängen in großen, unübersichtlichen Datenmengen gesucht wird, ohne vorher Annahmen zu treffen, welche Informationen aus den Daten hervorgehen. Im Kontext der mathematischen Modellierung übernehmen die Maschinellen Lernverfahren dann nicht nur die Aufgabe, eine Abbildungsfunktion $\mathcal{F}$ zu konstruieren, sondern auch geeignete Zielobjekte $\mathbf{y}$.

Weiterführende Literatur bietet tiefere Einblicke in die genannten Verfahren und zeigt die technischen Tricks auf, die nötig sind, um die sehr allgemeinen Optimierungsprozesse zu einem Erfolg zu führen. Für das Maschinelle Lernen braucht man trotz der einfachen Grundideen viel technisches Know-how und viel Erfahrung.

6.1.2 Maschinelles Lernen aus Sicht der Modellierung

Die diskutierten Ansätze des Maschinellen Lernens liefern einen datenbasierten Zusammenhang zwischen Eingangsgrößen und Ausgangsgrößen. Damit erfüllen sie eine wichtige Aufgabe von Modellen: Auf eine Frage in einem eingegrenzten Bereich der konstruierten Wirklichkeit liefern sie eine Antwort.

Werfen wir einen Blick auf das Diagramm in Gl. 4.14, so stellen wir fest, dass ein Neuronales Netz das Modell enthält, welches den Fluss Γ der Modellgröße Y^{ini} zum Zeitpunkt $t = 0$ auf die Modellgröße $Y(t)$ abbildet. Der Fluss kann dabei direkt gelernt worden sein oder als rechte Seite G aus einem großen Ansatzraum in Gl. 6.6 identifiziert worden sein. Der Lernprozess erfolgte an Daten aus der Systemgröße $X = X(t)$. Wenn die Daten aus Messungen stammen, so unterstellen wir mit dem Lernprozess automatisch, dass die Messdaten aus einem prinzipiell erkennbaren System und damit aus der konstruierten Wirklichkeit stammen. Das besondere des Maschinellen Lernens und der Neuronalen Netze liegt eher in der Größe und weitgehend hypothesenfreien Allgemeinheit des Ansatzraums, in dem das Modell gesucht wird.

In Abschn. 2.1 haben wir von einem mathematischen Modell gefordert, eine Erklärung für eine Beobachtung zu liefern. Diesen Anspruch erfüllen die Neuronalen Netze nur eingeschränkt und am ehesten im Bereich der Physik-basierten Neuronalen Netze. Andere Eigenschaften wie die Vorhersage von Ergebnissen können von Modellen des Maschinellen Lernens erfüllt werden, und dies insbesondere auch in unübersichtlichen, großen Ausschnitten der konstruierten Wirklichkeit, in denen klassische mathematische Modelle an ihre Grenzen stoßen. Natürlich braucht man zur Identifikation unübersichtlicher Zusammenhänge genügend umfangreiche Daten, die diesen Zusammenhang auch tatsächlich enthalten.

Mit ihren Fähigkeiten ähneln komplexe Modelle im Bereich des Maschinellen Lernens einer Antwortmaschine. Ein Neuronales Netz als Beispiel für ein Modell im Bereich des Maschinellen Lernens wird nach einigen Vorüberlegungen zur gewünschten Komplexität und Größe des Netzes mit Daten gefüttert. Nach der Optimierung der Modellparameter, insbesondere der Gewichte im Neuronalen Netz, kann die Antwortmaschine genutzt werden. Die Eingabe einer Eingangsgröße beantwortet das Netz mit der Ausgabe eines Ausgabewerts, den wir als Antwort auf unsere Frage, welcher Ausgabewert zur eingegebenen Größe passt, interpretieren. Die Prozesse, die zur Antwort führen, sind im Allgemeinen komplizierter verschachtelt als das zur Veranschaulichung gewählte Beispiel einer Zuordnung $\mathcal{F} : \mathbf{x} \mapsto \mathbf{y}$ in Abb. 6.3.

Das gelernte Modell hängt maßgeblich von den im Lernprozess verwendeten Daten ab: Wie im Beispiel der getrockneten Morcheln in Tab. 6.1 lassen sich Fragen zu Eingabedaten, die nahe an den Daten sind, die im Lernprozess verwendet wurden, einfacher beantworten als solche zu weit entfernten Daten.

Jedoch ist es nur in überschaubaren Fällen möglich abzuschätzen, ob der Ausschnitt aus der konstruierten Wirklichkeit sinnvoll mit Daten im Lernprozess abgedeckt ist, und somit, ob der Gültigkeitsbereich die gewünschte Größe hat.

Auf den Informationsgehalt Neuronaler Netze mit Blick auf wissenschaftliche Erkenntnis gehen wir im folgenden Abschnitt ein.

6.2 Liegt alles Wissen in den Daten?

Das Maschinelle Lernen ermöglicht eine datengestützte, hypothesenfreie Modellierung. Vor dem Hintergrund übermächtiger Modellierungsziele, vgl. Abschn. 3.4.1, bei hypothesenbasierten Modellen, erscheint ein objektives Werkzeug zur Modellierung reizvoll. Auch die Versprechung, allein aus den Daten Vorhersagen treffen zu können, kann zu Euphorie führen. In der modellierungsnahen Praxis zeigen sich jedoch Schwächen der rein datenbasierten Methoden, die sich aus der Natur der Sache ergeben.

Zunächst kann das Neuronale Netz oder jede andere Struktur, die durch Maschinelles Lernen angepasst wird, nur solche Zusammenhänge lernen, die durch die vorhandenen Daten auch abgedeckt werden. Für kompliziertere Zusammenhänge braucht man riesige Datenmengen und kommt auf große Optimierungsprobleme, aber automatische Übersetzungsprogramme und Chatbots haben in jüngerer Zeit demonstriert, welch überwältigende Erfolge das Maschinelle Lernen möglich macht. Natürlich wurden dazu riesige Datenmengen in Form von im Internet abrufbaren Texten verwendet. Den Aufwand der Optimierung der Verlustfunktion Θ in Gl. 6.7 können wir nur erahnen: Das Training einer neuen Version von ChatGPT dauerte 2023 mehr als einen Monat und verbrauchte etwa eine Gigawattstunde elektrischer Energie. Als Endverbraucher würden Sie den Preis eines guten Einfamilienhauses auf der Rechnung finden.

Basierend auf mehr oder weniger zufällig verteilten Daten in einem beabsichtigten Geltungsbereich kann es schnell passieren, dass das Neuronale Netz Zusammenhänge lernt, die vor dem Hintergrund bekannter physikalischer Grundgesetze als falsch bewertet werden. Auch sind die im Neuronalen Netz verborgenen Zusammenhänge oft so komplex, dass nicht ausgeschlossen werden kann, dass Beschreibungsgrößen fehlen und dass deshalb falsche Verbindungen angenommen werden. Bislang fehlen Möglichkeiten, die Ergebnisse maschineller Lernprozesse über den Abgleich mit einigen Testdaten hinaus zu validieren.

Besonders schwierig wird die Beurteilung der Ergebnisse aus dem maschinellen Lernprozess, wenn die tatsächlichen Mechanismen gänzlich unbekannt sind, also nur Daten vorliegen. Die klassische Modellierungsaufgabe ist für eine solche Problemklasse unmöglich. Rein datenbasierte Ansätze können erste Ideen geben. Volles Vertrauen stecken jedoch nur mutige Menschen in die Antwortmaschine. Fragen Sie sich, was Sie brauchen, um einer ärztlichen Therapieempfehlung zu vertrauen. Würde es Ihnen reichen, dass ein Lernalgorithmus eine Therapie ausgesucht hat, oder brauchen Sie eine Erklärung? Diese rhetorische Frage zeigt auf, dass die Antwort auch von den Risiken und den Alternativen abhängt.

Zuletzt wollen wir mit einem Gedankenexperiment zeigen, dass wir neugierig forschenden Menschen mehr wissen oder zumindest mehr zu wissen glauben, als wir einer noch so großen Datenmenge zutrauen. Wir stellen uns vor, wir würden alle Datensätze aller physikalischen Experimente, die jemals gemacht wurden, einem maschinellen Lernverfahren zur Verfügung stellen. Selbstverständlich würden wir auch umfangreiche Fotos oder Beschreibungen von den Versuchsanordnungen mitliefern. Glauben Sie, dass ein maschinelles Lernverfahren, also eine Künstliche Intelligenz, jemals die Physik nach-erfinden würde und ein Lernbuch dazu schreiben könnte? Dies ist aktuell sicher noch eine Frage des Glaubens, und aktuell scheint es noch ein aussichtsloses Unterfangen zu sein.

6.3 Perspektiven

Datenbasierte Ansätze werden eine hypothesengestützte mathematische Modellierung nicht ersetzen, da die Fragen nach erklärbaren Mechanismen und Gründen für das Systemverhalten meist unbeantwortet bleiben.

Dennoch können datenbasierte Methoden bereichern, indem sie einerseits einen hypothesengestützten Modellierungsprozess unterstützen und andererseits im Sinne einer Antwortmaschine Fragen zu komplexen Sachverhalten beantworten, für die genügend umfangreiche Daten vorhanden sind.

Menschen haben immer versucht, wiederkehrende und dadurch letztlich langweilige Arbeiten an Maschinen auszulagern. Mit dem Maschinellen Lernen können auch mehr Themen ausgelagert werden, die man bis vor Kurzem nur der menschlichen Intelligenz zugetraut hätte.

Der Taschenrechner, die Fahrplanauskunft und Navigationssysteme sind ältere Werkzeuge, die vormals menschliche Überlegungen automatisieren. Wir verwenden sie typischerweise als Antwortmaschine und hinterfragen die Ergebnisse nur in seltenen ausgewählten Fällen. Durch solche Auslagerungen und Automatisierungen hat sich der Mensch Freiraum für phantasievollere Tätigkeiten geschaffen. Auch Formelmanipulationsprogramme, moderne Programmiersprachen oder bildgebende Verfahren in der Medizin übernehmen viele Aufgaben, die vor ihrer Einführung menschliche Intelligenz zu erfordern schienen.

Mit dem maschinellen Lernen vergrößern sich die Themenbereiche, die der Mensch Maschinen übergeben kann, und aller Voraussicht nach wird dies nicht dazu führen, dass die Menschheit verdummt, sondern vielmehr dazu, dass die Menschen ihre Neugier und ihren Forschungsdrang auf einem anderen höheren Niveau ausleben können.

Einen anderen Aspekt erlaubt die Beobachtung, dass die maschinellen Lernverfahren zwar aufwendig, aber sehr variabel sind. Wir erwarten, dass immer mehr wiederkehrende Aufgaben aus den Natur- und Ingenieurwissenschaften an die Rechentechnik übergeben werden. Der Arbeitsaufwand verlagert sich von der Entwicklung von Modellen hin zur Verwendung von großen Simulationsprogrammen, die für viele Anwendungen sehr akzeptable Ergebnisse liefern, und gleichzeitig werden die Forscherinnen und Forscher Verfahren ersinnen, um die Ergebnisse der Antwortmaschinen aus den Data Sciences zu interpretieren und zu verstehen. Denn nur aus einem solchen Verständnis entstehen neue Idee, neue Ansätze und neue Blickwinkel.

Die Data Sciences, das Maschinelle Lernen und die Künstliche Intelligenz sind keineswegs das Ende der Mathematischen Modellierung. Sie schenken uns viel mehr viele mächtige Werkzeuge, um schließlich noch mehr Phänomene und Beobachtungen erklären zu können.

Stichwortverzeichnis

A
additive Zerlegung, 34, 140
Agentensystem, 49, 168
aleatorischer Fehler, 177
Allee-Effekt, 29
Amplitude, 9
Anfangswertproblem, 158
Antwortmaschine, 153, 196
asymptotisch stabil, 23, 165
Attraktionsgebiet, 164
attraktiv, 164
Ausgangsgrößen, 185

B
Beschreibbarkeit, 103
Bewegungsgleichung, 6
Beweisbarkeit, 64
Bifurkation, 167

C
chemische Reaktionsgleichung, 141
Chemotaxis, 169

D
Dämpfung, 4
Daten, 175, 186, 188
Datenmodell, 56
Determinismus, 109
Diagnose, 57
Differentialgleichung, gewöhnliche, 157
Diffusion, 169
digitaler Zwilling, 96
dynamisches System, 163

E
Eigenform, 129
Eigenfrequenz, 15
Eigenfunktion, 129
Eigenmodus, 15
Eigenschwingung, 128
Eingangsgröße, 185
epistemischer Fehler, 177
Epistemologie, 99
Erkenntnistheorie, 99
Ersatzmodell, 121, 190
Euler-Verfahren, 159
exaktes Modell, 132
Experiment, 146, 147

F
falsches Modell, 65
Falsifikation, 64, 148
Falsifikationismus, 64
Feder-Masse-System, 12
Federkonstante, 3
Federkraft, 3
Federschwinger, 2
Fehler, 177
Fibonacci-Folge, 19
finite Differenzen, 131
Fokker-Planck-Gleichung, 182, 183
freier Wille, 60, 112, 147
Freiheitsgrad, 5
frequenzreine Schwingung, 14

G
Grundannahme, 105
Gültigkeitsbereich, 150

H
harmonische Schwingung, 14
HiFi-Modell, 118, 190
Homo oeconomicus, 41
Homöostase, 18, 95
Human Development Index, 52
Hypothese, 64
hypothesenfreie Modellierung, 188, 190
hypothesenfreies Modell, 153

I
Indiz, 63
Informationskriterium, 67
instantane Wirkung, 119

K
Kapazität, 33
Kausalität, 105, 152, 162
Kausalitätsprinzip, 106
Kompartiment, 125
Konkurrenz, 76
konstitutive Gleichungen, 5
konstruierte Realität, 103
Konvektion, 170
Korrelation, 151

L
Längenausdehungskoeffizient, 137
Laplacescher Dämon, 112, 117
Linienmethode, 131
Lipschitz-Stetigkeit, 106, 117
LoFi-Modell, 118, 121, 190
logistische Iteration, 167
logistisches Wachstum, 25, 33, 127, 138
Lotka-Volterra-Gleichung, 21
Luftdichte, 55

M
Marktwirtschaft, 37
mathematisches Modell, 122
mechanischer Zustand, 4
Mechanismus, 34, 140
Messung, 124, 146
Modell, 64, 121
  des Modellierens, 123
Modellerweiterung, 36, 171
Modellfamilie, 53, 141, 142, 172
Modellhierarchie, 54, 141
Modellidentifikation, 174
Modellierungsprozess, 141
Modellierungsziel, 69, 94, 153
Monopol, 38
Monte-Carlo-Simulation, 87

N
Naturgesetz, 105
Newtonsche Axiome, 5
Nullkline, 23, 163
numerische Lösung, 131

O
Ob-Frage, 101
objektiver Zufall, 111
Ockham, Wilhelm von, 66
Ockhams Rasiermesser, 66, 98, 144

P
Paradoxon der Anreicherung, 31
Parameter, 175
Pendel, 87
perfekte Konkurrenz, 76
phänomenologisches Modell, 25, 82, 153
Phasendiagramm, 158
Phasenverschiebung, 9
Popper, Karl, 64
Populationsdynamik, 18
Preis-Absatz-Funktion, 39
pseudo-transienter Prozess, 43
Punkt
  stabiler, 164
  stationärer, 23, 163

Q
Quantenmechanik und Zufall, 110

R
Reibkoeffizient, 89
Reibung, 89
ReLU-Funktion, 193
Resonanz, 11
Richtungsfeld, 158

S
Sättigung, 30
Schmetterlingseffekt, 120
Schwingung, 14
sigmoide Funktion, 193
SIR-Modell, 125
Skalierung, 7, 26
Snapshots, 190
Spektralzerlegung, 129
stabil, 164
Stabilität, 164
stationärer Punkt, 23, 163
stochastischer Prozess, 181
streng Kausalität, 105
Symptom, 57

Stichwortverzeichnis 203

System-Modell-Relation, 122
Systemantwort, 9
Systemgleichung, 117

T
Tathergang, 63
Teilmodell, 171
Trennung der Variablen, 161

U
Ursache, 117, 152

V
verborgene Variable, 109

W
Wärmeleitungsgleichung, 129
Wahrscheinlichkeit und Zufall, 111
Wie-Frage, 101
Wirkung, 117, 120, 152
Würfeln, 110

Z
zeitverzögerte Wirkung, 120
Ziel, 69
Zielfunktion, 175
Zufall, 110, 149
Zweimassenschwinger, 12
zweites Newtonsches Gesetz, 5

The manufacturer's authorised representative in the EU is Springer Nature Customer Service Centre GmbH, Europaplatz 3, 69115 Heidelberg, Germany. If you have any concerns regarding our products, please contact ProductSafety@springernature.com

Printed and bound by CPI Group (UK) Ltd, Croydon, CR0 4YY

23/03/2026

02076457-0013